航空开关磁阻电机先进电驱动技术

葛乐飞　宋受俊　刘闯　著

国防工业出版社
·北京·

内 容 简 介

本书系统阐述了开关磁阻电机（SRM）在航空发动机领域的核心技术、设计方法及工程应用。书中结合最新研究成果与工程实践，从开关磁阻电机优化设计、开关磁阻电机电磁特性测量技术、开关磁阻无位置传感器控制策略、开关磁阻电机转矩脉动抑制技术、开关磁阻电机多目标优化控制策略这五个方面入手，为解决开关磁阻电机在航空多电发动机领域的应用提供理论支撑与解决方案。

图书在版编目(CIP)数据

航空开关磁阻电机先进电驱动技术 / 葛乐飞等著.
北京：国防工业出版社，2025.3. -- ISBN 978-7-118-13545-9
Ⅰ.V23
中国国家版本馆CIP数据核字第202515ZV68号

※

国防工业出版社出版
(北京市海淀区紫竹院南路23号　邮政编码100048)
北京虎彩文化传播有限公司印刷
新华书店经售

*

开本 710×1000　1/16　印张 23½　字数 447 千字
2025年3月第1版第1次印刷　印数 1—1500 册　定价 146.00 元

(本书如有印装错误，我社负责调换)

国防书店：(010)88540777　　书店传真：(010)88540776
发行业务：(010)88540717　　发行传真：(010)88540762

前 言

航空发动机作为"中国制造2025"的重要组成部分,被誉为"中国心",已列入国家重大科技专项。多电发动机是一种采用大功率起/动发电机、主动磁浮轴承系统、分布式系统、电动燃油泵和电力作动器等新技术和系统的新型发动机,被称为"21世纪的航空发动机"。开关磁阻电机(Switched Reluctance Machine,SRM)具有结构简单、耐高温、调速范围宽以及容错性强等特点,适用于航空多电发动机应用场景。然而,航空多电发动机用SRM集成到发动机内部,直接与发动机轴相连,运行转速每分钟高达6万转,工作温度达300~400℃。航空多电发动机的高温高速应用背景给SRM的设计与控制工作带来了严峻的挑战。本书从开关磁阻电机优化设计、开关磁阻电机电磁特性先进测量技术、开关磁阻无位置传感器控制策略、开关磁阻电机先进控制策略、开关磁阻电机多目标优化控制策略这五个方面入手,介绍一系列的航空多电发动机用SRM先进电驱动技术,来解决SRM在航空多电发动机应用中面临的一些实际问题。

本书主要分六篇:

第一篇(第1章至第3章),对SRM系统的工作原理和发展趋势进行了系统的介绍。对SRM基本数学模型和传统控制方法进行了描述,对SRM的驱动系统及其软硬件设计展开了详细的介绍。为下文先进控制理论的提出奠定了基础。

第二篇(第4章至第5章),介绍了SRM优化设计方案,首先介绍了基于数据库理论的初始设计方法和基于多物理场耦合的电机优化方案。基于数据库理论的电机设计方法首先利用归一化模型建立不同结构与不同尺寸的电机数据库,通过最大磁共能法获取磁链与电流轨迹,利用简化铁耗与热网络模型,计算电机最小轴向长度,从而生成满足性能要求的不同结构与尺寸的解决方案,通过可视化输出以及帕里略优化,选择最优初始设计方案。该基于数据库的电机设计方法不需要经验参数,且能在短时间内实现不同结构和尺寸电机设计方案的比较与优化。基于多物理场耦合的电机设计方案则是利用基于方差的全局敏感性分析方法,找到影响电机性能的关键尺寸参数;根据拉丁超采样采集不同范围下的电机关键尺寸信息,并进行性能评估作为高斯回归分布的先验信息,使用贝叶斯后验分布建立电机性能预测的数学模型;在此基础上,提出群模式搜索法,对电机效率、转矩脉动以及振动等性能进行全面优化,并用决策模型对优化结果排序,实现电机效率、转矩脉动、振动多目标优化,获得最优电机设计方案。

第三篇(第6章至第9章),针对SRM电磁特性高度非线性难以测量的问题,提出了一系列电磁特性先进测量技术,进行了误差分析与数据处理,进一步提高了测量精度,并通过仿真模型和实验平台验证了所提出方法的准确性。首先介绍了一种基于转子位置固定的磁链特性和静态转矩特性精确测量方案。通过磁共能法、有限元分析(FEM)和电感电容阻挠(LCR)三种方法初步验证了该方法的精确性,分析了误差来源,并根据动态性能进行一步验证。但这种方法需要固定转子位置,限制了使用范围,且测量过程工作量较大。针对转子位置固定法测量过程较为复杂、测量平台成本高的问题,提出了一种无须转子位置传感器以及转子位置固定装置的新型磁链测量方法。该方法充分利用SRM结构的对称性,采用不同的通电方式,使电机保持在转矩平衡的位置,快速测量出四个转子位置的磁链特性。基于对齐和非对齐位置的实测磁链特性,提出了一种磁阻校正策略来标定有限元模拟结果。除了电机几何尺寸外,只需要SRM在对齐和非对齐的转子位置的磁通量特性。与转子夹紧法相比,有效缩短了测量平台的设计、施工和测试时间。与仅通过测量获得整个磁链特性的方法相比,大大减少了实验工作量。与有限元模拟相比,该方法具有更好的精度和对参数变化的鲁棒性。此外,还讨论了该方法对材料、气隙、绕组位置和不同拓扑结构等参数变化的适用性。此后通过仿真模型和实验平台验证了所测数据的准确性。最后提出了一种组合建模方法来获取电磁特性。该方法主要包括测量和计算两个步骤。首先测量整个电周期内四个特定位置的磁链特性和不饱和相电感特性。在分析计算阶段,根据所提出的解析表达式利用测量值推导出电感特性。然后,由计算得到的电感特性推导出转矩特性。利用所提方法计算出的电感和转矩特性,对SRM原型机在电动和发电两种模式下的动态性能进行了仿真,并与其他方法和实验结果进行了比较,验证了所提方法的准确性。

第四篇(第7章至第12章),介绍了SRM无位置传感器控制的初始位置估计方法以及SRM无位置传感器起动、低速、中高速状态下的转子位置估计方法。在静止状态下,初始位置的准确估计非常关键,精确的初始位置检测是无位置传感器技术的基础。为此,提出了基于凸函数优化的初始位置估计方法,无须大量的测量数据即可实现转子初始位置的估计,降低了技术成本,避免了复杂的数据测量和处理,而且获得的转子初始位置信息更精确。通过给非导通相注入脉冲信号,然后检测电流的幅值或者上升时间来确定空闲相不饱和相电感,通过积分以及曲线拟合获取其他相的不饱和电感,进而通过多项式曲线拟合和求根公式估计低速下的转子位置,实现无位置传感器起动控制以及低速控制。由于在中高速时,相电流的尾部会延伸到电感下降区域,影响脉冲注入空间。磁链模型可以被用来估计中高速运行的SRM的转子位置。介绍了通过滑模观测器法和非线性电感转化法来获取中高速运行下的转子位置,通过模型仿真和实验验证检验了所提方法的精确度。

第五篇(第13章至第15章),介绍了多种SRM转矩脉动抑制策略:首先提出了一种基于磁链模型的转矩脉动抑制策略,这种方法测量工作量小、占用存储空间小。然后提出了一种多项式傅里叶级数模型来描述转子位置和磁链及转矩和电流模型。基于所提出的多项式傅里叶级数模型进行转矩估计,实现模型预测转矩控制(MPTC),以实现转矩脉动最小化。通过实验验证,该方法与传统的模型预测控制(MPC)方法相比,该方法能够有效地减小转矩脉动,且工作量更小。接着提出了一种转矩分配函数(TSF)在线修正的直接瞬时转矩控制方案。该方法预测转矩脉动和相电流构建成本函数,将最佳开关信号应用于控制功率变换器,从而达到同时减小转矩脉动和相电流的效果。与传统TSF相比,所提出的方法将电机特性考虑在内,利用引力搜索法对开通角进行寻优,基于换向区域的磁链规划在线调整TSF,产生的TSF曲线更贴近电机运行实际情况,可以更有效降低转矩脉动。最后利用一种五电平功率变换器作为驱动,并结合TSF和MPC,优化了换相算法以及换相区的矢量选择,将其减少到12种。预估模型使用的是查表法获得的特性,同时为了拟合换相时的转矩,结合余弦的转矩分配函数来优化转矩脉动。与以三电平功率变换器为基础的传统MPC相比,转矩脉动抑制效果更佳。

第六篇(第16章至第18章),针对SRM多目标优化问题,本书从以下几个方面展开了研究:提出了一种新的在母线电压脉动时抑制SRM的转矩脉动和电源电流脉动的模型预测方法。基于测量到的转子位置、相电流和相电压预测所有可能开关状态下的电机转矩和功率变换器电流,构建成本函数。将具有最小成本函数值的开关状态作为最优开关信号,并应用于控制功率变换器,从而达到同时减小转矩脉动和电源电流脉动的效果。实验结果表明,即使在母线电压脉动的情况下,该方法仍能有效抑制转矩脉动和电源电流脉动。针对SRM从起动模式切换到发电模式的过程中可能出现的过电流和大转矩脉动现象,提出了一种基于角度优化控制的SRM起动/发电模式平稳切换策略。通过控制切换过程中SRM发电模式关断角来实现对切换过程中相电流峰值的控制。首先通过离线角度规划建立不同电机转速下的关断角—初始相电流数据表,然后通过在线角度优化实现对切换过程中SRM发电模式关断角的实时优化,从而控制切换过程中的相电流峰值,完成SRM起动/发电模式的平稳切换。通过仿真证明了所提出的平稳切换策略的可行性。针对高速运行下的SRG的功率调节与效率优化问题,提出一种离线在线相结合的SRM功率调节与效率优化方法,既包含离线计算速度快的优点,同时又能实时在线调节保证优化精度。首先利用梯度下降法完成发电系统功率调节；然后针对各个控制角度对电机运行状态的影响进行调研，对效率与关断角、零电压控制角之间的函数关系进行二阶非线性拟合；接着以拟合模型为基础用梯度下降法离线完成多元函数求极值，得出效率最高时的控制角度组合；最后以离线计算结果为初始值，利用简化粒子群算法进一步完成效率优化。

作者

2024年12月

目　　录

第一篇　开关磁阻电机工作原理及驱动系统

第1章　开关磁阻电机发展概况及研究现状 ... 2
1.1　引言 ... 2
1.2　开关磁阻电机发展历史 ... 4
1.3　开关磁阻电机优缺点分析 ... 5
1.4　开关磁阻电机在航空起发系统中的优势 ... 6
1.5　小结 ... 14

第2章　开关磁阻电机基本工作原理 ... 15
2.1　引言 ... 15
2.2　开关磁阻电机基本结构 ... 17
2.3　开关磁阻电机工作原理 ... 18
2.4　开关磁阻电机数学模型 ... 20
2.5　开关磁阻电机传统控制策略 ... 23
2.6　小结 ... 26

第3章　开关磁阻电机驱动系统 ... 27
3.1　引言 ... 27
3.2　开关磁阻电机驱动系统概述 ... 27
3.3　开关磁阻电机驱动系统结构 ... 28
3.4　开关磁阻电机驱动系统硬件设计 ... 34
3.5　开关磁阻电机驱动系统软件设计 ... 42
3.6　小结 ... 44

参考文献 ... 46

第二篇　开关磁阻电机优化设计

第4章　基于数据库理论的初始设计方案 ... 54

4.1 引言 ··54
4.2 基于归一化磁链模型的SRM设计 ··59
4.3 几何结构设计 ··60
4.4 电气设计 ··67
4.5 铁耗计算和热建模 ··72
4.6 磁设计 ··86
4.7 基于数据库理论的SRM设计方案 ···92
4.8 小结 ··106

第5章 基于多物理场耦合的电机优化设计方案 ···107
5.1 引言 ··107
5.2 全局敏感性分析 ··108
5.3 SRMs的多目标优化设计 ···115
5.4 避免电机共振的设计调整 ··119
5.5 小结 ··123

参考文献 ··124

第三篇 开关磁阻电机电磁特性先进测量技术

第6章 基于转子位置固定法的测量方案 ···130
6.1 引言 ··130
6.2 转子位置固定法原理及平台简介 ··131
6.3 测量结果及初步验证 ··133
6.4 误差分析与数据处理 ··139
6.5 测量结果详细评估 ··143
6.6 小结 ··149

第7章 基于转矩平衡法的电机特性测量方案 ···150
7.1 引言 ··150
7.2 转矩平衡法 ··151
7.3 22.5°和7.5°磁链特性测量 ··152
7.4 0°和15°磁链特性测量 ···155
7.5 小结 ··162

第8章 基于磁阻校正策略的电机特性测量方案 ···163
8.1 引言 ··163

8.2 对齐和非对齐位置上磁链特性的测量 ·············164
8.3 磁阻校准策略 ·············167
8.4 实验评估 ·············173
8.5 研究探讨 ·············176
8.6 小结 ·············181

第9章 基于动静态测试的电机特性测量方案

9.1 引言 ·············182
9.2 测量方案 ·············182
9.3 小结 ·············185

参考文献 ·············186

第四篇 开关磁阻电机无位置传感器控制策略

第10章 开关磁阻电机初始位置估计

10.1 引言 ·············190
10.2 基于凸函数优化的初始位置估计方法 ·············192
10.3 实验验证 ·············196
10.4 小结 ·············198

第11章 起动及低转速下无位置传感器控制方法

11.1 引言 ·············199
11.2 基于多项式曲线拟合的重载起动算法 ·············200
11.3 实验验证 ·············204
11.4 小结 ·············205

第12章 中高转速下无位置传感器控制方法

12.1 引言 ·············207
12.2 滑模观测器法 ·············208
12.3 仿真与实验验证 ·············218
12.4 非线性电感转化法 ·············222
12.5 实验验证 ·············224
12.6 小结 ·············227

参考文献 ·············229

第五篇　开关磁阻电机先进控制策略

第13章　基于磁链模型的转矩脉动抑制策略 …… 232
- 13.1　引言 …… 232
- 13.2　MPTC控制策略 …… 234
- 13.3　实验验证 …… 241
- 13.4　研究探讨 …… 247
- 13.5　小结 …… 248

第14章　基于磁链轨迹优化的转矩脉动抑制策略 …… 250
- 14.1　引言 …… 250
- 14.2　转矩分配函数 …… 252
- 14.3　转矩预测控制原理 …… 254
- 14.4　最优开通角的寻找 …… 256
- 14.5　实验验证 …… 260
- 14.6　研究探讨 …… 265
- 14.7　小结 …… 265

第15章　基于多电平功率变换器的模型预测转矩控制策略 …… 266
- 15.1　引言 …… 266
- 15.2　多电平功率变换器 …… 268
- 15.3　新模型预测转矩控制策略 …… 272
- 15.4　开关磁阻电机模型建模与仿真验证 …… 279
- 15.5　开关磁阻电机模型预测控制实验验证 …… 282
- 15.6　小结 …… 285

参考文献 …… 287

第六篇　开关磁阻电机多目标优化控制策略

第16章　考虑母线电压脉动的转矩脉动与电流脉动抑制策略 …… 294
- 16.1　引言 …… 294
- 16.2　模型预测控制 …… 295
- 16.3　实验验证 …… 299
- 16.4　结论 …… 304
- 16.5　小结 …… 308

第17章 起动/发电最优切换策略 ·····309
17.1 引言 ·····309
17.2 过电流现象机理分析及离线角度规划 ·····311
17.3 开关磁阻电机起动/发电模式切换在线角度优化 ·····319
17.4 开关磁阻电机起动/发电模式平稳切换系统仿真 ·····324
17.5 小结 ·····335

第18章 发电系统功率调节及效率优化策略 ·····337
18.1 引言 ·····337
18.2 发电系统功率调节 ·····341
18.3 发电系统效率优化 ·····346
18.4 小结 ·····356

参考文献 ·····358

第一篇
开关磁阻电机工作原理及驱动系统

第1章　开关磁阻电机发展概况及研究现状

1.1　引言

开关磁阻电机(Switched Reluctance Machine, SRM)是继直流电机、无刷直流电机(Brushless DC motor, BLDC)之后发展起来的一种调速电机类型,近年来一直受到许多关注。SRM是由传统磁阻电动机和新兴电力电子技术相结合产生的一种新型机电一体化设备,它具有结构简单坚固、调速范围宽、起动转矩大、控制灵活、容错性好、可靠性较高、成本较低以及适应恶劣环境等诸多性能优势[1],成为性能可与传统交直流电机调速系统媲美的强有力的竞争者[2]。

日本东京理工大学设计的SRM被丰田汽车公司采纳[3],用于作为部分丰田汽车的发动机。因为SRM的调速性能十分优异,同时相比永磁同步电机的制造成本低很多,所以,许多电动汽车公司都选择了SRM作为驱动电机[4-6]。文献[7-8]介绍了SRM被科学家应用于航空航天系统,在航天工程中发挥了巨大的作用。在风力发电[9]和海浪发电[10]的项目上,SRM也展现出了自己独特的优势,深得研究者的喜爱。除了重工业方向,也有研究人员将目光转向家用电器上,洗衣机等电器也成为了SRM发挥实力的地方[11]。又由于SRM拥有可调节参数多、控制容易、起动和发电模式切换方便、响应快、调节精度高等优点[12],可以很好地满足航空用起动/发电系统的要求,因此SRM也被广泛应用于航空起发项目。

综合目前国内外关于开关磁阻电机驱动系统(Switched Reluctance Drive system, SRD)的研究文献,SRD目前的研究方向以及研究概况如下。

1. 电机的设计与优化

由于SRM内部磁场非线性度较高,绕组端电压、相电流的波形不规则,难以用解析式表达,怎样准确的计算电机的电磁转矩特性从而评估电机性能一直是SRM研究的难点。因此,有必要提出一种对电机进行电磁特性分析计算的准确方法,并建立一套适用于工程设计的高效优化设计方法,以简化设计过程,提高电机性能。国内外学者在该领域做了大量的工作,取得了一定的进展,大多数设计仍然建立在比较类推法、经验公式或有限元分析基础之上[33-36],部分学者在其设计中引入了优化思想[37-41],运用遗传算法、克里金插值技术、单纯同伦算法、响应曲面法、粒子群算法等策略进行对电机的设计与优化[42-48]。

2. 建模研究

SRM 数学模型的精确建立与描述直接决定并影响着电机的优化设计、电机动态、静态性能分析以及电机效率的评估,也为电机的高性能控制提供了基础。但是,电机的双凸极结构及磁场的高度饱和使得绕组相电感、相电流及转子位置间呈现出复杂的非线性函数关系,难以解析表达,给建模和仿真带来了较大的困难。如何找到一种简单、快速且能够准确反映电机性能的建模方法是亟待解决的问题。

目前已经提出的建模方法包括:基于自适应网络模糊推理系统(ANFIS)的开关磁阻电机建模方法、基于径向基函数(RBF)神经网络的开关磁阻电机建模方法、采用附加动量项的自适应学习速率训练算法、最小二乘支持向量机(LS-SVM)方法、基于径向基函数神经网络的局部逼近理论及利用高斯基函数的方法等[49-53]。

3. 功率变换器研究

由于 SRD 的性能和成本很大程度上取决于功率变换器的性能和成本,因此研究功率变换器的意义相当重大,目前的研究主要集中在功率器件的选择、电压电流定额的确定、功率变换器拓扑结构设计和软开关技术研究等方面。

确定主开关器件电流定额的关键是根据电流波形求其有效值或峰值,但困难在于 SRM 相电流的精确解析式无法求出。电压定额则主要由功率变换器的拓扑结构决定。由于 SRM 的高度非线性化,电机的电流随着控制参数、控制方式的变化而变化,开关器件的电压与电流也随着一起变化,因此,电压电流的定额问题是一个将电机、功率变换器以及控制器进行整体优化设计的问题,需要随着不同的应用情况进行深入的分析。

由 SRM 的工作原理可知,理论上每相绕组的控制只需要一个功率开关器件,因此,如何利用最少的功率器件实现 SRM 的驱动也是一个研究热点问题,目前研究者已经提出了很多的拓扑结构[54-59]。除了减少功率器件的数目以外,部分研究提出了更有效驱动 SRM 的改进型主电路,例如利用升压技术[60-62]提高电机绕组两端的电压、提高电机转矩能力、提升低电压高速运行性能等。

4. 位置检测方法研究

位置检测是 SRM 控制的基础,也是实现 SRM 高级控制方法的前提。为了实现电机的准确控制,得到良好的性能,知道电机转子的位置信息是十分必要的。目前常用的位置传感器有霍尔传感器和旋转变压器两种。在电机驱动系统中引入位置传感器,通常需要额外的位置检测电路,尤其是在电机处于高速运行时,需要位置信号的精度较高,此时,信号的精度不仅取决于传感器的精度,也依靠于位置检测电路中位置解码芯片的处理能力,这样不仅增加了系统的体积,提高了成本,同时降低了系统的可靠性,不利于电机在恶劣环境下运行。为了降低位置传感器对 SRM 控制器的控制性能的影响,新的无位置检测技术成为 SRM 研究的一大热点。目前已经提出的位置检测方法包括:基于电感线性区模型的 SRM 无位置传感器控制方法、改进型简化磁链的无位置传感器控制方法、模糊滑模观测器、根据电流变化梯度实现的无位置传感器的控制方法、基于电感分区的思想的控制方法等[63-70]。

5. 抑制转矩脉动、振动及噪声研究

由于 SRM 的双凸极结构,电磁饱和特性以及开关的非线性影响,采用传统的控制策略得到的合成转矩不是一个恒定转矩,具有相当大的转矩脉动。这一缺点限制了 SRD 在很多直接驱动领域的应用。早期的 SRM 驱动系统样机或产品都具有相对较大的振动与噪声,随着研究的深入和 SRM 应用的日益广泛,减小 SRM 的振动与噪声成为一个重要的研究方向。SRM 转矩脉动的产生机理较为复杂,受到许多因素的影响,如电机结构、几何尺寸、绕组匝数、转速及控制参数等,研究起来有一定的困难。降低 SRM 的振动与噪声主要是从结构设计、制造工艺及控制方法方面采取措施。比如在电机铁芯中加入阻尼垫片以改变电机本身的阻尼比,或者在电机的定子上打孔以改变电机的固有频率等。提出简单有效的减小转矩脉动的方法,对于拓宽 SRM 的应用领域具有十分重要的意义。

本节概括介绍了 SRM 的特点、其国内外的发展历史,重点介绍了 SRM 在航空起发的相对优势以及应用特点,并针对 SRD 系统的研究热点和发展趋势做出讨论,使读者对于 SRM 相关内容有一个整体性认识。

1.2 开关磁阻电机发展历史

SRM 的最早文献可追溯到 1838 年,英国学者 Davidson 制造了一台用以推动蓄电池机车的驱动系统。美国学者 S.A.Nasar 在其 1969 年发表的论文中,描述了 SRM 的工作原理和基本结构。1970 年,英国利兹大学步进电机研究小组(利兹小组)首次研发出一个 SRM 雏形,这是最早的关于 SRM 的研究。而后,随着半导体技术和控制技术的发展,SRM 也得到了迅速的发展。1972 年,利兹小组进一步对带功率开关的小功率电动机进行了研究,并在 1975 年实现了为 50kW 的电动汽车供能,SRM 技术得到了跨越式发展。1980 年,英国成立了专门进行开关磁阻电驱动系统研发和设计的公司(SRD Ltd.)。同年,Lawrenson及其同事在ICEM会议上发表著名论文《开关磁阻调速电动机》,系统地介绍了他们的研究成果,阐述了SRM的原理及设计特点,在国际上奠定了现代SRM的地位,这也标志着SRM正式得到国际认可。1983年英国SRD Ltd.首先推出了名为OULTON的SRM系列产品,同时专门研制了一种用于有轨电车的SRD,到1986年为止已成功运行500km。该产品的很多性能指标达到或者超越了同时期其他变速传动系统,在业界引起了不小的反响。2010年10月,日本电产株式会社将英国SRD Ltd.收购至其旗下,宣布将从2012年开始生产SRD系统并陆续应用于重型机械、拖拉机和电动汽车,以减少对精密电机所需稀土材料的依赖。

在国内,第一个SRM研究小组"华中科技大学开关磁阻电机课题组"于1984年成立,SRM在国内正式开始发展。1988年11月,在南京召开了中国首届SRD系统讨论会。1993年12月,在北京召开的SRM全数字控制系统应用研讨会上正式成立了开关磁阻电机学会。2005年10月28日发布的《国家鼓励发展的资源节约综合利用和环境保护技术》明确将SRM技术作为国家鼓励发展的技术。随着新材料的发展和响应国家"2030年碳达峰,2060年碳中和"的要求,SRM的生产正在走向批量和个性化生产。

到目前为止,在SRD系统的开发研制方面,英国一直处于国际领先地位。除英国外,美国、中国、加拿大、印度、韩国等国家也都开展了SRD系统的研究工作。在我国,随着国民经济建设的日益发展,机械化、自动化程度日益提高,为SRM提供了巨大的潜在市场,中、小型电动机"八五""九五"和"十五"科研规划项目均有SRD系统。近年来,随着信号处理和控制技术的发展,加上高性能DSP芯片的出现,简化了DSP的外部硬件电路,提高了复杂算法的可行性,大大提高了SRM检测的可靠性和适用性,并更大限度地显示SRD的优越性。

1.3 开关磁阻电机优缺点分析

1.3.1 开关磁阻电机的优点

SRM为双凸极结构,因其结构坚固、调速性能优良等优势,广泛应用于工业传动领域。SRM在实际应用中表现出不少突出优势:

(1) SRD配置灵活。既可以采用单电机也可以采用多电机独立驱动。

(2) SRM构造简单,定子、转子都是由硅钢片叠压而成,且只有定子上有集中绕组,减少了铜耗,没有相间跨线,因此制造工艺简单、造价相对低、维护量少。

(3)转矩方向不随电流方向变化而改变,使得功率变换器设计变得简单,且只需要单极性电源供电,减小了系统成本;电源经功率变换器供给绕组,有效避免了电机绕组直通短路问题,安全性高。

(4)起动转矩大,爬坡和过载能力强;起动电流小,没有冲击电流,对电池损害小。能适应频繁起动、制动的工作条件,且容易实现正反转。

(5)SRM各相相对独立,即使出现一相故障也能缺相运行;控制相对灵活,通过调节电机的开通关断角或者调节相电流可满足不同工况下的动力要求。

(6)功率变换器可以对换向绕组的磁能进行回馈,提高了电能的利用效率。而且可以方便地实现四象限运行,满足再生制动的要求。

1.3.2 开关磁阻电机存在的问题

SRM目前主要的研究热点有抑制噪声和振动、降低转矩脉动、母线电流脉动、研制新型的功率变换器拓扑电路、更加精确或者更加实用的模型等。

SRM控制系统发展至今的主要缺陷是:

(1)振动噪声。电机在换相时,径向力发生突变导致其噪声要比其他类型的电机大。

(2)SRM输出的转矩为磁阻转矩,因其特有的机械结构导致其转矩变化很大,转矩脉动也就很大。

(3)功率器件数量多、体积大,难以实现小型化。

(4)SRM采用脉冲供电方式,导致母线电流波动大,因此必须使用大电容作为缓冲,增加了控制器的体积。

(5)SRM与永磁同步电机相比,转矩密度较低。

(6)SRM的非线性特性导致其难以总结出一个简单而又精确的模型。

1.4 开关磁阻电机在航空起发系统中的优势

1.4.1 航空起发系统简介

在航空飞机系统中,为满足整个系统的供电需求并适应航空发动机的工作特性,系统中需要同时存在起动系统和发电系统。在过去,起动系统和发电系统是相互独立的,起动系统一般是通过液压或电起动的方法带动发动机工作,而发电系统则是由发动机带动发电机发电,再为电气负载供电。考虑到使用环境的限制,分离式的起动和发电系统通常采用电起动方式,其原理图如图1-1所示。

第1章 开关磁阻电机发展概况及研究现状

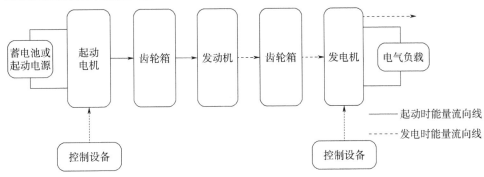

图 1-1 分离式的起动和发电系统原理图

在这个系统中,必须单独存在一个起动电机通过齿轮箱来带动发电机工作,而且还要求其具有较大的传动比。但由于系统的需要,该起动电机的运行时间较短,当发动机达到起动转速之后,起动电机将从系统中被切除。因此,起动电机的利用效率低,分离式的起动和发电系统的经济性不高。

经过长期的发展和研究,汇集起动功能和发电功能于一身的起动/发电系统(Integrated Starter Generator, ISG)应运而生。ISG 系统利用了电机电动与发电模式之间的可逆性,在工作过程中,电机需要分别完成起动电机和发电机的任务。在发动机转速低于起动转速,无法自主工作时,电机作为起动电机工作,通过齿轮箱带动发动机加速;待发动机转速达到起动转速,发动机能自主工作后,电机从电动运行状态切换为发电运行状态,发动机带动电机工作为电力负载供电。ISG 系统原理框图如图 1-2 所示。

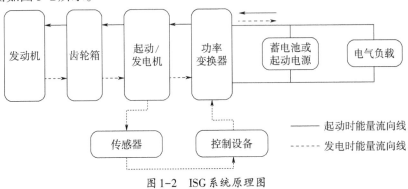

图 1-2 ISG 系统原理图

在新的 ISG 系统中,直接用一台电机完成起动和发电任务,不需要再像传统系统那样,使用两台电机分别完成起动和发电任务,大大地减少航空电源系统的重量和体积,使得系统整体的利用率更高,造价更低。

在二十世纪五十年代,人们成功的将有刷 ISG 系统应用到飞机低压直流供电

7

系统中,由于省去了飞机的起动装置,飞机的体积与重量得以降低,进而提升了飞机的性能以及电气系统的可靠性,这是 ISG 系统在飞机电气系统应用领域的一大进步。但是由于电机的碳刷、滑环结构,有刷 ISG 系统的电机容量以及高空换向能力受到制约,若长时间工作更会导致碳刷、滑环磨损,对电机的使用寿命也有极大的影响,因此 ISG 系统主要应用在中小型的飞机。

从飞机电源系统的发展趋势看:大型民用飞机多采用变频交流电源,交直流混合供电模式如波音 787、空客 A380 飞机,而军用飞机则倾向采用 270V 高压直流电源系统如 F-22、F-35 等。随着对飞机的飞行高度、飞行速度要求的不断提高以及机载设备供电需求的增加,飞机的 ISG 系统必将向着无刷化、大容量、高速化、高功率密度以及高可靠性的方向发展。近年来,由于新型磁体材料的研究、高性能半导体开关器件的发展以及电力电子技术、计算机控制技术的日趋成熟,由电力电子装置代替传统的碳刷、滑环换向结构的无刷 ISG 系统开始出现,并逐渐成为国内外的研究热点。

1.4.2 航空起发用电机分析

当前,ISG 系统主要应用于航空航天领域,鉴于应用场合较为特殊,在实际设计与开发过程中,ISG 系统对起动/发电机在各个方面均提出了严格的要求。结合当今飞机电源系统的主流和电力电子技术的成就,目前国内外的 ISG 系统的研究主要针对三级式无刷同步电机、异步电机、SRM 以及双凸极电机。下面将对此几种电机做出简要介绍及比较,以分析开关磁阻电机在航空起发系统的优势。

1. 三级式无刷同步电机

三级式无刷同步电机由主励磁机、主发电机、副永磁体励磁机组成,并且在电机的上安装了旋转整流器,电机结构如图 1-3 所示。

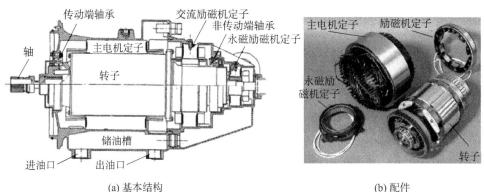

(a) 基本结构　　　　　　　　　　(b) 配件

图 1-3　三级式无刷同步电机结构示意图

第1章 开关磁阻电机发展概况及研究现状

三级式无刷同步发电机系统是在无刷同步发电机中装有主发电机和交流励磁机，电机转子上装有整流器，当电机运转时，励磁机产生的交流电经整流后供主发电机励磁，通过调节励磁机的励磁电流从而改变主发电机的磁场，以此实现无刷控制。作为发电机运行时，副永磁体励磁机给主励磁机提供直流励磁，主励磁机产生的交流电经过整流后给主发电机提供直流励磁，调节励磁电流的大小即可实现调节输出电压的大小。另外，它还有一个专为调压器和控制保护器供电的副励磁机。

如图1-4所示，三级式无刷同步电机机构从左到右分别是永磁副励磁机、交流励磁机和主发电机，其中在交流励磁机和主发电机之间有旋转整流器相连。图1-4中横虚线的上半部分是电机的旋转部分，下半部分是固定部分。工作时，永磁副励磁机转子永磁体产生励磁，使得定子侧产生供交流励磁机励磁的电流I_{ef}，交流励磁机发出的交流电经过旋转整流器整流作为主发电机的励磁I_F，主发电机在发动机的带动下，产生三相交流电。

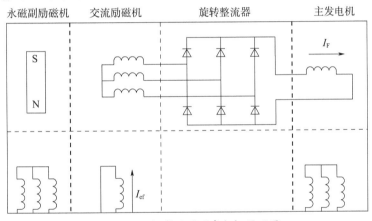

图1-4 三级式无刷同步电机原理图

这种系统在美国F-22战斗机使用的270V高压直流发电系统中得以应用，其采用的就是旋转整流桥式的三级式无刷同步电机高压直流发电系统，输出功率为65kW，但是没有兼具起动功能。法国卢卡斯航空公司为某型民用飞机研制的变频交流发电机也采用了三相无刷交流发电机，输出电压为115V/120kVA，转速范围为11400~23400r/min，发电频率为380~780Hz。

三级式无刷同步电机具有起动转矩大、效率高、损耗低等优点。但是，三级式同步电机需要额外一套励磁绕组或者采用特殊的交流励磁方式才能作为起动机运行，这无疑增加了电机结构的复杂程度，降低了电机的可靠性。电机结构中存在永磁体，一方面使得电机不能在恶劣环境下长期工作，另一方面也增加了产品的成本，限制了其推广与发展。

2. 异步电机

异步电机发展时间较长,制造工艺比较成熟,结构简单,可靠性高并且成本较低。异步电机起动/发电系统[13-15]的研究主要针对鼠笼型异步电机以及双馈型异步电机。

目前应用于航空起动/发电系统(SGS)中的驱动功率变换器为起动/发电双功能,变换器功率开关在电动和发电时均要控制。国外对异步电机构成的SGS研究较早,自二十世纪八十年代开始,美国威斯康星大学的Lipo教授领导的研究小组对鼠笼型异步起动/发电系统展开了研究[16-17],并且对其性能进行了优化,采用高频链接的绝缘感应实现了起动/发电的一体化。该SGS由鼠笼异步起动/发电机、并联谐振高频交流链逆变器及单相脉冲密度调制(Pulse Density Modulated, PDM)变换器构成,如图1-5所示。发电时,通过调节单相PDM变换器以维持整个系统的平均功率平衡。

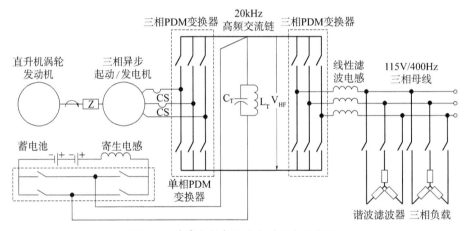

图1-5 异步电机起动发电系统电气框图

异步电机控制采用了磁场定向,转矩与转速双闭环调节的控制策略。起动时,仅转矩调节环工作,转速开环;当过速时,转矩环的输出作为转速的基准进行速度调节;发电时,发电机工作在转矩调节模式以控制功率流。

美国俄亥俄州立大学在美国国防基金的支持下,进行了双馈异步起动/发电系统的研究,旨在解决异步电机发电过程中励磁困难的问题,但由于其转子结构的复杂性,电机不适合高速运行,因此只在飞机系统以外的如汽车、风电等领域得到应用。

我国研究异步发电较早的学者包括南京航空航天大学的胡育文教授和海军工程大学的马伟明院士。他们分别对笼型异步电机与双馈绕组电机的发电控制进行了详细研究,提出了异步电机发电的瞬时直接转矩控制技术,使发电系统的动静态性能均达到了美国军标,性能优异。为减小发电工作时变换器的容量提出的双绕组发电机有两套绕组:一套为功率绕组,直接给三相整流桥负载供电;一套为控制绕组,接三相PWM电压型逆变器励磁控制回路,通过调节逆变器输出无功电流来调节电压。

与永磁电机相比,异步电机更适合在高温高速的环境下工作,因此异步电机在ISG系统具有更强的推广和使用价值。

3. 双凸极电机

双凸极电机根据励磁方式的不同,可以分为永磁双凸极电机、电励磁双凸极电机以及混合励磁双凸极电机。

1) 永磁双凸极电机

永磁双凸极电机[18-22](Doubly Salient Permanent Magnet,DSPM)最先由美国威斯康星大学的Lipo教授等提出,其定子、转子与SRM类似,为凸极齿槽结构,但与SRM不同的是DSPM镶嵌有永磁体,按永磁体位置不同,可分为定子永磁型和转子永磁型,结构图如图1-6所示。

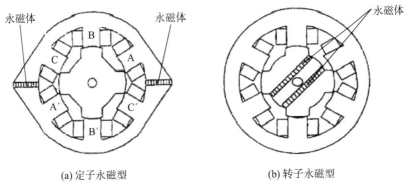

(a) 定子永磁型　　(b) 转子永磁型

图1-6　永磁双凸极电机结构图

由于永磁体的存在,其励磁磁场无法调节,若发生电机内部故障,需要机械脱扣装置才能将电机灭磁停止,而航空领域对于安全性有着非常高的要求标准,因此这一弊端也导致DSPM无法应用在飞机起动/发电系统。

2) 电励磁双凸极电机

电励磁双凸极电机[23](Doubly Salient Electro Magnetic Motor,DSEM)是南京航空航天大学为解决DSPM励磁磁场无法调节、灭磁困难的问题而提出的:该电机使用励磁绕组来替代DSPM定子上的永磁体,通过调节励磁电流来改变电机气隙磁场。作为电动机运行时,当电机发生故障,通过关断励磁绕组的供电即可实现灭磁,保证了系统的安全性;作为发电机运行时,无须检测发电机的转子位置信号,且发电回路不需有源功率开关对相电流进行控制,只需将三相绕组外接整流电路,调节励磁电流的大小即可实现发电系统的稳压输出,故障时切断励磁电流进行灭磁,因此具有更好的动态、稳态性能。因而用DSEM构成SGS也是一个好的选择。与永磁体比起来,DSEM励磁绕组的成本更低,并且能够在更恶劣的环境下工作,定子的加工工艺也更加简单,因此具有更高的可靠性,更低的成本和制造难度。与DSPM相比,DSEM在飞机起动/发电系统的应用上有着更广阔的前景。

图1-7给出了DSEM驱动系统的构成框图,主要由主发电机、励磁机、双向功率变换器以及控制器构成。

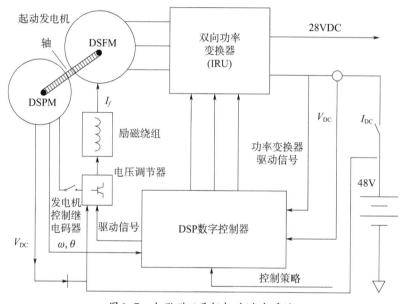

图1-7 电励磁双凸极起动/发电系统

起动/发电机结构为两级式,即在同一壳体内装有共轴的DSEM、DSPM及位置传感器。其中,DSEM为主发电机,起动时,由机上蓄电池供电,按照相应的控制策略控制DSEM带动发动机旋转;发电时,关闭功率开关管,发动机反过来带动DSEM旋转,进行整流发电。DSPM为永磁励磁机,主要向主发电机DSEM的励磁绕组及控制器供电。该驱动系统已初步研制完成,并成功地进行了航空发动机的冷开车实验。

3)混合励磁双凸极电机

混合励磁双凸极[24-27]电机定子上既有永磁体,又有励磁绕组,结合了永磁、电励磁双凸极电机两者的结构特点。永磁部分与电励磁部分通过气隙隔离开,减小两部分的耦合,使得两部分的磁通互不关联。其励磁绕组可以双向通电,当励磁绕组磁势与永磁体磁势方向相同时,合成磁势增加;当励磁绕组磁势与永磁体磁势方向相反时,合成磁势减小。通过调节励磁电流的大小和方向,即可调节合成气隙磁场的大小,从而使其作为电动机工作时拓宽了恒功率运行范围、作为发电机工作时拓宽了调压范围,具有广阔的应用前景。

双凸极电机具有效率高、转矩电流比大、控制灵活等优点,但是由于增加了一套励磁绕组,加大了控制的难度,增加了产品成本,可靠性较低。

4) 开关磁阻电机

美国的 GE 与 Sundstrand 在政府的支持下,经过多年的研究与探索,验证了 SRM 在 IGS 系统中的优越性,并将其逐步应用到航空航天领域当中。美军的 F-35 战机就是以 250kW/270V 的高压直流 SRM 作为主电源系统[28-30]。国内方面,华中科技大学、南京航空航天大学以及西北工业大学等高校对 SRM 起动/发电系统的起动特性、发电品质、控制策略和系统结构等方面进行了深入的研究与探索[31-32]。

开关磁阻电机具有典型的定子、转子双凸极式结构,且定子、转子均由硅钢片重叠压制成,仅在定子凸极上绕有集中绕组,在转子上既没有绕组也不存在永磁体,简单的结构使得开关磁阻电机制造方便、坚固耐用,非常适合高转速、高温的恶劣环境。同时开关磁阻电机可调参数多,调节方便,通过直接控制开通角和关断角大小就可以实现电动或者发电模式切换运行,可以方便地实现能量的双向流动。因其结构简单牢固、成本较低、可靠性高以及控制灵活等特点,SRM 在汽车、飞机 IGS 领域有着独特的优势。

1.4.3 大功率开关磁阻电机航空应用

"多电"或"全电"飞机(MEA)对发电机的发电功率需求很高,为减小发电机体积,输出更大的电功率,需提高发电机的转速,并研制内装式的 ISG。由于起动/发电机与涡扇喷气发动机的高压转子相连,紧靠发动机燃烧室,因此电机的工作环境温度很高。除要改善起动/发电机的热管理外,对电机的磁性材料和电枢导体也提出了更高的要求:需要承受达 400℃的高温,且材料应有足够的强度。英国谢菲尔德大学在为某型民用客机研制 ISG 时,对电机的电枢铜导体、转子材料、结构及损耗均进行了研究。研究表明:高温工作环境下,电枢铜导体在 400℃时的电阻值是常温下的 2.5 倍,发电机铜耗急剧增加。为减小电枢绕组阻值,可增加定子尺寸,并采用多极结构以增加导体面积。通常转子磁性材料大多从高磁导率的铁钴磁性材料和硅钢片中选择,在 400℃的高温下,铁钴材料和硅钢片都不会发生严重的退磁。但当转子在高温下进行高速运转时,电机转子所能承受的机械应力将大大减弱。

铁钴磁性材料在400℃时能承受的最大机械应力为680MPa,而硅钢片仅为400MPa。因此,转子磁性材料宜采用高磁导率高强度的铁钴材料。经有限元分析,发电机转子的转轴、转轴与极连接处的机械应力最大。为保证电机可靠运行,谢菲尔德大学采用了如图1-8(a)所示的电机转子结构:电机定子、转子采用铁钴磁性材料,转子轴部和轴、极连接处采用高强度超耐热的非导磁材料镍合金Inconel 718,以保证所承受机械应力有足够的余量。Inconel 718在400℃高温下能承受的机械应力为1100MPa。由于转子采用了两种不同的材料,在制造转子叠片时,需对转子结构加以改进,使其相互吻合,见图1-8(b)。最后,研制的内装式ISG采用了24/18极的SRM,工作温度300~400℃,转速15000~20000r/min。

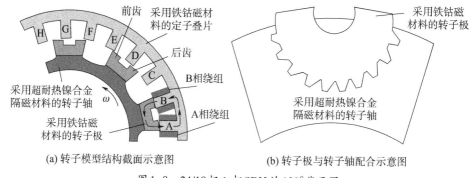

(a) 转子模型结构截面示意图　　(b) 转子极与转子轴配合示意图

图1-8　24/18极八相SRM的120°截面图

1.5　小结

作为传动领域的新成员,SRD涉及电机、电力电子、微处理器、自动控制和机械等众多学科,导致其发展受到很多方面的限制。SRM的发展需要各个学科融合贯通,互相配合协调。本章的主要内容有:

(1) 介绍SRM国内外的发展概况,梳理了SRM自研发至今的发展,总结了近年来各个方面的研究成果介绍了SRD概况,分析目前的研究热点,为SRD的开发明确了方向。

(2) 重点介绍了SRM在航空起发方面的应用,对比三级式无刷同步电机、异步电机和双凸极电机,展示了SRM的优势,同时分析了其不足之处。

第2章　开关磁阻电机基本工作原理

2.1　引言

SRM是一种双凸极变磁阻电机,可当电动机或者发电机使用,遵循"磁阻最小原理"。由于定子绕组由变频电源供电,SRM必须在开关器件特定的开关模式下工作,所以通常称为"开关磁阻电机"。SRM在基本结构上与传统交直流电机有着根本的区别。SRM的工作机理基于磁通总是沿磁导最大的路径闭合的原理,当定子、转子齿中心线不重合,磁导不是最大时,磁场就会产生磁拉力形成转矩,使转子转到磁导最大的位置。这一原理让SRM只需要在定子凸极上安装集中的励磁绕组,转子上无须安装绕组或永磁体。SRM为经典的定子转子双凸极结构,磁路高度饱和,SRM内部的电磁关系有着非常严重的非线性特性,磁路饱和、涡流、磁滞效应等因素的影响使得SRM的数学模型的建立比较困难。SRM精确数学模型的建立需要高精度的磁链特性模型,目前有多种不同的建模方法,例如:线性法、准线性法、函数解析法、神经网络法和有限元分析法等。

基于麦克斯韦方程组的SRM模型引入了电磁矢量和标量的概念,通过对麦克斯韦微分方程的求解可以得到电机相电感、磁通密度等电磁参数。Tim C. O'Connell等人[71-74]通过Schwartz-Christoffel变换将复杂的SRM几何形状转化为较简单的几何形状,简化了方程计算量。

基于麦克斯韦方程组的解析模型反映了SRM实际的物理意义,但实际运算中忽略了局部饱和、互感耦合、漏磁通等影响,降低了模型的精确性[75-76],常用于电机设计阶段主要参数估计[77-78]。插值或曲线拟合SRM模型通过对SRM静态磁链或电感特性曲线进行差值或拟合运算,可得到SRM磁链或电感的近似表达式。其中磁链特性曲线可通过采集相电压和相电流离散值经过上位机数值积分获取[79-81],也可以通过有限元模型计算获取[82-84]。电机电感、磁链和转矩表达式作为转子位置和定子电流的函数,可通过最小二乘技术由已知数据拟合得到[85]。Kline和Krein等[86-87]分别使用了双变量多项式和三次样条多项式来拟合SRM的磁链和转矩特性,并分别基于离线和在线最小二乘法的曲线拟合技术确定了多项式的系数。傅里叶分解方法可用于拟合电机各相磁链、电感和转矩曲线,精度随级数增加而增加,系数可采用加权函数、多项式逼近法确定[88-89]。差值和曲线拟合SRM模型是对预先获得的电磁数据曲线进行线性和非线性拟合,运算速度快,精度取决于预先获得数据的精度以及差值区间、算法或拟合函数的选取。若电机本体模型改变则需要重新更新数据,更适合电机驱动系统设计研究或控制参数优化研究。

查表法通过构建磁链、电感和转矩数据查找表,根据输入电流、转子位置对表中数据插值输出对应目标值。刘闯和Yang等[90-91]分别通过MATLAB和OCTAVE软件工具,把SRM不同绕组电流和转子位置下的磁链、电感和转矩特性保存在lookup table中,根据输入的转子位置和励磁电流获得SRM磁链、电感和转矩值。查表法可以考虑到磁场饱和对SRM模型的影响,精度受限于查找表的大小,即预先获取数据的精度和范围。

其他解析法模型包括人工神经网络[92-94]和机器学习[95-96]等人工智能法,基于开发学习算法来逼近SRM的磁链和转矩特性。通过算法的改良和优化可以得到较高精度的SRM磁链和转矩特性模型,但需要获取大量训练数据,并对数据进行预处理。

有限元模型(Finite Element Method, FEM)和边界元模型(Boundary Element Method, BEM)是常用的SRM数值模型[97]。FEM通过对复杂电机结构区域的有限元剖分,可以考虑到磁路饱和对SRM磁链、转矩等特性的影响,可用于各种定、转子拓扑SRM的结构设计和参数优化,以及静态特性和动态工作特性的仿真。宋秀西和Emadi等[98-99]分别通过FEM设计并分析了分段转子SRM和双定子SRM的性能。崔晨等[100]以提高电机输出转矩为目标,将FEM用于SRM气隙结构优化。方立[101]基于FEM模型分析了SRM定子、转子极弧角和轭高对平均输出转矩的影响。张新华和熊春宇等[102-103]分别由二维FEM和三维FEM计算得到SRM的静态矩角特性、电感特性和磁链特性,与实测数据比较,均表明有限元模型误差较小,精度较高。BEM是另一种对SRM数值建模的方法,使用边界积分方程来求解问题域边界上的电磁场。BEM相对于FEM计算量较小,但难以考虑磁场磁饱和的影响。Krein[87]将BEM和FEM结合,BEM用于线性区域磁场分析,FEM用于非线性区域中的磁场分析,减轻了模型的计算负担。

等效磁路法基本思想是通过磁路分析和求解确定电机磁通密度、磁场强度,可用于SRM的初步设计电磁特性分析[104-106],以及稳态运行性能研究[107-110]。隋宏亮[104]提出一种互感耦合SRM的等效磁路模型建模方法,用于电机初始参数确定,计算速度快,电磁参数运算结果与FEM运算结果误差小于20%。Coulomb[105]将等效磁路模型与BEM结合,通过等效磁路模型计算SRM非线性区域电磁参数,提高了模型的精度。左曙光[106]基于分布等效磁路模型建立了考虑饱和影响的非线性电感模型。

童怀等[107-108]在等效磁路模型的基础上推导了绕组磁链状态方程,建立了稳态运行SRM等效磁路模型,分析了磁储能变化与SRM电磁转矩的关系。张敏杰等[109]将等效磁路模型与麦克斯韦应力法结合,提高了气隙磁场密度的计算精度,推导了电机定子绕组对相邻转子的径向力模型。肖林京[110]基于等效磁路模型得到SRM电感、气隙磁导公式,进而推导出电机转矩公式。

本章重点介绍SRM的原理、机械结构、数学模型,有助于帮助读者理解其基础原理,同时介绍了SRM的传统控制策略及其特点,使读者对于SRM的物理模型有更深刻的认识。

2.2 开关磁阻电机基本结构

SRM是将机械能转换成电能的一种能量转换器,它为双凸极结构,定子和转子的凸极均由硅钢片叠压而成,同时转子上既无绕组也无永磁体,定子凸极上绕有集中绕组,定子上空间相对的两个极上的线圈串联构成SRM的一相绕组,适合运行于高速工况或恶劣环境。

SRM可以设计成不同的相数结构,目前SRM存在一相至五相的不同结构,且同一种相数下定子、转子的极数也有着多种不同的组合。有三相6/4极、12/8极SRM,四相8/6极SRM以及五相10/8极SRM等,同时每极可以是单齿结构也可以是多齿结构。随着相数的增加,电机的步进角减小,但同时开关器件数也增多,增加了成本。

单相电机的成本最低,但起动问题和在电机运行的过程中转子不能获得足够的转动惯量来克服转矩"死区"的问题,使得单相电机的实现较为困难。两相电机虽然同样具有结构简单、成本低的优势,并且有转矩"死区"小的特点,但不适用于要求电机能实现正、反转的情况。

由于三相以下的SRM无自起动能力,目前应用较多的是四相8/6极结构及三相12/8极结构。在具备正反向的自起动能力的电机中,三相电机有着最少的相数,应用也最广泛。三相SRM根据不同的定转子极数可分为6/2、6/4、12/8、12/10四种。三相12/8极SRM结构原理图如图2-1所示。

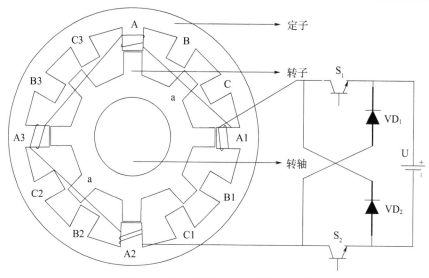

图 2-1 三相 12/8 极 SRM 结构原理图

相数越多,运行时的转矩脉动也就越小。四相电机的起动性能与三相相比更优秀,转矩波动也相对较小,虽然电机的造价有所增加,但应用仍较为广泛。五相电机的复杂性更高,成本更大,在应用中也较为少见。

2.3 开关磁阻电机工作原理

SRM 不像传统电机那样依靠定子、转子绕组(或永磁体)产生的磁场间的相互作用运行,而是依照"磁阻最小原理"工作的,即 SRM 定子产生的磁通总会顺着磁阻最小的路径形成回路,当 SRM 的转子铁心转到靠近磁阻最小的位置时,必然使转子的主中心轴线与磁场的轴线重合,转子的旋转方向与相绕组电流的流向无关,只取决于相绕组励磁的次序。

如图 2-1 所示,若按顺序给 B-C-A-B 相通电,转子即会逆着通电的顺序按逆时针的方向旋转;若通电顺序变为 B-A-C-B,则转子会沿顺时针方向旋转。也就是说,转子的转向与相绕组电流的方向无关,而仅取决于相绕组励磁的顺序。所以 SRD 系统可以采用单极性的功率变换电路,如图 2-2 为采用三相不对称半桥结构的功率变换器结构图。该结构的每相绕组之间完全独立,互不干扰,提高了系统的可靠性。由图可知,这种功率变换器每一相有两个开关元件和两个二极管。当开关导通时,绕组从电源吸收电能,而在开关关断时,绕组电流通过续流二极管将能量回馈给电源,因此 SRM 具有能量回馈的特点,系统效率较高。

第2章 开关磁阻电机基本工作原理

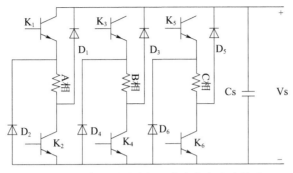

图 2-2 三相不对称半桥功率变换电路结构图

SRM 利用 MOSFET 等电力电子开关管组成的功率变换器,连接每相定子绕组,使其直流电源接通,利用气隙中的磁场,通过双凸极结构中不均匀的气隙,这样每相磁路的磁阻都会发生变化,产生感应电动势,然后吸收电源的功率,形成转矩,实现机电能量转换。SRM 每相导通的示意图如图 2-3 所示。

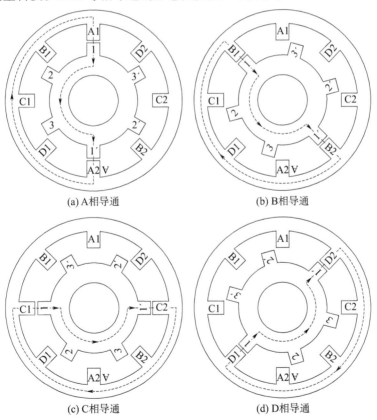

图 2-3 SRM 顺时针导通示意图

2.4 开关磁阻电机数学模型

2.4.1 电感模型

建立 SRM 数学模型的主要困难在于电机的磁路饱和、涡流、磁滞效应等产生的非线性问题，这些非线性问题很难进行数学模拟。因此，在建立数学模型的时候为了简化分析做出如下的假设：

（1）忽略极间磁阻的边缘效应；

（2）不计铁芯的磁滞与涡流效应；

（3）假设电机转子转速在一个电流的脉动周期中保持恒定；

（4）功率开关期间为理想器件；

（5）在忽略绕组间的互感的基础上认为电机各相的参数对称。

基于上述假设可以得出相电感与转子位置角的关系，如图 2-4 所示。

由图 2-4 可知，SRM 在发电时的工作状态分两部分：励磁阶段和发电阶段。在励磁阶段相电流在主开关断开之前一直在上升，此后处于发电阶段，直到相电流降为零。电机在电感上升阶段为电动状态（$\theta_2 \sim \theta_3$），T_e 为正值；在电感下降阶段则处于发电状态（$\theta_4 \sim \theta_5$），T_e 为负值，因此 SRM 要满足发电原理，关断角必须在（$\theta_4 \sim \theta_5$），此时 SRG 产生电磁转矩为负，产生正电流反馈到负载。因此，当电机运行于电动状态下时，在电机旋转方向上，电感上升必定会产生相电流；当电机运行于发电状态下时，在电机旋转方向上，电感下降必定会产生相电流。

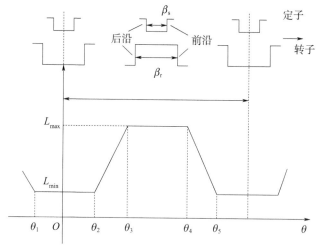

图 2-4　定转子相对位置展开与相电感曲线

最小电感区域是由定转子极不重合的角度所决定的,最大电感区域是由定子极与转子极完全重合的角度所决定的,而改变定子极与转子极之间的重合角度就能够增加或减小电感值。由于电感的变化不会影响电流方向的变化,因此,两种状态下,电流值定义为正。SRM在发电状态下且运行于基速以上时,电机相电流的形状直接由开通角与关断角决定。

根据上图可得出线性SRM的相电感分段表达式如下:

$$L(\theta) = \begin{cases} L_{\min}, \theta_1 \leq \theta < \theta_2 \\ K(\theta - \theta_2) + L_{\min}, \theta_2 \leq \theta < \theta_3 \\ L_{\max}, \theta_3 \leq \theta < \theta_4 \\ L_{\max} - K(\theta - \theta_4), \theta_4 \leq \theta < \theta_5 \end{cases} \quad (2-1)$$

$$K = (L_{\max} - L_{\min})(\theta_3 - \theta_2) = (L_{\max} - L_{\min})/\beta_s \quad (2-2)$$

2.4.2 数学模型

接下来将从电路方程、机械方程、机电联系方程三个内容对SRM的数学模型进行进一步介绍。

1. 电路方程

当一台SRM在不计磁滞、涡流和绕组间互感的情况下,电机第k相绕组的电压平衡方程可以表示为

$$U_k = R_k i_k + \frac{\mathrm{d}\psi_k}{\mathrm{d}t} \quad (2-3)$$

式中:U_k为加在第k相电机绕组上的电压;R_k为第k相电机绕组的电阻;i_k为第k相电机绕组的电流;ψ_k为第k相电机绕组的磁链。

式中:SRM中磁链ψ_k可表示为绕组电流与转子位移角的函数,即

$$\psi_k = \psi_k(i_k, \theta) \quad (2-4)$$

同时,磁链ψ_k可以由电流i_k和电感L_k的乘积得到:

$$\psi_k = L_k(i_k, \theta) i_k \quad (2-5)$$

所以根据式(2-3)与式(2-5)可以得出:

$$i_k = \frac{\psi_k}{L_k} = \frac{1}{L_k} \int (U_k - R_k i_k) \mathrm{d}t \quad (2-6)$$

根据式(2-3)、式(2-4)与式(2-5)可以得出:

$$U_k = R_k i_k + \frac{\partial \psi_k}{\partial i_k} \frac{\mathrm{d}i_k}{\mathrm{d}t} + \frac{\partial \psi_k}{\partial \theta} \frac{\mathrm{d}\theta}{\mathrm{d}t} = R_k i_k + \left(L_k + i_k \frac{\partial L_k}{\partial i_k}\right) \frac{\mathrm{d}i_k}{\mathrm{d}t} + i_k \frac{\partial L_k}{\partial \theta} \frac{\mathrm{d}\theta}{\mathrm{d}t} \quad (2-7)$$

式中:第一项$R_k i_k$为绕组电阻上的压降;第二项$\left(L_k + i_k \frac{\partial L_k}{\partial i_k}\right) \frac{\mathrm{d}i_k}{\mathrm{d}t}$为因电流改变而导

致的磁链变化感应出的电动势,称为变压器电动势;第三项 $i_k \frac{\partial L_k}{\partial \theta} \frac{d\theta}{dt}$ 为由转子位置改变而导致的绕组磁链变化而感应出的电动势,也称为运动电动势。

如果忽略绕组电阻 R_k,则式(2-7)可以改写为

$$U_k = \frac{d\psi_k}{dt} = L_k \frac{di_k}{dt} + i_k \frac{dL_k}{dt} \tag{2-8}$$

同时,功率 P 可以由电流 i_k 和电压 U_k 的乘积得到:

$$\begin{aligned} P &= U_k i_k = iL\frac{di}{dt} + i^2 \frac{dL}{dt} = \frac{d}{dt}\left(\frac{1}{2}Li^2\right) + \frac{1}{2}i^2 \frac{dL}{dt} \\ &= \frac{d}{dt}\left(\frac{1}{2}Li^2\right) + \frac{1}{2}i^2 \frac{dL}{d\theta}\frac{d\theta}{dt} = \frac{d}{dt}\left(\frac{1}{2}Li^2\right) + \frac{1}{2}i^2 \frac{dL}{d\theta}\omega_r = \frac{dW_f}{dt} + T_e \omega_r \end{aligned} \tag{2-9}$$

式中:W_f 为磁场储能;ω_r 为转子机械角速度。

由式(2-9)可以得出电磁转矩 T_e 的表达式为

$$T_e = \frac{1}{2}i^2 \frac{dL}{d\theta} \tag{2-10}$$

由式(2-10)可知SRM的转矩大小与电流平方成正比,而转矩的方向与绕组电流的方向无关,只要在电感曲线中电感上升时让绕组导通就可以产生电磁转矩,而在电感曲线中电感下降段通入绕组电流则会产生反向的电磁转矩,输出制动转矩。这为通过控制开通角和关断角大小来控制SRM的工作模式提供了基础。

2. 机械方程

由力学基本定律,也可以表达出电机转子的机械运动方程:

$$J\frac{d\omega}{dt} = \sum_{j=1}^{m} T_j - T_L - F\omega \tag{2-11}$$

式中:ω 为转子角速度;J 为转动惯量;T_j 为第 j 相电磁转矩;T_L 为负载转矩;F 为阻尼系数;m 为电机相数。

其中角速度为

$$\frac{d\theta}{dt} = \omega \tag{2-12}$$

3. 机电联系方程

在电机中,电和机械两者一般是通过电磁转矩耦合联系在一起的,机电联系方程是能够反映电机中机电能量转换过程中的表达式。SRM的一相绕组在一个工作周期内的机电能量转换过程可以通过在 ψ-i 坐标平面上的轨迹来描述。所以SRM的静态性能可以使用随着转子位置和相电流周期变化的磁链曲线来表示,如图2-5所示。电能与机械能转换的过程是一个连续的、系统的过程,所以对转换过程的分析对于判断电机性能的优良有着重要意义。

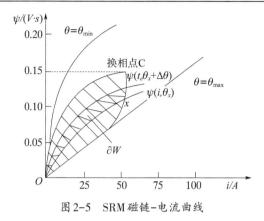

图 2-5 SRM 磁链-电流曲线

由图 2-5 可以得出在忽略相绕组间互感的条件下,整个工作周期内一相绕组的磁共能变化量为

$$\Delta W_f = \oint_\Omega i(\psi,\theta)\mathrm{d}\psi = \int(i_2 - i_1)\mathrm{d}\psi \tag{2-13}$$

磁储能变化量为

$$\Delta W_f = \oint_\Omega i(\psi,\theta)\mathrm{d}\psi = \int(i_2 - i_1)\mathrm{d}\psi \tag{2-14}$$

闭环曲线上任意一点的瞬时转矩都可以由上式得出,表示为

$$\Delta W_f = \oint_\Omega i(\psi,\theta)\mathrm{d}\psi = \int(i_2 - i_1)\mathrm{d}\psi \tag{2-15}$$

2.5 开关磁阻电机传统控制策略

SRM 主要的可控参数有:开通角 θ_{on}、关断角 θ_{off}、相电流上限和绕组端电压 U_{DC} 等,对 SRM 的控制简单地说就是对上述参数进行调节。目前,SRM 的传统的控制策略主要有三种:角度控制(APC)、电流斩波控制(CCC)、电压斩波控制(CVC)。

2.5.1 角度位置控制

角度位置控制(Angular Position Control,APC)是保持绕组电压不变,通过控制每相开关的开通角 θ_{on} 和关断角 θ_{off},进而改变每绕组的导通和关断时间,调节相电流波形,最终实现电机的转速闭环控制,输出符合系统要求的转矩。因为 SRM 的开通角和关断角均可以进行调节,所以 APC 可分为三种,分别为变开通角、变关断角和同时改变开通角与关断角。

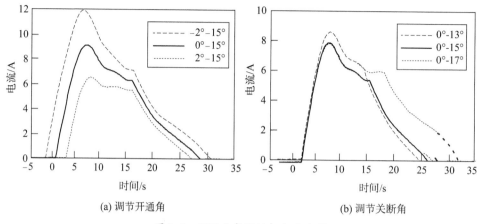

(a) 调节开通角　　　　(b) 调节关断角

图 2-6　APC 方式下的相电流波形

由式(2-7)知,当转速较高时,电机的反电动势较大,电流上升率降低,同时由于各相开关器件的导通时间相对较短,电机绕组相电流较小,通常采用 APC 方式。由于该方法有两个变量可以调节,增加了控制的复杂度,因此一般采用优化固定一个变量,调节另一个变量。图 2-6 给出了电动状态下分别开通、关断角时 SRM 的相电流波形。

由图 2-6 可见,提前开通可以增大相电流的峰值,延后关断角不会影响电流的峰值,仅仅影响电流的有效值。相电流波形及其幅值对开通角的变化更为敏感。一般来说,在仿真或者实验的过程中,选定一个较为合适的开通角作为主控变量,然后在控制的过程中调节关断角,作为辅控变量实现对电机的控制。

APC 具有如下特点:
(1) 转矩可调节范围大;
(2) 能够同时控制多相绕组,让 SRM 的输出转矩更大,转矩脉动更小;
(3) 电机运行效率高;
(4) 适用于低速运行。

2.5.2　电流斩波控制

电流斩波控制(Current Chopping Control,CCC)是一种对电流峰值进行限制的控制方法,在低速或制动运行下非常适用。SRM 在低速运行时,旋转电动势的压降小,因此导致相电流的上升很快,为了避免电流过大而使电机受到损害,需要对电流的峰值进行限制,在此情况下一般采用 CCC 方式。CCC 方式即在保持 θ_{on} 和 θ_{off} 不变的前提下,通过给定各相参考电流,实现电机的电流滞环控制。

第2章 开关磁阻电机基本工作原理

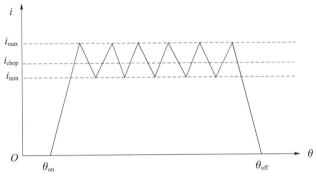

图 2-7 电流斩波示意图

如图 2-7 所示，电流斩波控制将相电流与电流斩波限相比较，若相电流小于电流斩波限，则主开关管开通使绕组导通，电流上升至斩波限；若相电流大于电流斩波限，则主开关管关断使绕组关断，电流下降。如此反复下，相电流将在斩波限上下波动。与 APC 方式相比，CCC 方式可以直接对电流实施控制，控制效果更精确。同时 CCC 控制过程中电机的转矩变化平稳，转矩的脉动相对更小，能实现恒转矩输出。

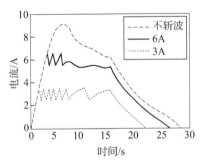

图 2-8 CCC 方式下的相电流波形

图 2-8 给出了该方式下不同的电流斩波限下的 SRM 相电流波形。

2.5.3 电压斩波控制（VCC）

电压斩波控制（Voltage Chopping Control，VCC）是在保证开通角和关断角不变的条件下，让功率开关器件在脉冲宽度调制（PWM）状态下进行工作的方法。在脉冲周期固定的情况下，可以通过调节 PWM 波的占空比来让绕组两端的电压值大小发生变化，进而改变绕组电流的大小，最终实现对电机转速的调节。目前主要的 VCC 控制方式有单管斩波和双管斩波两种方式，在实际应用中单管斩波的方式效率更高，应用更多。这种方式可以应用于高速和低速场合，当负载扰动时，VCC 的动态响应更快。但在电机运行于低速状态时,会出现转矩脉动较大的问题。图2-9给出了电动状态下,改变PWM波占空比时SRM的相电流波形。

在SRM驱动系统中,额定转速以下通常采用CCC控制,系统呈现恒转矩特性;额定转速以上一般采用APC控制,系统呈现恒功率特性。这样做可以有利于高效的实现SRM较宽的速度调节范围。但是,两种不通过控制方法的切换不仅降低了系统的可靠性,而且增加了编程难度,因此,对小功率SRM驱动系统通常采用VCC控制。

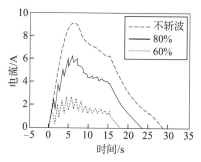

图2-9 电压PWM控制下的相电流波形

SRM的传统控制方法提供了关键的控制开关器件的思路,即控制开关器件的导通时间、导通频率、导通次序,提前开通开关器件,可以改善电机整体的转矩输出、改善电机的功率因数。CCC可以有效地改善电流过高的情况,防止电流过载,改善电机的超载性能,增强系统对突加负载的抵抗力。APC在电机的高速旋转控制领域有着不错的表现。

2.6 小结

SRM的双凸极结构和严重的非线性特性,使得其数学模型的建立一直是热点和难点问题。不能将其简单地理解为线性结构,否则不利于后期控制器的设计,不能产生很好的控制效果。但也不能采用过于复杂的数学表达方式,否则将难以用计算机语言实现控制算法。科学的做法是在满足基本性能的基础上,寻求最优的模型表达方式,使模型能够在控制器中顺利实现。

本章首先介绍了SRM的基本结构和工作原理,进而从基本方程式、简化线性模型角度分析了电机数学模型,并对SRM的三种传统控制策略APC、CCC、VCC进行分析比较。

第3章 开关磁阻电机驱动系统

3.1 引言

SRD可分为电机本体、位置传感器、控制器、功率变换器等。实际中,功率变换器和控制器也会被合并为一部分,统称为控制器。SRD是一种新型的调速系统,实现了机电一体化。SRD主要包括SRM、功率变换器、控制器、检测电路。

针对SRD的控制优化问题,国内外学者展开了广泛的研究:文献[111]提出一种共上管功率变换器,减少了开关管数量,降低了系统成本,同时该拓扑还保留了传统不对称半桥各相独立、易于控制且抗干扰能力强的优势,针对此拓扑的退磁过程缓慢问题,文献也相应地给出了一种安全退磁的控制策略;文献[112]在C-dump功率变换器的基础上加以改进,与传统不对称半桥相比节省了两个开关管,但改进后的主电路无法进行能量反馈;文献[113]同样对C-dump变换器进行改进,提出使用较少的开关管实现母线电压可调,保证了电流建立的速度,同时加快了退磁过程,避免负转矩产生,提高了电机整体的输出特性;文献[114]提出一种三相全桥功率变换器结构,此结构无须增加额外开关管且省略了各相续流二极管,并在矢量控制基础上给出了不同转速下的控制策略,既优化了系统成本,又提升了转矩特性;文献[115]对传统不对称半桥加以改进,提出一种相邻绕组共享开关管拓扑结构,并对各相不同工作模式下的开关管分配原则和控制方式进行了详细介绍,该拓扑既降低了一半开关管成本,又提高了开关管利用率。文献[116]所提拓扑每相可省略一个开关管,既减小了系统成本,又增加了退磁电压大小,加快了换流速度,但是该结构只能允许各相处于开通或关断两种状态,损失了零电压续流模式。

本章主要对SRD进行介绍,分析驱动系统组成结构,并给出SRM设计实例,包括硬件和软件部分,供读者参考。

3.2 开关磁阻电机驱动系统概述

SRD是20世纪80年代初伴随着电力电子技术的进步以及控制技术的发展而迅速发展起来的一种新型调速驱动系统。其由于结构简单、可靠性高、调速范围宽、起动转矩大、控制灵活、成本较低以及适应恶劣环境等诸多性能优势，引起了业内的广泛关注，成为性能可以与直流电机调速系统、交流电机调速系统和无刷直流电机调速系统媲美的强有力的竞争者。在多/全电飞机、电动汽车、风力发电、主轴驱动、家用电器等军民用领域具有巨大的发展潜力和广阔的应用前景。

SRD主要由SRM、功率变换器及其驱动电路、控制器、检测器四大部分组成，系统框图如图3-1所示。

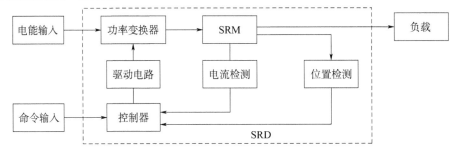

图3-1 开关磁阻电机驱动系统框图

SRM是SRD的执行部件，用以实现能量转换，它有两种运行状态：电动状态和发电状态。电动状态下将电能转化为机械能，发电状态下将机械能转化为电能。功率变换器负责为电能传输提供通路，它可以实现向SRM供电，将电能回馈至供电电源或向用电负载供电。检测器包括电压、电流、位置信息的检测，为控制器提供反馈信号。控制器是整个SRD的核心，它综合处理输入指令及各检测器的反馈信号，然后对功率变换器发出控制信号，控制信号经过驱动电路放大后，控制各主开关器件的开关状态，实现对SRM的驱动及控制。负载可以是机械负载也可以是电气负载，视系统的运行状态而定。

3.3 开关磁阻电机驱动系统结构

3.3.1 开关磁阻电机

SRM是实现能量转换的部件，其结构和运行原理与传统交直流电机有很大差别，SRM为双凸极结构，其定子和转子均由普通硅钢片叠压而成。转子上既无绕组也无永磁体，定子各极上绕有集中绕组，径向相对极的绕组串联构成一相。图3-2为一台典型的三相6/4极SRM的结构原理图，为方便表示，仅画出了其中的一相绕组及主电路。SRM可以设计成多种不同的相数结构，且定转子的极数有多种不同的搭配，相数多，步距角小，利于减小转矩脉动，但结构复杂，且主开关器件多，成本高。由于三相以下的SRM无自起动能力,目前应用较多的是四相8/6极结构、三相6/4极及三相12/8极结构。

与传统电机依靠定、转子绕组(或永磁体)产生的磁场间的相互作用形成转矩和转速不同,SRM运行原理遵循"磁阻最小原理"——磁通总要沿着磁阻最小的路径闭合,而具有一定形状的铁心在移动到磁阻最小位置时,必然使自己的主轴线与磁场的轴线重合。以图3-2中定、转子所处相对位置为起始位置,若依次给B—C—A相通电,转子即会逆着励磁顺序以逆时针方向连续转动;若通电顺序变为C—B—A,则转子会沿顺时针方向旋转。也就是说,转子的转向与相绕组电流的方向无关,而仅取决于相绕组通电的顺序。

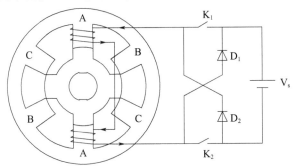

图3-2 三相6/4极SRM典型结构原理图

3.3.2 功率变换器

功率变换器主要有三个作用:开关作用,控制绕组与电源的开通关断;为绕组储能提供回路;为SRM运转提供所需能量。由于SRM只需要提供单方向的电流,故可采用单极性的功率变换器,这使得功率主电路简单、可靠。功率变换器的性能和成本在SRD的性能和成本中占主要部分,因此,对功率变换器的研究也是SRM研究热点之一。目前研究主要集中在功率器件的选择和电压电流定额的确定、功率变换器拓扑结构的设计、软开关技术的研究等。

功率变换器是SRD中为SRM提供能量的通路,一般情况下,蓄电池或者交流电整流过后形成直流电可满足对功率变换器的供电。由于SRM是直流电机,其电流是单相的,所以一般采用传统不对称半桥(Asymmetrical half-bridge,AHB)拓扑结构的功率变换器,如图3-3所示。四相8/6结构电机的各相都是独立的,其中两个定子极构成一相,有良好的容错能力。其中S_1-S_8为电力电子器件,称为功率开关管,负责控制每一相电机的开通和关断。D_1-D_8为二极管,负责续流,也称为续流二极管。C为母线电容,用于保护功率变换器电路,L_a-L_d则是连接SRM定子的四相绕组。U_s 为直流电源，负责给功率变换器供电以保证其正常工作。

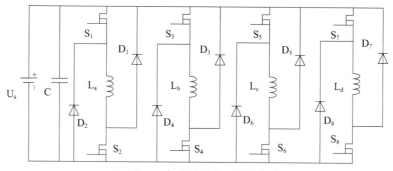

图 3-3　四相不对称半桥电路拓扑

AHB 结构的功率变换器拓扑优点明显。首先，每个开关器件（以 MOSFET 为例）的输入电压均为 U_s，而且 AHB 结构的每一相之间的电流都是独立互不影响的，对于增加或者减少电机相数均没有限制。而且从每一相来看，AHB 拓扑结构能提供三种电压回路。现以一相为例：当一相的 MOSFET 开通时，该相处于励磁模式，此时，直流电源开始给该相供电，该相电压为正母线电压，如图 3-4(a)所示；当 MOSFET 同时关闭后，绕组通过两个续流二极管退磁，此时绕组两侧电压为负母线电压，该相处于负电压续流模式，如图 3-4(b)所示；当只有一个 MOSFET 关断时，以上管关断为例，此时绕组中的电流通过下 MOSFET 管和下二极管形成一个回路，此时绕组两端电压为零，该相处于零电压续流模式，如图 3-4(c)所示，零电压续流模式主要存在单管斩波控制（也叫软斩波控制）中。在 SRM 的控制策略中，考虑到功率器件的损耗和安全，常常采用单管斩波控制策略，在该控制策略下，励磁模式、零电压续流模式和负电压续流模式相继进行。

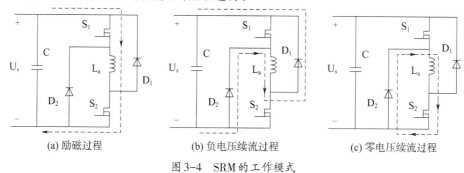

(a) 励磁过程　　(b) 负电压续流过程　　(c) 零电压续流过程

图 3-4　SRM 的工作模式

3.3.3　控制器

控制器是 SRD 的指挥中枢，综合处理外部输入指令（如运行状态指令、速度指

第3章 开关磁阻电机驱动系统

令等)、速度反馈信号、位置传感器反馈信号、电流传感器反馈信号等,控制功率变换器中主开关器件的工作状态,实现SRM运行状态的控制。

控制器一般由单片机或者DSP及其外围接口电路组成。单片机具有体积小、控制功能强、功耗低、环境适应能力强、扩展灵活和使用方便等优点,可以实现较为简单的控制算法,满足SRD控制的基本要求,在工程领域应用最广。DSP价格比单片机价格较高,但处理速度更快,能够实现较为复杂的SRM控制算法,目前SRD控制器中常用的DSP芯片有TMS320F2812、TMS320F28335等。由于存在电压匹配和逻辑处理的问题,DSP通常不能与外部的输入输出信号直接相连,而是要通过逻辑综合运算和电压处理后再进行连接。DSP的速度较快,要求译码的速度也必须快。利用小规模逻辑器件译码的方式,已不能满足DSP的要求。同时,DSP系统中也需要外部快速部件的配合,这些部件往往是专门的电路,由可编程器件实现。CPLD的时序严格,速度较快,可编程性好,适用于译码和专门电路。因此,在目前的SRD中,最常见的控制器为DSP+CPLD的方案。

图3-5给出了一种SRD控制模块的原理框图,DSP负责电流、电压信号的采集、控制算法的实现以及与上位机通信;CPLD负责换向信号控制、位置信号采集、晶闸管控制以及电路的保护。

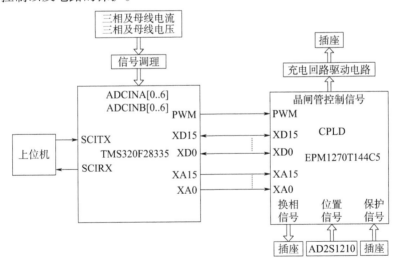

图3-5 SRM驱动系统控制模块原理框图

dSPACE实时仿真系统克服了传统开发过程中单片机或DSP方案在数学模型开发、算法设计以及调试过程中工作量较大等问题,尤其在控制算法复杂以及算法需要反复进行验证等方面,能够发挥巨大的优势。

3.3.4 传感器

SRD中的检测器主要包括位置传感器、电流传感器、电压传感器等。位置传感器向控制器提供转子位置及转速信号,使控制器能够正确的实现电机的换相以及一些高性能的控制算法。电流检测常用于实现SRM的电流斩波控制、过流保护以及实现一些高性能算法等。由SRM的电压平衡可知,电机的磁链可以通过电流和电压间接计算得到,故电流和电压的检测还可用于磁链的计算,进而实现一些高性能的控制,如直接转矩控制、无位置传感器控制等。SRD中常用的电流和电压传感器,多为霍尔传感器,较为著名的是LEM公司生产的传感器,如LA-25等。它具有线性度好、精度高以及响应速度快等优点。另外,在精度要求不高的情况下,电压的检测还可以通过分压电阻实现。

常见的SRD的位置传感器有光电式、霍尔式、磁阻式、电涡流式和旋转变压器等。

1. 光电式位置传感器

光电式位置传感器主要由光源、码盘以及光电元件组成。它的基本工作原理为:随着电机转子的旋转,安装在转子上的码盘不断透过或者遮挡光源发出的光线,使光电元件产生高低电平,将电机位置信号转化为电信号。根据是否能够得到绝对位置可将其分为增量式以及绝对式两类。增量式传感器具有结构简单、体积小的优点,但掉电后不能检测初始位置,而且会有累积误差;绝对式传感器码盘透光道按特定的规律排列,每一个角度分辨率内对应一个二进制数,可以达到很高的测量精度。由于绝对式位置传感器要求精确安装和调整多个光电池,码盘制作工艺更为复杂,故价格更为昂贵,但是随着新的制造方法的出现,价格也在不断的降低。需要说明的是光电式位置传感器的光敏元件容易受环境温度等因素的影响,且在油污、粉尘等较为恶劣环境中检测效果会下降,因此难以应用于油田采矿、火力发电等环境恶劣的场合。

2. 霍尔式位置传感器

当电流垂直于外磁场通过导体时,载流子发生偏转,垂直于电流和磁场的方向会产生附加电场,从而在导体的两端产生电势差,这一现象为霍尔效应。霍尔式位置传感器就是基于霍尔效应的传感器,它通过感应磁场变化获取转子位置信息。一般来说,霍尔式位置传感器需要安装在定子上,通过感应气隙磁场的变化来检测位置。它分辨率较低,只能检测有限个位置,可以满足SRM开通、关断的要求,但很难实现实时位置检测,以及与位置相关的复杂控制。霍尔式位置传感器造价便宜,且可被封装在密闭环境中,适用于脏湿、粉尘等恶劣环境,故应用广泛。需要注意的是,温度对霍尔式传感器的霍尔系数影响较大,使得输出信号不能准确跟踪实际的磁场强度,容易出现信号缺失的现象,影响电机的控制效果。

3. 磁阻式位置传感器

磁阻式位置传感器是根据磁性材料的磁阻效应而制成的测量位置的传感器。磁阻效应是指某些金属或半导体的电阻值随外加磁场变化而变化的现象。传统磁阻材料主要为坡莫合金，其电阻变化率最大仅为2%～3%，检测精度较低。近年来，巨磁阻效应成为了磁阻传感器的研究热点，其电阻变化率可达到50%，可以达到较高的检测精度，同时具有体积小、成本低、抗恶劣环境等优点，具有良好的发展前景，但其理论还尚待完善。

4. 电涡流式位置传感器

电涡流式位置传感器是根据电涡流效应而制成的测量位置的传感器。根据法拉第电磁感应定律，金属导体置于变化的磁场中时，导体的表面就会有感应电流产生。电流的流线在金属体内自行闭合，这种由电磁感应原理产生的漩涡状感应电流称为电涡流，这种现象称为电涡流效应。在测量转子位置时，只需在转子上加装一个齿轮状金属体，通过电涡流传感器检测金属表面与传感器的距离，即可测算出转子位置或转速。电涡流式位置传感器体积较大，且造价高昂，但环境适用性好，可工作在高温、低温等极为恶劣的环境。例如，卡曼公司生产的耐高温电涡流式位置传感器的工作温度范围达到-195~538℃。电涡流式传感器常用于航空航天、核电站以及其他对成本不太限制的场合。

5. 旋转变压器

旋转变压器是一种输出电压随转子位置角变化而变化的位置传感器。它具有结构坚固、受干扰较小、精度高、响应速度快等优点，在高温高速运行场合有着广泛的应用。旋转变压器的输出通常为正余弦信号，因此它的解码较为复杂。旋转变压器的解码形式有软件解码、硬件解码两种。软件解码可以在DSP中通过算法(如角速度观测器法)进行解码，它可以减少硬件设计，降低系统硬件成本，但其技术尚不成熟。目前应用最广泛的是采用硬件解码，SRM控制系统设计中，最常用的旋转变压器硬件解码芯片为AD2S1200和AD2S1210。它们将旋转变压器输出的正余弦信号转化为二进制编码，送入SRD中的CPLD中，使用较为简单。目前，旋转变压器的缺点在于成本较高，体积相比于霍尔式位置传感器以及磁阻式位置传感器也较大。

综上所述，光电式位置传感器可以达到较高的位置检测精度且体积较小、成本较低，但环境适应性差；霍尔位置传感器体积小、成本低，可以适用于脏湿、粉尘的环境场合，但易受环境温度的影响，且位置检测精度低；磁阻式位置传感器体积小、成本低且环境适应性好，但目前精度低，精度较高的巨磁阻式尚在研究阶段；电涡流式位置传感器精度高，环境适应性极好，但在成本和体积上缺乏优势；旋转变压器精度高、环境适应性好，体积适中，但成本较高。

此外,位置传感器往往需要安装在电机内部,安装过程较为复杂,增加了人力以及时间成本,降低了电机的组装效率。位置传感器的引入还会带来轴向长度增加、体积质量增大等问题,这使得位置传感器难以应用于某些对体积和质量要求较高的场合(如微小电机)。与传统的位置传感器相比,无位置传感器控制方法仅需要电机的电流、电压信息,而这些信息在正常的电机控制中往往也是需要的。因此,使用无位置传感器方法不会增加系统成本,也不会增加体积,仅仅增加了软件资源,且无须安装,适用于任意场合,具有位置传感器无可比拟的优势。

3.4　开关磁阻电机驱动系统硬件设计

本章给出一例SRD硬件设计实例,如图3-6所示,系统硬件主要分为电源、控制、检测和主功率四个部分。电源部分由DC/DC模块组成,可为系统中各元件提供所需等级的工作电压。控制部分主要包括DSP和CPLD,其中DSP根据所采用的控制算法,产生控制信号,然后在CPLD中进行进一步逻辑处理后输出至驱动电路,最终实现对功率开关管的控制。检测部分对电压、电流以及位置等信号的采集和处理功能,为控制方法的实现提供必要的信息。主功率部分采用传统的三相AHB结构,依据控制信号为电机各相提供励磁电压。下面分别对各主要模块的构成进行详细的阐述。

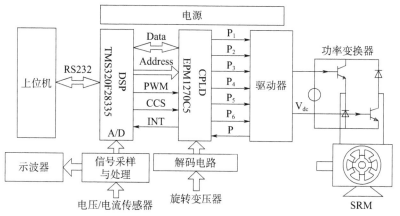

图 3-6　SRM调速系统硬件框图

3.4.1　控制模块

SRD系统控制模块原理框图如图3-7所示。母线电压、母线电流、三相相电流及三相相电压等模拟信号经信号调理电路调理后,送TMS320F28335的片内AD进行模数转换;电压、电流、位置、速度等信息由TMS320F28335通过RS232接口传送给上位机；旋变的位置信号由 AD2S1210 解码后送给 CPLD；增强型 PWM 模块输出的 PWM 波，经 CPLD 逻辑综合后送给功率驱动模块来控制功率桥；位置信号、速度信号、DSP 控制指令等通过数据总线 XD[15..0] 以及地址总线 XA[15..0] 在 DSP 与 CPLD 之间通信。

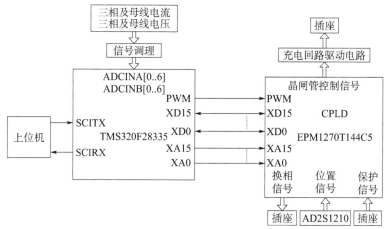

图 3-7 SRD 系统控制模块原理框图

3.4.2 功率模块

功率主电路采用 MOSFET 三相不对称半桥驱动电路，主电源采用直流 96V 电源供电，拓扑结构如图 3-8 所示。图中虚线框所示为上电软充电回路，主要用于上电瞬间对冲击电流的限制，从而减轻对供电电源及母线支撑电容的冲击，起到保护电容器件与供电电源的目的。当母线电容充电完成后，系统产生触发信号 VT0 控制晶闸管导通，此时系统进入正常运行状态。

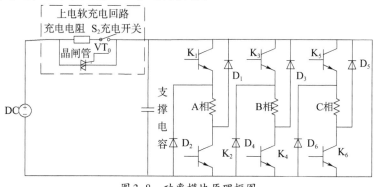

图 3-8 功率模块原理框图

CPLD 的输出电平只有 3.3V，而开关管开通电压要求门极电压高于源极 12~18V，故需要升压电路。本章采用了 IR2110 用于驱动 AHB 电路，电路原理如图 3-9 所示。

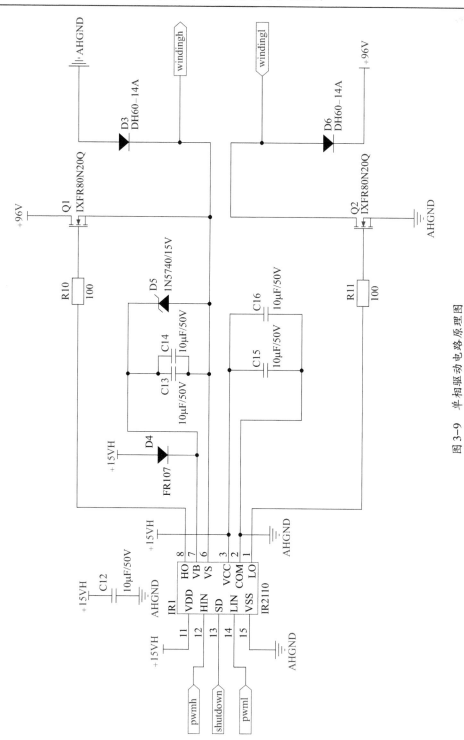

图 3-9 单相驱动电路原理图

3.4.3 传感器检测模块

本方案中母线电压额定值为96V。选用LEM的LA25-P电压传感器,输入端选择30kΩ/5W的功率电阻,当检测到母线电压为200V时,采样电压为2.5V,后经过一个加法器,调制成符合DSP片内AD模拟量输入电压的值,经过电压跟随器后直接送DSP片内AD进行处理。电压检测电路如图3-10所示。

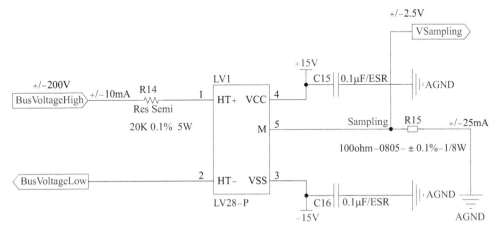

图 3-10 电压检测电路

电流信号是转矩计算必须的参数,本方案中母线电流最大不超过50A。正常系统运行时,母线电流不会超过15A,当输出对地短路、MOSFET器件击穿或控制方法错误时会出现电流超过200A的情况。当以上情况发生时,首先过流检测电路产生过流保护信号进入CPLD封锁脉冲,然后系统将检测到的过流值与故障状态发送至上位机,等待上位机处理。电流传感器信号经过电压跟随器后可直接送DSP片内AD进行处理。电流信号调理原理如图3-11所示。

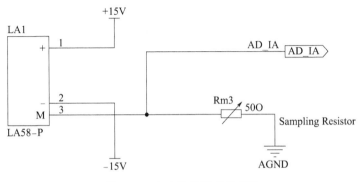

图 3-11 电流信号调理原理图

过流检测电路分为A、B、C相电流过流保护和母线过流保护电路两部分。A、B、C相电流采用峰值保护模式,通过设计绝对值电路检测相电流最大峰值,保证过流保护的有效性。过流时,电压比较器产生一个高电压信号,经CPLD逻辑综合,直接对PWM输出脉冲进行硬件封锁,并切断主回路接触器;同时,该报警信号经DSP中断引脚引起软件中断,进行相应处理。A、B相电流过流检测电路如图3-12所示。

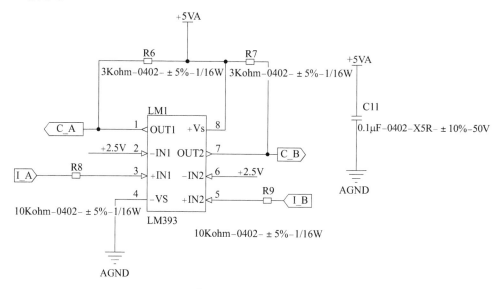

图3-12 过流保护电流

位置检测电路是实现开关磁阻电机控制的基础,本方案采用旋转编码器对转子位置进行检测,利用旋转变压器解码芯片(RDC)AD2S1210提供位置和速度信息。RDC的原理如图3-13所示。

需要注意的是,旋转变压器的激励信号输出最大电流只有2mA,为了能够驱动旋转变压器,必须考虑添加后级扩流输出。本设计中,通过改变反馈电阻的大小,控制甲乙类功放的放大倍数,用以驱动不同的旋转变压器。

RDC芯片输出的正弦激励波形是通过内部PWM发生器斩波产生的,因此存在大量高频谐波成分。虽然旋变的激励线圈是有电感的,但是滤波效果不理想,需在甲乙类功放前加装低通滤波器,并仔细调节其截止频率,使总谐波达到失真最小。

RDC的接口有串行输出和并行输出两种,其中串行输出速度慢,但是节约引脚资源;并行输出速度快,但是占用较多的引脚。本设计中,采用串行的接法用以节约引脚资源。

第3章 开关磁阻电机驱动系统

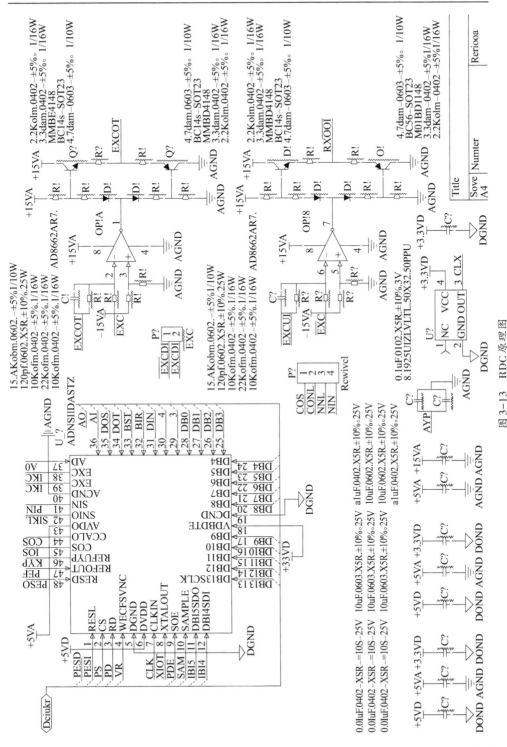

图3-13 RDC 原理图

3.4.4 电源模块

图 3-14 为系统供电原理框图。本方案控制电供电采用由外部单一电源输入,经 DC/DC 变换后为系统各个模块提供不同所需要的不同电平电压的方式。

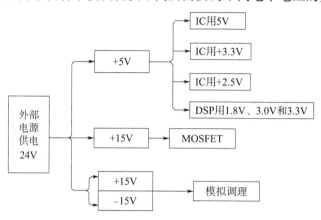

图 3-14 系统供电原理框图

系统中功率模块中 MOSFEFT 需要提供+15V 电压;部分调理电路和功能芯片需要提供+5V 电压,为了满足部分调理电路输出电压范围的要求,需要由系统提供+/-15V 电压,该电压要求纹波小、输出功率不高,本方案拟采用将外部电源提供的电压变换为+15V、+5V 和+/-15V 的供电方案,如图 3-15 所示。

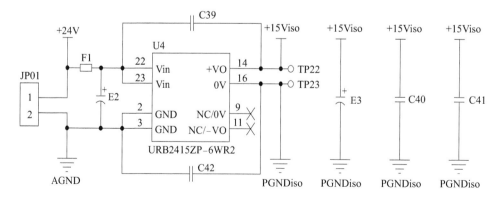

(a) +15V 供电原理图

第3章 开关磁阻电机驱动系统

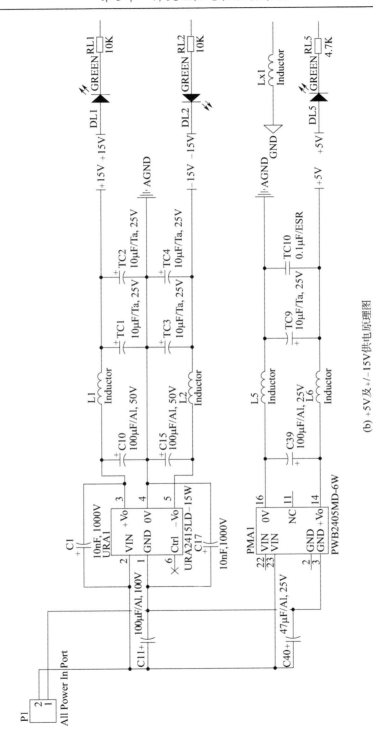

(b) +5V及+/-15V供电原理图

图 3-15 各模块供电原理图

3.5 开关磁阻电机驱动系统软件设计

图 3-16 给出了 SRD 系统的软件程序框架图。DSP 负责电流、电压的采集、转矩计算及控制、各相转矩分配、速度环 PI 算法实现及与上位机通信；CPLD 负责位置检测、换相以及电流的斩波控制，CPLD 与 DSP 通过数据地址总线通信。CPLD 将采集的位置、转速送给 DSP，DSP 将综合的控制信号送给 CPLD。

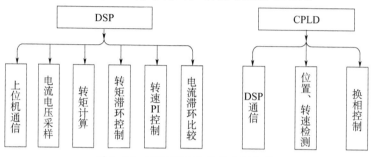

图 3-16　SRM 调速系统程序框架图

3.5.1　控制程序结构

图 3-17 给出了利用 DSP 控制 SRM 的软件程序结构。在程序的最高层，软件程序由初始程序和运行程序构成。初始化完成后，开始执行中断程序。在 SRM 的控制过程中很多有关时间量都是由时间中断程序(ISR)完成的，主要包括电流控制、速度控制以及转矩控制。采样中断程序则是用来确定哪个中断发生，然后选择合适的寄存器，将数据进行储存。虽然算法没有明确执行这一中断，但是可以设定标志位来初始化速度。

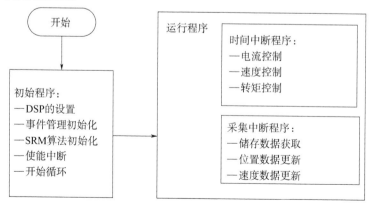

图 3-17　SRM 控制程序结构

3.5.2 初始化程序

SRM控制程序的初始化过程如图3-18所示。该过程定义了电机的初始条件,主要包括参数初始化、标志位和控制计数器初始化以及事件管理器初始化四个部分,通过对硬件系统的初始化处理以保证系统各部分按照预定程序进行控制。

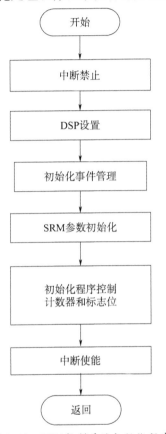

图3-18 SRM控制系统初始化程序

3.5.3 起动子程序

电机刚起动时,为防止在转矩控制器的控制下,各相电流过大,损坏电机或功率器件,所以在起动的过程中引入了电流斩波控制策略,对各相电流进行限制,其控制流程如下:当检测到的相电流大于给定斩波电流上限时,斩波程序发出控制信号,命令开关管关断;否则,则命令开关管开通,使相电流持续上升,直到满足控制要求,通过该过程有效的实现了限流同时也完成了需要的控制策略,其流程如图3-19所示。

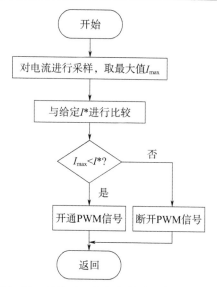

图 3-19 开关磁阻电机控制系统起动子程序

3.5.4 控制子程序

示例采用的是转速、转矩双闭环控制方式。其控制子程序的流程图如图 3-20 所示。

给定速度与反馈速度的偏差经速度控制器调节输出后,由 PI 控制子程序计算出总的参考转矩,根据 A 相转子的位置值,给出各相的参考。根据 AD 采样的电流计算出各相的电磁转矩,各相参考转矩与实际参考转矩的偏差由转矩滞环控制器给出控制信号。DSP 将控制信号送入 CPLD,CPLD 综合控制信号与换相信号给出控制指令。同时,将采集的电流、电压及速度等数据发送给上位机,同时检测上位机指令来改变电机的运行状态。上位机的指令包括电机转速设定、电机状态运行、开通关断角等。

3.6 小结

本章主要介绍了 SRD 硬件设计平台和其中主要设计部分,并对其中的关键硬件设计和软件设计进行介绍,并给出设计实例供读者参考。以 TI 公司生产的 TMS320F28335 型号的 DSP 芯片为控制芯片,采用不对称半桥功率变换器。将驱动系统分为控制模块、功率模块、传感器检测模块、电源模块分别进行分析设计。软件设计部分,设计了控制系统主程序以及相应子程序,主要包括初始化子程序、启动子程序、控制子程序等。

第3章 开关磁阻电机驱动系统

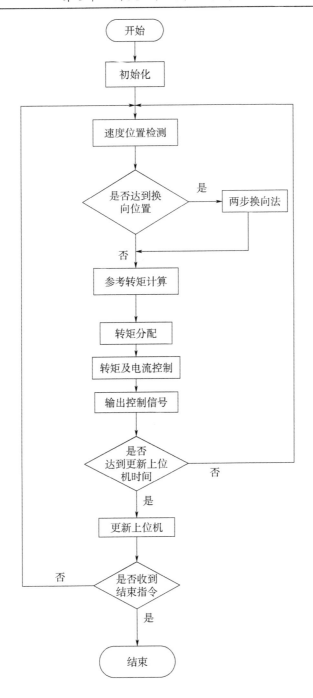

图 3-20 开关磁阻电机控制流程图

参考文献

[1] 宋受俊,葛乐飞,刘虎成,等.开关磁阻电机设计及多目标优化方法[J].电工技术学报,2014,29(5):197-204.

[2] 欧阳启.电动车用开关磁阻电机控制系统研究及实现[D].长沙:湖南大学,2006.

[3] 付主木,高爱云,张少博.电动汽车运用技术[M].北京:机械工业出版社,2015.

[4] DING W,YANG S,HU Y,et al. Design Consideration and Evaluation of a 12/8 High-torque Modular-stator Hybrid Excitation Switched Reluctance Machine for EV Applications[J]. IEEE transactions on ind. electron, 2017, 64(12): 9221-9232.

[5] PATEL N R, SHAH V A, LOKHANDE M. A Novel Approach to the Design and Development of 12/15 Radial Field C-Core Switched Reluctance Motor for Implementation in Electric Vehicle Application[J]. IEEE transactions on vehicular technology, 2018, 67(09): 8031-8040.

[6] 姜俊丞.电动汽车开关磁阻电机集成充电变换器的研究[D].北京:北京化工大学,2018.

[7] 金雯,王卿,周杨,等.航空航天新型电机发展及应用分析[J].导航与控制,2016,15(05):25-33.

[8] BARTOLO J B, DEGANO M, ESPINA J, et al. Design and Initial Testing of a High-speed 45-kW Switched Reluctance Drive for Aerospace Application[J]. IEEE transactions on ind. electron, 2017, 64(2): 988-997.

[9] BARROS T A D S,NETO P J D S,FILHO P S N , et al. An approach for switched reluctance generator in a wind generation system with a wide range of operation speed[J]. IEEE transactions on power electron, 2017, 32(11): 8277-8292.

[10] 赵枢棪.开关磁阻海浪直线发电机多目标优化设计研究[D].徐州:中国矿业大学,2020.

[11] 裴楚.SRM在洗衣机驱动控制中的应用研究[D].武汉:华中科技大学,2016.

[12] 熊攀,韩建定,陈卓.航空高压直流起动/发电机系统非线性建模研究[J].微电机,2012,45(12):40-44.

[13] 张兰红.异步电机起动/发电机系统研究[D].南京:南京航空航天大学,2006.

[14] 彭敏志.异步电机起动发电系统的起动技术研究[D].南京:南京航空航天大学,2004.

[15] 周通.异步电机起动发电过程的研究与仿真[D].兰州:兰州交通大学,2011.

[16] Alan,T.A.Lipo. Starter/generator employing resonant-converter-fed induction machine Part Ⅰ: Analysis [J]. IEEE transactions on aerospace and electronic systems, 2000, 36(4):1309-1318.

[17] ALAN I,LIPO T A. Starter/generator employing resonant-converter-fed induction machine Part Ⅱ: Hardware Prototype [J]. IEEE transactions on aerospace and electronic systems, 2000, 36(4):1319-1329.

[18] YUE F,LIPO T. A, A new doubly salient permanent magnet motor for adjustable speed driver, electric machines and power systems, 1994, 22 (2): 258-270.

[19] LIAO Y, LIANG.F, LIPO.T.A.A novel permanent magnet motor with double salient structure[J]. IEEE trans on industrial application, 1995, 31(5): 1069-1074.

［20］ CHENG M, CHAO K T, CHAN C C.Performance Analysis of 8/6-Pole Doubly Salient Permanent Magnet Motor［J］.Proceedings of IEEE International Electric Machines and Drives Conference, 1999: 1055-1067.

［21］ 孟小利,严仰光.双凸极永磁电机的发展及现状［J］.南京航空航天大学学报,1998, 31(3): 330-335.

［22］ 林明耀,程明,周鹗.新型12/8极双凸极变速永磁电机的设计与分析［J］.东南大学学报,2002, 32(6): 944-948.

［23］ 孟小利,王莉,严仰光.一种新型电励磁双凸极无刷直流发电机［J］.电工技术学报.2005, 20(11):10-15.

［24］ 秦海鸿.混合励磁双凸极电机的基本特性研究［D］.南京:南京航空航天大学, 2006.

［25］ 孙亚萍.混和励磁双凸极电机性能研究［D］.南京:南京航空航天大学,2005.

［26］ 李文广.混和励磁双凸极电机驱动控制技术研究［D］.南京:东南大学,2005.

［27］ 高翔.混合励磁双凸极电机调压系统研究［D］.南京:南京航空航天大学,2008.

［28］ MACMINN S R,JONES W D.A very high speed switched-reluctance starter-generator for aircraft engine applications［C］.Aerospace and Electronics Conference,1989,4:1758-1764.

［29］ CLOYD J S. Status of the united states air force's more electric aircraft initiative［J］.Aerospace and electronic systems magazine,1998,13(4):17-22.

［30］ 何雅慧.开关磁阻起动/发电机系统的设计与控制研究［D］.武汉:华中科技大学,2016.

［31］ 章明明.开关磁阻电机起动/发电系统数字控制平台研发［D］.南京:南京航空航天大学,2009.

［32］ WU W, DUNLOP J B, COLLOCOTT S J, et al. Design optimization of a switched reluctance motor by electromagnetic and thermal finite-element analysis［J］.IEEE transactions on magnetics, 2003, 39(5): 3334-3336.

［33］ MILLER T J E. Optimal design of switched reluctance motors［J］. Industrial electronics, IEEE transactions on, 2002, 49(1): 15-27.

［34］ XUE X D,CHENG K W E,Ng T W, et al. Multi-objective optimization design of in-wheel switched reluctance motors in electric vehicles［J］. Industrial electronics, IEEE transactions on , 2010,57(9): 2980-2987.

［35］ CHESHMEHBEIGI H M, YARI S, AFJEI E. Design and analysis of low torque ripple switched reluctance motor using 3-dimensional finite element method［C］. Circuit Theory and Design, 2009. ECCTD 2009. European Conference on. IEEE, 2009: 857-861.

［36］ OWATCHAIPHONG S, CARSTENSEN C, DE DONCKER R W. Optimization of predesign of switched reluctance machines cross section using genetic algorithms［C］. Power Electronics and Drive Systems, 2007. PEDS'07. 7th International Conference on. IEEE, 2007: 707-711.

［37］ 白凤仙,邵玉槐,孙建中.利用智能型模拟退火算法进行开关磁阻电机磁极几何形状的优化［J］.中国电机工程学报, ,2003,23(1): 126-131.

［38］ KANO Y, KOSAKA T, MATSUI N. Optimum design approach for a two-Phase switched reluctance compressor drive［J］. IEEE transactions on industry applications, 2010, 46(3): 955-964.

［39］ 范银平.开关磁阻电机的优化设计探析［J］.煤炭技术, 2011, 30(12): 258-259.

［40］ RAMINOSOA T, B. BLUNIER, D. FODOREAN, et al. Design and optimization of a switched reluctance motor driving a compressor for a PEM fuel-cell system for automotive applications［J］. Industrial electronics IEEE transactions on industry applications, 2010,57(9): 2988-2997.

［41］ 宋受俊,葛乐飞,刘虎成,等.开关磁阻电机设计及多目标优化方法［J］.电工技术学报, 2014, 29(5): 197-204.

[42] 张艳丽,夏斌,谢德馨,等.基于克里金插值技术的开关磁阻电机极面优化设计[J].电机与控制学报,2013, 17(3): 56-61.

[43] 吕品,张京军,张海军.基于改进遗传算法的开关磁阻电机优化设计[J].河北工程大学学报:自然科学版, 2013, 30(1): 91-94.

[44] MIRZAEIAN-DEHKORDI B, MOALLEM P. Genetic algorithm based optimal design of switching circuit parameters for a switched reluctance motor drive [C]. Power Electronics, Drives and Energy Systems, 2006. PEDES'06. International Conference on. IEEE, 2006: 1-6.

[45] KIM Y H, LIM S B, LEE J. Optimal design of single phase switched reluctance motor considering driving converter [C] Electromagnetic Field Computation, 2006 12th Biennial IEEE Conference on. IEEE, 2006: 413-413.

[46] PHUANGMALAI W, KONGHIRUN M, CHAYOPITAK N. A design study of 4/2 switched reluctance motor using particle swarm optimization [C].Electrical Engineering/Electronics, Computer, Telecommunications and Information Technology (ECTI-CON), 2012 9th International Conference on. IEEE, 2012: 1-4.

[47] MIRZAEIAN B, MOALLEM M, TAHANI V, et al. Multiobjective optimization method based on a genetic algorithm for switched reluctance motor design [J]. Magnetics, IEEE transactions on industry applications, 2002, 38(3): 1524-1527.

[48] 梁得亮,丁文,鱼振民.基于自适应网络模糊推理系统的开关磁阻电机建模方法[J].中国电机工程学报, 2008, 28(9): 86-92.

[49] 蔡永红,齐瑞云,蔡骏,等.基于RBF神经网络的开关磁阻电机在线建模及其实验验证[J].航空学报, 2012, 33(4): 705-714.

[50] 修杰,夏长亮,王世宇.开关磁阻电机的Pi-sigma模糊神经网络建模[J].电工技术学报, 2009, 24(8): 46-51.

[51] 魏翔.基于LS-SVM开关磁阻电机建模及调速系统控制研究[D].镇江:江苏大学,2014.

[52] 纪良文,何峰.基于径向基函数神经网络的开关磁阻电机建模[J].电工技术学报, 2001, 16(4): 7-11.

[53] EHSANI M, BASS J T, Miller T J E, et al. Development of a unipolar converter for variable reluctance motor drives[J]. IEEE transactions on industry applications, 1987 (3): 545-553.

[54] CHAPPEL P H, RAY W F, BLAKE R J. Microprocessor control of a variable reluctance motor [J]. IEE proceedings b (electric power applications), 1984, 131(2): 51-60.

[55] POLLOCK C, WILLIAMS B W. A unipolar converter for a switched reluctance motor. IEEE transactions on industry applications,1990, 26(2): 222-228.

[56] KRISHNAN R, MATERU P N. Design of a single-switch-per-phase converter for switched reluctance motor drives [J]. IEEE transactions on industrial electronics, 1990, 37(6): 469-476.

[57] VUKOSAVIC S, STEFANOVIC V R. SRM inverter topologies: a comparative evaluation [J]. Industry applications, IEEE transactions on, 1991, 27(6): 1034-1047.

[58] POLLOCK C, WILLIAMS B W. Power convertor circuits for switched reluctance motors with the minimum number of switches [C]. IEE proceedings b (electric power applications). IET digital library, 1990, 137(6): 373-384.

[59] DESSOUKY Y G, WILLIAMS B W, FLETCHER J E. A novel power converter with voltage-boosting capacitors for a four-phase SRM drive [J]. IEEE Transactions on Industrial Electronics,1998, 45(5): 815-823.

[60] HWU K I, LIAW C M. DC-link voltage boosting and switching control for switched reluctance motor drives [J]. IEE proceedings-electric power applications, 2000, 147(5): 337-344.

[61] CHAN S, BOLTON H R. Performance enhancement of single-phase switched-reluctance motor by DC link voltage boosting [C]. IEE proceedings b (electric power applications). IET digital library, 1993, 140(5): 316-322.

[62] 蔡骏, 邓智泉. 基于电感线性区模型的开关磁阻电机无位置传感器技术[J]. 中国电机工程学报, 2012, 32(15): 114-123.

[63] 周竟成, 王晓琳, 邓智泉, 等. 开关磁阻电机的电感分区式无位置传感器技术[J]. 电工技术学报, 2012, 27(7): 34-40.

[64] 李珍国, 李彩红, 阚志忠, 等. 基于改进型简化磁链法的开关磁阻电机无位置传感器速度控制[J]. 电工技术学报, 2011, 26(6): 62-66.

[65] 周永勤, 王旭东, 张玉光, 等. 开关磁阻电机模糊滑模观测器间接位置检测[J]. 电机与控制学报, 2013, 17(6): 57-63.

[66] BATEMAN C J, MECROW B C, CLOTHIER A C, et al. Sensorless operation of an ultra-high-speed switched reluctance machine [J]. IEEE transactions on industry applications, 2010, 46(6): 2329-2337.

[67] KRISHNAMURTHY M, EDRINGTON C S, FAHIMI B. Prediction of rotor position at standstill and rotating shaft conditions in switched reluctance machines[J]. IEEE transactions on power electronics, 2006, 21(1): 225-233.

[68] GALLEGOS-lOPEZ G, KJAER P C, MILLER T J E. A new sensorless method for switched reluctance motor drives [J]. IEEE Transactions on Industry Applications, 1998, 34(4): 832-840.

[69] HENRIQUES L O D A P, ROLIM L G, SUEMITSU I W, et al. Development and experimental tests of a simple neurofuzzy learning sensorless approach for switched reluctance motors[J]. Power electronics, IEEE transactions on, 2011, 26(11): 3330-3344.

[70] Li S F, ZHANG S, GONG C, et al. An enhanced analytical calculation of the phase inductance of switched reluctance machines[J]. IEEE transactions on industry applications, 2019, 55(2): 1392-1407.

[71] O'CONNELL T C, KREIN P T. A schwarz-christoffel-based analytical method for electric machine field analysis[J]. IEEE transactions on energy conversion, 2009, 24(3): 565-577.

[72] ILHAN E, KREMERS M F, MOTOASCA E T, et al. Spatial discretization methods for air gap permeance calculations in double salient traction motors[J]. IEEE transactions on industry applications, 2012, 48(6): 2165-2172.

[73] ZHANG P M, MA Q S, XU P. Modeling and analysis of switched reluctance machines using an improved conformal mapping method [C]. 2019 22nd International Conference on Electrical Machines and Systems (ICEMS). Harbin, 2019:1-4.

[74] LUBIN T, RAZIK H, REZZOUG A. Magnetic saturation effects on the control of a synchronous reluctance machine[J]. IEEE transactions on energy conversion, 2002, 17(3): 356-362.

[75] DAJAKU G, GERLING D. Stator slotting effect on the magnetic field distribution of salient pole synchronous permanent-magnet machines[J]. IEEE transactions on magnetics, 2010, 46(9): 3676-3683.

[76] WANG D H, ZHANG D X, Du X F, et al. Unitized design methodology of linear switched reluctance motor with segmental secondary for long rail propulsion application[J]. IEEE transactions on industry applications,

[77] UDDIN W, HUSAIN T, SOZER Y, et al. Design methodology of a switched reluctance machine for off-road vehicle applications[J]. IEEE transactions on industry applications, 2016, 52(3): 2138-2147.

[78] 郑易,孙鹤旭,刘海涛.开关磁阻电机磁链特性的测量方法及装置[J].河北工业大学学报, 2007,36(06): 37-40.

[79] 付加奇,陈海进,丁邦东.开关磁阻电机磁链特性测量与验证[J].南通大学学报(自然科学版), 2010, 9(01): 30-34.

[80] 蔡燕,赵鹏程,姜文涛.基于LabVIEW的开关磁阻电机特性测量系统[J].仪表技术与传感器, 2018(11): 85-88.

[81] 杜宇飞,严欣平,黄嵩.开关磁阻电机磁链与转矩建模[J].微电机, 2012, 45(12): 5-8.

[82] 钟锐,曹彦萍,徐宇柘,等.三角函数的开关磁阻电机磁链解析模型[J].电机与控制学报, 2013, 17(01): 13-19.

[83] LI S F, ZHANG S, HABETLER T G, et al. Modeling, design optimization, and applications of switched reluctance machines - A review[J]. IEEE transactions on industry applications, 2019, 55(3): 2660-2681.

[84] KLAUZ M, DORRELL D G. Eddy current effects in a switched reluctance motor[J]. IEEE transactions on magnetics, 2006, 42(10): 3437-3439.

[85] TANG Y, KLINE J A. Modeling and design optimization of switched reluctance machine by boundary element analysis and simulation[J]. IEEE transactions on energy conversion, 1996, 11(4): 673-680.

[86] O'CONNELL T C, KREIN P T. A time-harmonic three-dimensional vector boundary element model for electromechanical devices[J]. IEEE transactions on energy conversion, 2010, 25(3): 606-618.

[87] OMEKANDA A M, BROCHE C, RENGLET M. Calculation of the electromagnetic parameters of a switched reluctance motor using an improved FEM-BIEM-application to different models for the torque calculation [J]. IEEE transactions on industry applications, 1997, 33(4): 914-918.

[88] 钟锐,曹彦萍,徐宇柘,等.三角函数的开关磁阻电机磁链解析模型[J].电机与控制学报, 2013, 17(01): 13-19.

[89] 刘闯,严利,严加根,等.开关磁阻电机非线性磁参数建模方法[J].南京航空航天大学学报, 2007,3(06): 706-710.

[90] YANG Y Y, EMADI A. Coupled switched reluctance machine modeling and simulations[C]. 2014 IEEE Conference and Expo Transportation Electrification Asia-Pacific (ITEC Asia-Pacific). Beijing, 2014: 1-6.

[91] LU W Z, KEYHANI A, FARDOUN A. Neural network-based modeling and parameter identification of switched reluctance motors[J]. IEEE transactions on energy conversion, 2003, 18(2): 284-290.

[92] USTUN O. Measurement and real-time modeling of inductance and flux linkage in switched reluctance motors [J]. IEEE transactions on magnetics, 2009, 45(12): 5376-5382.

[93] 高宇,戴跃洪,宋林.基于BP神经网络的开关磁阻电机建模[J].电力电子技术, 2017, 51(02): 72-74.

[94] HUANG S D, CAO G C, HE Z Y, et al. Nonlinear modeling of the inverse force function for the planar switched reluctance motor using sparse least squares support vector machines[J]. IEEE transactions on industrial informatics, 2015, 11(3): 591-600.

[95] HOU L K, YANG Q X, AN J L. Modeling of SRM based on XS-LSSVR optimized by GDS[J]. IEEE transactions on applied superconductivity, 2010, 20(3): 1102-1105.

[96] BOSTANCI E, MOALLEM M, PARSAPOUR A, et al. Opportunities and challenges of switched reluctance motor drives for electric propulsion: A comparative study[J]. IEEE transactions on transportation electrification, 2017, 3(1): 58-75.

[97] 黄朝志,宋秀西,郭桂秀,等.一种新型混合励磁分段转子开关磁阻电机[J].科学技术与工程, 2020, 20(05): 1900-1907.

[98] YANG Y Y, SCHOFIELD N, EMADI A. Double-rotor switched reluctance machine (DRSRM)[J]. IEEE transactions on energy conversion, 2015, 30(2): 671-680.

[99] 孙会琴,崔晨,韩佳炜,等.基于气隙变化的开关磁阻电机结构优化设计[J].微电机, 2020, 53(10): 5-10.

[100] 方立.双电枢绕组开关磁阻电机的电磁设计与分析[D].杭州,浙江大学, 2021.

[101] 张新华.三相6/4极开关磁阻电机参数设计与有限元分析[J].微电机, 2010, 43(12): 98-101.

[102] 熊春宇,王艳芹,吴春梅,等.开关磁阻电机的三维有限元分析[J].自动化仪表, 2012, 34(3): 5-9.

[103] 隋宏亮,梁得亮,丁文.互感耦合开关磁阻电机的等效磁路模型与有限元分析[J].西安交通大学学报, 2010, 44(04): 71-75.

[104] ARAUJO D M, Coulomb J L, Chadebec O, et al. A hybrid boundary element method-reluctance network method for open boundary 3-D nonlinear problems[J]. IEEE transactions on magnetics, 2014, 50(2): 77-80.

[105] 左曙光,刘明田,胡胜龙.考虑铁芯磁饱和的开关磁阻电机电感及转矩解析建模[J].西安交通大学学报, 2019, 53(07): 118-125, 143.

[106] 童怀,傅光洁,黄声华,等.开关磁阻电机稳态特性的等效磁网络模型分析方法Ⅰ.数学模型[J].中国电机工程学报, 1998(02): 35-39.

[107] 童怀,傅光洁,黄声华,等.开关磁阻电机稳态特性的等效磁网络模型分析方法Ⅱ.系统仿真[J].中国电机工程学报,1998(03):204-207.

[108] 张敏杰,高强,蔡旭.基于改进磁密计算的开关磁阻电机径向力解析建模[J].电机与控制应用, 2019, 46(11): 56-63.

[109] 肖林京,李波,孙传余,等.一种新型双定子8/3极开关磁阻电机转矩模型[J].电机与控制应用, 2016, 43(09): 51-55.

[110] 陈辉,张旸明,蒋冬青,等.开关磁阻电机共上管功率变换器的宽转速安全退磁控制策略[J].电工技术学报, 2019, 34(19): 3979-3988.

[111] YOON Y H, SONG S H, LEE T W, et al. High performance switched reluctance motor drive for automobiles using C-dump converters[C]. Ajaccio, 2004 IEEE International Symposium on Industrial Electronics, 2004: 969-974.

[112] TSENG K J, CAO S. A new hybrid C-dump and buck-fronted converter for switched reluctance motors[J]. IEEE transactions on industrial electronics, 2000, 47(6): 1228-1236.

[113] WANG Z, MA M, YANG Q, et al. Modified Control Strategy of Delta-connected Three Phase Full-bridge Converter Driving SRM Based on Vector Control[C]. Harbin, 22nd International Conference on Electrical Machines and Systems (ICEMS), 2019: 1-6.

[114] ZHANG Z, CHEUNG N C, et al. Analysis and design of a cost effective converter for switched reluctance motor drives using component sharing[C]. Hong Kong, 4th International Conference on Power Electronics Systems and Applications, 2011: 1-6.

[115] KOBLEr R, ANDESSNER D, AMRHEIN W. Development of a SRM power electronic system with a reduced number of power semiconductors[C]. Leiria, Proceedings of the 2011 3rd International Youth Conference on Energetics (IYCE), 2011:1-7.

第二篇
开关磁阻电机优化设计

第4章 基于数据库理论的初始设计方案

4.1 引言

多电飞机是一种使用电能作为主要二次能源的飞机,它的概念在20世纪70年代就已被提出。传统的飞机需要使用液压能源和气压能源来驱动各种设备,这使得飞机和发动机的结构复杂,能源的利用效率低,飞机的可靠性也受到影响。多电飞机通过使用电能来替代液压能源和气压能源,实现了二次能源的统一。这样可以大幅度简化飞机内部的管路结构和航空发动机的结构,减少了飞机的重量和维护成本,提高了飞机的性能和安全性。多电飞机相比于其他飞机,只需要燃料供给和电力供给两种设备,从而降低了运行成本,提高了运行效率。

多电/全电飞机在近年来取得了快速发展,飞机电气化被认为是飞机机电系统与动力系统融合的重大革新,已经成为航空技术发展的重要方向。飞机多电技术的发展使飞机的用电量快速增加,因此需要大功率的发电机和电动机技术做支撑,同时也对飞机的电气系统提出了更高的要求。

SRM自身结构简单,适用于高速运行的环境,系统可靠性高、功率电路简单,使其在多电飞机中广泛使用。对SRM进行设计需要先设定电机尺寸,再根据电机转矩等指标进行结构优化。在常规SRM设计之中,往往需要使用较多的经验参数进行初步选型,这使得电机设计过程变得烦琐。现提出基于归一化模型的SRM设计方法,使电机设计过程变得更为简单、高效。

SRM是一种新型的电机,它在多电飞机等领域有着广泛的应用前景。SRM的设计方法是SRM研究的重要内容,国内外学者在这方面做了大量的工作,提出了许多不同的模型和方法。这些模型和方法涉及SRM的几何结构、电磁场、温度场、损耗和效率等方面,旨在优化SRM的性能和参数。例如,在SRM的几何结构方面,有关于定子和转子尺寸以及转轴设计的方法;在SRM的温度场和电磁场方面,有关于求解方法和分析方法;在SRM的损耗和效率方面,有关于预估和评估的方法。

4.1.1 SRM几何结构设计研究现状

在对SRM工作原理[1-2]了解后需要首先需要对电机的几何构造进行分析与设

计。电机的定子和转子结构是影响电机内部磁场的关键因素之一,我们需要根据不同类型的SRM确定合适的定子和转子尺寸。一种常用的方法是利用一些经验参数来辅助预估设计初始值,但这种方法会增加设计过程的复杂度和运算量。文献[3]-[5]中选择使用如电流密度、电负荷、细长比等一定量的经验参数进行电机的尺寸估算,后通过仿真软件进行路算,路算结果对比目标效率、功率等参数后,对初始尺寸进行针对性调整以完成指标要求的电机设计。该方法是使用大量经验参数的传统设计方法,计算量较大,工作效率低。文献[6]-[8]依照传统SRM设计方法推算电机电磁转矩,后通过有限元软件获得电机静态转矩特性与稳态特性,在得到气隙、极弧系数等参数的设计规律后确定电机设计尺寸。尽管借助有限元模型能够高精度地调整参数,但是在设计的初始阶段使用大量经验参数是非常浪费精力的。文献[9]中在应用于磁悬浮的SRM设计中使用等效磁路法推导出悬浮力与电机尺寸的关系,使电机设计过程中使用较少的经验参数。尽管该方法减少了经验参数的使用,但是该方法实用性较低。文献[10]在确定电动汽车对SRM的性能需求后,借助Ansys对电机尺寸进行计算与优化以获得具有良好起动性能的设计方案。文献[11]中基于小样本对SRM采用智能算法建立电机高精度电流模型与输出转矩模型,使用函数拟合的方法在建立模型时降低数据处理量。基于BPNN模型建立SRM电流模型以构建电流与磁链的映射函数,借此计算转矩,构建SRM转矩模型。该方法有效的降低电机设计中的计算量,但由于得出智能优化算法复杂程度较高,而在对模型精度要求过大时,对算法的要求会进一步提高。文献[12]在结构上采用一极多齿的外转子结构,试图改善电机输出转矩并降低电机总损耗。文献[13]是基于非线性的电机磁链模型编写SRM设计软件,选取最大电感、最小电感处磁化曲线进行计算。考虑软件通用性将磁链参数以表格形式建立,将离散的点进行曲线拟合。该方法具有极高的适用性,但其在电机尺寸设计上仅选取适用值,没有对众多设计方案进行筛选与寻优。文献[14]提出一种根据广义SRM模型的归一化磁链曲线得到电机转矩输出、参数设计与电机结构关系的方法,可以在电机设计阶段较少地使用经验参数,减少计算量、提高效率。当确定合适的初始参数范围时,该方法可以极大地减少寻求最佳设计方案所花费的时间,但需要提前获取初始参数下SRM的磁链模型。

4.1.2 SRM温度场与电磁场设计研究现状

SRM内部温升情况对电机本身的使用寿命有着直接影响,因此在电机设计中对内部温度场的分析是极为重要的步骤。目前常见温度场分析方法有等效热路法和有限元分析法。

等效热路法是一种建立在一定假设上,将完善的电路理论与热路法相耦合,从而得到的温度计算方法。等效热路法计算较为简便,但此方法只计算电机的平均温度,不能得到电机内部具体一点地温度变化情况。文献[15]中通过计算热阻构建等效热路,在考虑绕组铜线、绝缘层以及气隙等对传热的影响后计算温度场;文献[16]中将温度场离散为网格,分布参数转换为集总热参数,降低了温度场的等效热路求解难度。

有限元分析法则是把求解区域离散成多个小单元,在每个单元之中建立表达式,并以数值计算的方式进行求解。此方法既可以计算出电机内部小区域的温升,也能宏观表示电机内整体的温度变化规律。文献[17]中对SRM温度场进行了分析,使用有限元分析法对8/6结构SRM模型进行仿真,并验证了热模型的合理性。分析电机几何结构对发热现象的影响,并研究SRM几何参数的热敏感性。文献[18]中分析电机各个部分之间的传热方式,并建立电机三维温升有限元模型,计算电机温度场中的各种参数。文献[19]中提出一种变密度六面体对称网格划分法,并依此建立SRM有限元模型。文献[20]中构建三维电机结构模型,导入到Ansys进行温度场仿真,获得电机稳态温度场以及部分节点温升情况。文献[21]中对磁悬浮SRM构建三维热分析模型,对自然风冷与高真空这两种工作环境的温度场进行分析,以确定电机内部温度分布情况。文献[22]中在建立温度场模型前针对电机热传导形式进行简化型假设,将烦琐的有限元求解问题简化为求解热源强度与等效导热系数、散热系数的问题,在保证模型精度达标的情况下降低运算与分析难度,有效提高有限元分析的可行性。有限元分析法在宏观与微观角度都可以获得精度较高的分析结果,但是其对电机模型的准确性要求较高,并且模型网格划分也会影响电机温度场分析。

SRM转动与输出转矩产生都需要依靠电机的内部磁场。由于电机电磁场的设计会影响SRM的转矩输出能力,因此磁场设计在电机初始设计阶段极为重要。数值法是将电机内部的求解区域分割为有限求解单元,将求解单元上各节点的物理量作为未知变量,求解各个节点物理量的方法。常用的数值方法为有限差分法、有限元法[23]、等效磁路法[24]。

有限差分法通过将电机内部磁场边界上的节点以差商的形式进行替换,将复杂方程等效变换为简单化的差分法计算问题。该方法极大简化了计算过程,但是其自身的精度较低,误差较大。

有限元法则是将复杂边界的求解区域细分化,使用未知的单元节点数值来等效表示单元内部未知物理量的函数方程[25]。文献[26]中通过大量的有限元计算以及实验测量寻求不同转子位置下的磁化曲线簇,研究电机内部磁场磁化曲线,并计算目标电机的磁共能与电磁功率。文献[27]则基于有限元分析软件对SRM进行建模,计算电机在不同转子位置角和电流下的磁场分布、磁能与静态特性,为后续寻求高效控制策略奠定基础。该方法用于分析电机内部电磁场时精确度较高,但计算过程较为复杂且耗时较长。

等效磁路法则是利用磁路与电路的相似性,在考虑磁路饱和、铁磁材料非线性等因素下,借助随时空间变换的磁阻构建磁阻网络模型,通过节点磁位建立网络方程,求解得到电机电磁场分布,从而得到电机相关静态特性。文献[28]中则在初始设计过程中对电机的转矩脉动以及声学性能进行优化。使用基于磁场分割的等效磁路法对定子齿部磁阻和气隙磁导进行推导并通过有限元软件分析电机的转矩、磁链以及动、静态场域。文献[29]忽略漏磁通,通过计算气隙、定转子齿部与轭部这几段磁路的磁通量,求得电机绕组参数,建立电机有限元仿真模型。该方法简洁明了且计算简单,但由于SRM自身存在磁路局部饱和等特性使得其精度低于有限元法。

4.1.3 SRM损耗计算研究现状

为在电机的设计过程中寻求最佳解决方案,需要在设计阶段预测电机的四类损耗和热性能。SRM的损耗主要是由铜耗、铁耗、机械损耗和杂散损耗组成。

忽略电流的集肤效应,铜耗正比于电流有效值的平方,计算相对容易。而由于电机的双凸极结构,电机铁芯不同部分的磁通各不相同,复杂的磁通波形使得SRM性能分析较为困难,也令计算铁耗变得困难。文献[30-31]中使用数值分析法计算SRM的铁耗,借助损耗分离模型、椭圆旋转模型和正交分解模型研究数值法。数值法精确度较高,但工作量较大,费时费力。文献[32-34]使用双频法将铁耗分为涡流损耗与磁滞损耗进行计算。该方法根据铁耗产生的原因将其分开计算,降低计算量,但需要预知铁芯材料损耗密度。SRM高速运行时的磁场高频变化需要通过实验的方法去获得。文献[35]对比了传统公式法、双频法以及椭圆法这三种计算铁耗方法的优劣性,提出一种结合双频法与椭圆法特点的高精确计算方法,并分析电机内部各处的铁耗分布规律。该方法计算铁耗时依据的铁耗密度曲线是通过查阅得到的,但是当SRM高速运行时,依据手册数据进行铁耗计算误差较大,需实验测量铁耗密度。文献[36]采用时部有限元法对三相12/8极SRM定转子极部与轭部的铁耗进行计算与分析,并将其与谐波分析法进行对比,验证时部有限元法的可行性与准确性。文献[37]中提出了一种快速、全面、无经验参数的铁耗预估法,此方法通过磁共能预估电机内磁通量。在对比多种损耗计算方法后,选择精确度满足需求但计算量相对较低的STEINMETZ法[38]。

4.1.4　SRM优化策略研究现状

通过目标设计得到的众多电机设计方案需要进行筛选优化,从而寻求最优电机设计方案。角度位置控制中,可以通过调节开通关断角来改变相电流,从而调节电机输出转矩[39]。此外,续流周期可以在多目标优化中显著提高如功率密度、电机效率等性能参数[40]。文献[41]研究影响SRM输出转矩脉动的因素,建立12/8极SRM仿真模型,提出定转子齿开槽的优化方法。该方法通过改变电机内磁路来减小径向磁密,从而抑制转矩脉动并改善电机的声学性能。上述方法是对电机模型进行改动从而使性能得到优化,但在多设计方案寻优中缺乏适用性,计算量仍然较大。

目前大多数文献选择使用软件建立电机有限元模型,对电机的动态、静态场域进行分析后,再对SRM模型进行优化。文献[42]中对8/6极SRM的各类参数进行计算,通过Ansoft软件建立SRM有限元模型,对电机磁场、静态与瞬态特性进行仿真分析与研究,并得到电机的转矩、磁链等曲线。分析有限元计算的距角特性曲线和系统仿真后的转矩输出波形,得到产生转矩脉动的根本原因,改进电机定子极结构以减小气隙磁场的突变。文献[43][44]中则利用非线性电感参数法确定SRM定转子的尺寸,在Ansys中对电机主轴转子进行动态仿真,并通过RMxprt模块对电机的结构参数进行优化设计,获得具有高输出转矩与效率的电机设计参数。文献[45][46]在初步设计后使用Ansys的RMxprt模块进行静态磁路仿真,并使用Maxwell模块对电机进行二维、三维建模研究电机的磁路瞬态特性,从而分析设计方案的结构合理性。文献[47]针对定子齿极结构进行优化,以定转子间的气隙为切入点,减少齿极重合时气隙变化率,并在RMxprt中建立有限元模型研究电磁转矩与气隙之间的联系。文献[48]在获得电机完整的初始参数后,使用AutoCAD与Ansoft Maxwell-16.0建立电机的二维仿真模型,进行有限元仿真分析,分析电机动态性能并对绕组匝数、线径等参数进行调整。借助软件进行电机动态仿真可以全面地对电机整体性能进行评估,但在构建模型时需要预估电机的通风损耗与摩擦损耗,使得电机损耗与功率的仿真结果精确度偏低。

本章所开展的研究是开发一种设计程序,为不受几何规格限制的SRM找到最佳设计。在这种情况下,仅预设转速和输出功率,从而为电机设计提供不同的自由度。为此,将研究电机特定参数和几何参数对磁路、传热能力、效率和转矩能力的影响。这主要是借助磁链特性的静态仿真实现的,可借此仿真结果推断几何参数,电机配置和输出转矩之间的关系。为便于处理与展示结果,将在MATLAB中构建一个设计工具,该工具对电机内的磁链进行系统的分析和评估程序。本章的结构如下:首先,通过介绍基于归一化磁链曲线的预选方法的基本原理来描述理论基础,这使得SRM设计接近电机的物理工作原理。下一步包括指定电机横截面的特征几何参数,从而指定磁路。基于该框架,将对电机几何形状的散热特性进行分析,以确定有益的热设计。之后,同样将研究几何形状,考虑其对磁路的影响。获得的结果将在有限元分析软件的帮助下进行验证。

4.2 基于归一化磁链模型的SRM设计

所有常规SRM几何形状都可以追溯到如图4-1所示的广义SRM。以下条件适用于广义模型:

(1) $N_s=N_r=2$;
(2) 每个定子极的绕组匝数为1;
(3) $\beta_s=\beta_r=90°$;
(4) 电机所有磁路中的磁通分布均匀;
(5) 忽略所有电机损耗。

可将SRM穿过定转子铁芯、空气气隙的基础磁路转变为等效磁路模型。借助等效磁路中的两个磁阻$R_{m,airgap}$与$R_{m,iron}$。其中$R_{m,airgap}$(对齐位置气隙路径)与$R_{m,iron}$(铁芯内路径)的定义如下:

$$R_{m,airgap} = \frac{2g}{\mu_0 A_{rg}} \tag{4-1}$$

$$R_{m,iron} = \frac{l_s}{\mu_0 \mu_{r,iron}(B_{pole}) A_{rg}} \tag{4-2}$$

$$A_{rg} = L_{stk} R_g \beta_r \tag{4-3}$$

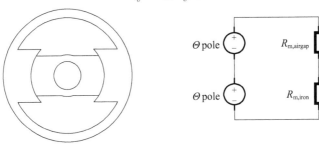

图4-1 广义SRM模型与其等效磁路

式中:g为对齐位置的气隙长度;A_{rg}为转子的气隙面;l_s为饱和铁芯磁路的长度;L_{stk}为铁芯叠长;R_g为转子极半径;B_{pole}为定子极中磁通密度,其取决于所用磁性材料的B-H特性。

借助图 4-1 中的等效电路与式(4-1)、式(4-2)，磁极磁通量 ϕ 和磁极磁动势 θ_{pole} 之间的关系可以表示为

$$\phi = \frac{2\Theta_{pole}}{R_{m,airgap} + R_{m,iron}} = \frac{2\Theta_{pole}}{\dfrac{2g}{\mu_0} + \dfrac{l_s}{\mu_0 \mu_{r,iron}(B_{pole})}} \cdot A_{rg} \quad (4-4)$$

由于转子气隙面积在设计之初是不确定的，因此可以根据定子磁极中的磁通密度 B_{pole} 来表示式(4-3)：

$$B_{pole} = \frac{\phi}{A_{rg}} = \frac{2\Theta_{pole}}{\dfrac{2g}{\mu_0} + \dfrac{l_s}{\mu_0 \mu_{r,iron}(B_{pole})}} \quad (4-5)$$

非对齐位置气隙长度 $g_{un} = k_{un} \times g$ 可以简单的类比对齐位置的气隙长度 g 带入到式(4-4)中进行建模。其中 l_s 和 g_m 的初始值依据经验参数选择。

确定 B_{pole} 特征后，定子极处磁链与 $A_{r,n}=1m^2$ 的转子极面积可等效到同一表达式中，使研究趋向归一化。

$$\psi_{pole,n} = \phi_{pole,n} = B_{pole} \frac{A_{r,n}}{4} = B_{pole} A_{rg,n} \quad (4-6)$$

假设功率变换器能够提供无限大斜率的电流，ψ-i 平面可产生平顶式磁共能 W_{co} 并将其转化为机械能 W_{mech}，如图 4-1 所示。因此，单个周期内产生的归一化机械能 $W_{mech,n}$ 所需角度 $\beta_{s,r}$ 为 90°，则可简化为

$$T_{pole,n} = \frac{W_{mech,n}}{\beta_{s,r}} = \frac{\oint \phi_n di}{\pi/2} \quad (4-7)$$

要使归一化模型适用于常规 SRM 结构，须引入参数有效重叠率 $\rho_{e,pole}$，该重叠率作用于齿极，联系 SRM 平均转矩与单极输出转矩。

$$T_{avg,n} = \rho_{e,pole} T_{pole,n} \quad (4-8)$$

由于归一化设计参数与 $A_{r,n}=1m^2$ 转子极面积存在如式(4-9)的数值关系，铁芯长度 L_{stk} 可视作求解目标电机平均转矩 T_{design} 的比例参数。

$$A_{r,design} = \frac{T_{design}}{T_{avg,n}} \cdot 1m^2 \quad (4-9)$$

$$L_{stk} = \frac{A_{r,design}}{2\pi R_g} = \frac{T_{design}}{2\pi R_g T_{avg,n}} \cdot 1m^2 \quad (4-10)$$

4.3 几何结构设计

SRM 的几何形状与铁磁材料的特性，以及制造过程的质量都是电机磁化性能

好坏的决定因素。由于电机结构决定了内部磁路,所以电机几何结构设计也是设计电机转矩输出能力的关键因素之一。以下各节介绍设计SRM几何结构中使用的概念。

为此,本节研究定转子极高、轭宽等几何参数之间的数值关系,并分析它们对SRM性能的影响。此外,定义绕组与定子槽比这一参数来描述定转子的横截面形状。

4.3.1 转子部分设计

图4-2以6/4 SRM为例展示了转子横截面的第一象限。转子的结构分为齿极与轭。径向上描述转子结构的参数是R_{sh}、R_0和R_1。转子极节距$\tau_{pole,r}$可确定两相邻齿极之间的角度,可用如下公式表示:

$$\tau_{pole,r} = \frac{2\pi}{N_r} \tag{4-11}$$

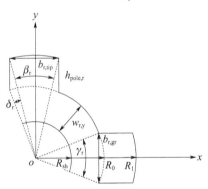

图4-2 SRM转子横截面示意图

转子极的形状主要由转子极弧β_r和γ_r决定。类似于定子极弧β_s,转子极弧β_r也可以用定子极数N_s表示:

$$\beta_r = \frac{\pi}{N_s} \cdot k_{arc,r} \tag{4-12}$$

通常,β_r的值应与β_s近似,以确保定子极处磁路理想。因为β_r需要稍大于β_s,这样可使定转子极经过对齐位置后有充足时间对该相进行消磁。此外,由于转子极磁通密度低于定子极,转子的铁芯损耗也比定子低。参数$k_{arc,r}$可以参考$k_{arc,s}$的大小,根据不等式$k_{arc,r} > k_{arc,s}$进行调整。一般情况下,转子极端部和底部宽度的数学表达式如下:

$$b_{t,tip} = 2\sin(\beta_r/2)R_1 \tag{4-13}$$

$$b_{r,gr} = 2\sin(\gamma_r/2)R_0 \tag{4-14}$$

如图4-2所示,转子极侧面边线平行于齿极轴线,因此可设置$b_{r,tip}=b_{r,gr}$,并得到转子极弧之间的数值关系:

$$\sin(\beta_r/2)R_1 = \sin(\gamma_r/2)R_0 \qquad (4\text{-}15)$$

设计转子极高时,需要特别注意非对齐位置磁路情况。若选择的转子极高度太小,当转子经过非对齐位置,磁路将倾向于在转子轭而不是在转子极闭合。这将使得非对齐位置的电感值上升至接近对齐位置。为避免此现象,转子极高需要设置结构所允许的临界值$h_{pole,r,min}$。当转子极高$h_{pole,r}$大约等于极宽的70%时,便可以忽略转子轭上的磁短路现象产生的不利影响。

但是,进一步增大$h_{pole,r}$并不会增大SRM输出的机械转矩,只会更多的占用转子自身的结构空间。因此,本文将下式设为所有SRM转子极高$h_{pole,r}$的标准。

$$h_{pole,r} \approx 0.7 b_{r,rip} \qquad (4\text{-}16)$$

转子轭部分的设计与下文定子轭设计方法相同。转子轭宽可以用转子极宽和转子轭尺寸因数$f_{r,y,over}$进行表示:

$$w_{r,y} = \sin\left(\frac{\beta_r}{2}\right) \cdot R_0 \cdot f_{r,y,over} \qquad (4\text{-}17)$$

此外,在设计中需要兼顾在转子铁芯损耗与转子体积。

4.3.2 转轴部分设计

转轴是连接SRM和负载或发电单元的机械元件。电机承受负载转矩,转轴表面便会受到沿电机轴线的周期性脉动的剪切应力。文献[2]分析了由重力和径向力产生的转轴长度对弯曲型负载的影响,尤其是在具有高长径比结构的电机中。但是,对于长径比较低的电机,应选取符合设计目标如转矩等的轴半径近似值R_{sh}。

$$\sigma_t = \frac{TR_{sh}}{I_p} \qquad (4\text{-}18)$$

$$I_p = \frac{\pi}{2} R_{sh}^4 \qquad (4\text{-}19)$$

表达式(4-18)通过圆周剪切应力σ_t来表示转轴转矩,该剪切应力是在半径为R_{sh}的转轴上的负载转矩T产生的。其中转矩常数I_p在表达式(4-19)中得到定义。一般情况下,可预估材料的最大剪切应力$\sigma_{t,max}$。

$$\sigma_{t,max} = \frac{\sigma_t}{S} \qquad (4\text{-}20)$$

在设计电机中,系数S常在3~10的范围内选择,将式(4-18)中的σ_t替换式(4-20)中的$\sigma_{t,max}$并将其应用于式(4-19),得到定义施加负载转矩T时所需最小轴半径的表达式,该表达式如下所示:

$$R_{\text{sh, min}} = \sqrt[3]{\dfrac{TS}{\pi/2 \, \sigma_t}} \tag{4-21}$$

由于当前设计阶段中电机尺寸的确定取决于归一化的转矩曲线,因此 T 仍未确定,式(4-20)在设计阶段无法使用。但是可使用已经确定的转子轭宽 $w_{r,y}$ 推导最小轴半径 $R_{\text{sh,min}}$。

$$R_{\text{sh, min}} = R_0 - w_{r,y} \tag{4-22}$$

为获得可靠性较高的设计方案,最小轴半径必须要满足表达式(4-21)。因此,确定电机输出转矩后,需要对最小轴半径进行合理性检验,即由式(4-21)、式(4-22)推导的不等式:

$$\sqrt[3]{\dfrac{TS}{\pi/2 \, \sigma_t}} \leqslant R_0 - w_{r,y} \tag{4-23}$$

否则,需要重新进行转轴部分的设计,选择降低机械元件的可靠性,选择更低的安全系数。

4.3.3 定子部分设计

图4-3以6/4 SRM为例展示了定子横截面的第一象限示意图。借助定子节距 $\tau_{\text{pole,s}}$ 可确定相邻定子齿极之间的夹角,其表达式如下:

$$\tau_{\text{pole, s}} = \dfrac{2\pi}{N_s} \tag{4-24}$$

半径 R_3 代表电机的外径, R_2 是定子轭内表面的半径, R_1+g 表示电机转轴与定子极之间的径向距离。这些半径与极弧 β_s 和 γ_s 共同描述包括齿极和轭在内的定子轮廓。

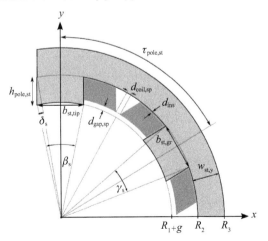

图4-3 SRM定子横截面示意图

与转子部分相同,定子极弧β_s和γ_s分别定义了定子极端部和底部的角度。

$$\beta_s = \frac{\pi}{N_s} \cdot k_{\text{arc,s}} \qquad (4-25)$$

设置定子极弧调节参数$k_{\text{arc,s}}=1$可使定子极具有与转子极相等的圆弧,可以使定子更好的磁化和消磁。此外,$k_{\text{arc,s}}$的值不应与1偏差太大。过大或过小的值都会对电机的转矩输出造成不利影响,因为这两种情况下,对齐位置和非对齐位置的电感值之比都会变小。

但是,略微变化的$k_{\text{arc,s}}$会对电机性能产生有利影响。对高效率SRM进行设计时,应选择$k_{\text{arc,s}}<1$。因为此情况下可在定子槽中放置更多的绕组,降低电流密度,减少绕组损耗。此外,在高有效磁极重叠率ρ_e较高的情况下,适当增加定子极弧β_s可以提高SRM的起动能力并增大电机的功率密度。

在本书中,将定子极弧调节参数$k_{\text{arc,s}}$设置为0.9,并将其作为所有SRM的初始值,此时SRM可兼顾效率与输出转矩。在确定电机定转子尺寸后,在调整过程中可以进一步优化$k_{\text{arc,s}}$以增强电机性能。

定子极截面积的大小严重影响其磁化性能,进而影响电机的转矩产生能力。面积较大时,齿极在饱和区的磁链值较高,磁共能回路可在Ψ-i平面中围住更大的区域,即产生更大的转矩。但此时达到饱和区域所需的磁动势也会增加,使得电机绕组中的铜耗升高。

定子极端部和底部的宽度可以用极弧β_s和γ_s表示:

$$b_{\text{st,tip}} = 2\sin\left(\frac{\beta_s}{2}\right)(R_1 + g) \qquad (4-26)$$

$$b_{\text{st,gr}} = 2\sin\left(\frac{\gamma_s}{2}\right)R_2 \qquad (4-27)$$

设计定子极侧面平行于其齿极轴线。通过$b_{\text{st,tip}}=b_{\text{st,gr}}$可得到定子极弧之间的数值关系:

$$\sin\left(\frac{\beta_s}{2}\right)(R_1 + g) = \sin\left(\frac{\gamma_s}{2}\right)R_2 \qquad (4-28)$$

根据此关系,可以确定定子极弧γ_s:

$$\frac{\gamma_s}{2} = \arcsin\left(\sin\left(\frac{\beta_s}{2}\right)\frac{R_1 + g}{R_2}\right) \qquad (4-29)$$

从β_s减去γ_s可得到一个辅助角δ_s的表达式:

$$\delta_s = \frac{\beta_s - \gamma_s}{2} = \frac{\beta_s}{2} - \arcsin\left(\sin\left(\frac{\beta_s}{2}\right)\frac{R_1 + g}{R_2}\right) \qquad (4-30)$$

第4章 基于数据库理论的初始设计方案

借助 δ_s 和余弦定律,定子磁极高度 $h_{\text{pole,st}}$ 可被推导:

$$h_{\text{pole,st}} = \sqrt{R_2^2 + (R_1+g)^2 - 2R_2(R_1+g)\cos\delta_s} \tag{4-31}$$

定子轭在一相的两个有源齿极之间传导磁通。在定子极和轭的接触面上,磁通量分成两个子磁通量,子磁通量又使转子极和转子轭上方的磁路闭合。轭不产生机械转矩,而是磁连接一相中产生转矩的两极。为了最小化轭中由磁通量变化而出现的磁化损耗,需要增大定子轭宽,其宽度应大于定子极宽的一半:

$$w_{\text{y,st}} > \frac{1}{2} \cdot b_{\text{st,tip}} \tag{4-32}$$

电机体积增大,但是铁芯损耗却大大降低。因为这种大尺寸的轭宽确保了轭的铁磁材料保持在线性磁化区域中,并且不会达到峰值。但是这种方法会产生更高的铁耗,因为铁耗会随着磁通密度的增大而增大,将轭宽 $w_{\text{y,st}}$ 增大到定子极宽 $b_{\text{st,tip}}$ 的20%~40%,有重叠相位的SRM中定子轭宽还要增大。因为,相重叠使轭中通过的两相磁通量发生变化,可能会产生更大的铁耗。

增大轭宽不仅可以降低铁耗,也可以提高电机的声学性能,因为基频会随轭铁质量的增加而增大。因此,一定程度的增大轭宽使噪声频谱可移到人耳接收的频率范围之外。增大后的轭宽可用尺寸因数 $f_{\text{y,st,over}}$ 来表示

$$w_{\text{y,st}} = \sin\left(\frac{\beta_s}{2}\right)(R_1+g)f_{\text{y,st,over}} \tag{4-33}$$

在电机设计中需要将定子轭宽设定在既可使SRM有效运行而又不会过度增加电机体积的范围内。本书将定子轭的尺寸因数 $f_{\text{y,st,over}}$ 设置为1.2。引入了一个新概念:绕组与定子槽比(STPR)。尽管命名表示可用的绕组截面与极距间的横截面积之比,但STPR在数值上定义为

$$\text{STPR} = \frac{A_{\text{solt,st}}}{A_{\text{pitch,st}}} \tag{4-34}$$

以6/4结构SRM定子的一个极距为例,图4-3显示定子节距截面划分成 $A_{\text{slot,st}}$、$A_{\text{pole,st}}$ 和 $A_{\text{pitch,st}}$ 的区域。

STPR是定子槽截面面积与定子节距截面面积之比,图4-4中的环形边框和矩形边框区域分别表示了一个节距内定子极区域 $A_{\text{pole,st}}$ 和定子槽区域 $A_{\text{slot,st}}$。它们共同形成极距区域 $A_{\text{pitch,st}}$,所以其可由下式表示:

$$A_{\text{pitch,st}} = A_{\text{pole,st}} + A_{\text{slot,st}} = \frac{\pi}{N_s}\left(R_2^2 - (R_1+g)^2\right) \tag{4-35}$$

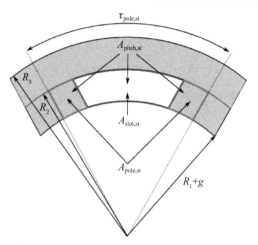

图 4-4 6/4 SRM 定子单节距示意图(见彩插)

STPR 是无量纲的量,描述目标 SRM 的定转子轮廓。定子极截面积 $A_{pole,st}$ 可以在 x-y 平面上以 $x_{start}=0,x_{end}=b_{st}/2$ 为范围积分,得出以下关于定子极横截面积 $A_{pole,st}$ 的表达式:

$$A_{pole,st} = (R_1+g)\sin\frac{\beta_s}{2}\left(\sqrt{R_2^2-((R_1+g)\sin\frac{\beta_s}{2})^2} - \sqrt{(R_1+g)^2(1-\sin^2\frac{\beta_s}{2})}\right.$$

$$\left. +\arcsin\frac{(R_1+g)\sin\frac{\beta_s}{2}}{R_2}\frac{R_2^2-(R_1+g)^2}{(R_1+g)\sin\frac{\beta_s}{2}}\right) \tag{4-36}$$

利用式(4-36)与三角函数将上述公式变换得到 $A_{slot,st}$,则 STPR 变化为

$$\text{STPR} = 1-\frac{A_{pole,st}}{A_{pitch,st}} = 1-\frac{N_s(R_1+g)\sin\frac{\beta_s}{2}}{\pi(R_2^2-(R_1+g)^2)}\left(\sqrt{R_2^2-((R_1+g)\sin\frac{\beta_s}{2})^2}\right.$$

$$\left. -(R_1+g)\cos\frac{\beta_s}{2}+\arcsin\frac{(R_1+g)\sin\frac{\beta_s}{2}}{R_2}\frac{R_2^2-(R_1+g)^2}{(R_1+g)\sin\frac{\beta_s}{2}}\right) \tag{4-37}$$

在 SRM 设计中,与转子极宽相比,转子对齐位置中的气隙长度较小可忽略不计,$g \ll R_1$。此外,$R_1 R_2$ 与电机外径 D 呈线性比例,$R_1, R_2 \propto D$:

$$R_1 = k_{R_1}D, R_2 = k_{R_2}D \tag{4-38}$$

将式(4-38)带入式(4-37),可以得到一个将外径 D 抵消后的 STPR 表达式:

$$\text{STPR} = 1 - \frac{A_{\text{pole, st}}}{A_{\text{pitch, st}}} = 1 - \frac{N_s \cdot k_{R_1} \sin\frac{\beta_s}{2}}{\pi \cdot (k_{R_2}^2 - k_{R_1}^2)} \cdot \left(\sqrt{k_{R_2}^2 - (k_{R_1} \sin\frac{\beta_s}{2})^2} \right.$$

$$\left. -k_{R_1} \cdot \cos\frac{\beta_s}{2} + \arcsin\frac{k_{R_1} \sin\frac{\beta_s}{2}}{k_{R_2}} \cdot \frac{k_{R_2}^2 - k_{R_1}^2}{k_{R_1} \sin\frac{\beta_s}{2}} \right) \quad (4-39)$$

由此，$k_{R_1} k_{R_2}$ 看作表示 SRM 的轮廓参数，电机外径 D 是相应的缩放系数。因此，可将 STPR 视为与电机外径 D 无关的参数，对于相同的 SRM 结构和 STPR，电机外部轮廓极为相似。

图 4-5 三种不同 STPR 值的 8/4 SRM（从左到右 STPR 依次增大）

以 8/4 结构 SRM 为例，图 4-5 显示不同 STPR 电机轮廓示意图。经推测，STPR 合理范围是 0.6~0.8。对于低 STPR 的电机，SRM 有短宽的定子极，较厚的轭和较大的转子。相反，高 STPR 的电机定子极比较窄长，使得轭变薄且转子半径变小。

STPR 基本将所有几何量耦合为一个公式。考虑到 β_s、β_r、$w_{y,\text{st}}$、$w_{y,r}$ 和 $h_{\text{pole},r}$，规定了标准的尺寸，因此，每个 STPR 值都为所设计目标的 SRM 结构确定了一个特定的几何形状。并且，根据式 (4-39)，SRM 定转子轮廓与电机外径 D 无关。

可使用 STPR 修改不同 SRM 结构的磁路，寻找几何结构变化对电机磁化性能的影响，以确定该几何形状下电机具有良好转矩能力和导热能力。

4.4 电气设计

4.4.1 定子绕线

对于其他类型的电机，存在各种绕组技术来为 SRM 配备线圈。全节矩绕组的特点是槽与单相线圈完全填充，使转矩增加，但代价是功率变换器更大，端部绕组更长。在具有分数节距绕组的 SRM 中，自感和互感都用于产生转矩。

然而，传统绕线的 SRM 的特点是短距绕组，即一个定子磁极的两侧分别被同一相的输入电流和输出电流导体覆盖。因此,它也被称为单齿绕组。由于最初描述的技术需要设计特殊变流器和特殊形式的绕组控制策略,因此本书的研究将仅限于具有短距绕组的SRM,图4-6和图4-7显示了不同类型的短距绕组。

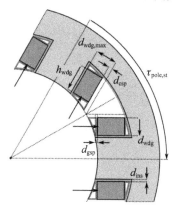

图4-6 预成型线圈

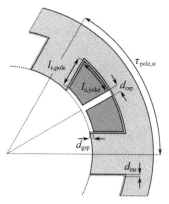

图4-7 手绕制线圈

1. 预成型线圈

在上述任何类型的绕组嵌套或缠绕之前,定子槽需要用槽衬覆盖。槽衬垫用于将线圈与相邻定子铁芯绝缘,以防止电压跳变,并保护线圈绝缘免受机械磨损。而且需要防止运动的转子引起的振动,减少对定子表面线圈绝缘层的磨损。

槽内衬通常由复合材料、油浸纤维纸或热塑性树脂(如PETP)制成。厚度d_{ins}在0.1~0.4mm,使用中的材料密度及其厚度是决定介电强度的关键因素。热负荷限制在200~250℃。由于低电导率通常与低热导率相关,故槽内衬是绕组散热的关键部件。通常,SRM绕组被预绕线并预成型为矩形。因此,它们可以很容易地嵌套到定子磁极上,从而减少了制造工作量和成本。另外,这种方法构成了其结构上的

第4章 基于数据库理论的初始设计方案

缺点,因为线圈的最大横向长度限制在以下值:

$$d_{\text{wdg, pf, max}} = (R_1 + g)\left(\sin\left(\frac{\pi}{N_s}\right) - \sin\left(\frac{\beta_s}{2}\right)\right) - d_{\text{ins}} \tag{4-40}$$

由于线圈需要一个接一个地插入定子槽,形成了这种限制条件;因此,如图4-6所示,两个相邻的线圈不能阻塞有半个定子磁极间距限制的嵌套路径。两个相邻线圈之间的额外间距允许线圈更轻易地插入槽中。该间隔由线圈间隔件d_{csp}表示,其进一步减小了预成型线圈中的可用绕组横截面面积。

$$d_{\text{dwdg}} = d_{\text{dwdg, max}} - d_{\text{csp}} \tag{4-41}$$

相应磁极轴的绕组高度取决于绕组的横向宽度$d_{\text{wdg, pf}}$,可按如下公式计算:

$$h_{\text{wdg}} = (R_2 - d_{\text{ins}})\cos\left(\arcsin\left(\frac{b_{\text{st, tip}}/2 + d_{\text{ins}} + d_{\text{wdg}}}{R_2 - d_{\text{ins}}}\right)\right) \\ -(R_1 + g + d_{\text{gsp}})\cos\left(\arcsin\left(\frac{b_{\text{st, tip}}/2 + d_{\text{ins}}}{R_1 + g + d_{\text{gsp}}}\right)\right) \tag{4-42}$$

2. 绕制线圈

为了实现高能量转换比并有效地产生转矩,SRM需要在深度饱和状态下运行。因此,对于需要高MMF的应用,需要增加有效线圈横截面积,见文献[5]。这种情况可以通过将预绕线圈调整到受$d_{\text{wdg, max}}$和d_{csp}限制的槽形来实现。因此,可用槽空间的另一部分可以用铜填充,如图4-6中包括绕线的深色边框区域所示。经测量,线圈和定子轭之间的接触面积增加,从而增强了绕组的散热。

另一种选择是用绕线机或手动将线圈卷绕到定子槽中(图4-7)。在这种情况下,槽填充系数增高,线圈与轭接触表面积增加。然而,这需要大量的人工操作,并直接增加了制造成本。这种情况下,从结构的角度来看线圈间隔件d_{csp}非常关键,因为绕线需要在两个相邻线圈之间穿过一定的空间。在所有线圈缠绕在各自的磁极上之后,用电介质材料填充剩余的空隙,从而实现电流隔离和机械固定。

参数$l_{\text{c, pole}}$和$l_{\text{c, yoke}}$分别规定了线圈接触的定子极和定子轭长度:

$$l_{\text{c, pole}} = R_2 - R_1 - d_{\text{ins}} - d_{\text{gsp}} - g \tag{4-43}$$

$$l_{\text{c, yoke}} = \frac{\tau_{\text{pole, st}}}{2} \cdot (R_2 - d_{\text{ins}}) - (R_1 + g)\sin\left(\frac{\beta_s}{2}\right) - d_{\text{ins}} - \frac{d_{\text{csp}}}{2} \tag{4-44}$$

绕组$l_{\text{c, wi}}$的总接触长度可以表示为$l_{\text{c, pole}}$和$l_{\text{c, yoke}}$的和:

$$l_{\text{c, wi}} = l_{\text{c, pole}} + l_{\text{c, yoke}} \tag{4-45}$$

绕组中的线径平均值可用以下公式给出:

$$d_{\text{wdg, wi}} = \frac{\pi}{2N_s}((R_2 - d_{\text{ins}}) + (R_1 + g + d_{\text{gsp}})) - b_{\text{st, tip}}/2 - d_{\text{csp}} \tag{4-46}$$

3. 气隙隔板

在文献[36]中，Carstensen 研究了 SRM 定子绕组中的涡流损耗；这是由穿透 SRM 有源部分的磁通量变化引起的邻近效应导致的，并且只有线圈在径向上具有多层绕组时会发生这种效应。由于磁链的振幅在定子磁极尖端达到最大值，因此线圈越靠近磁极尖端，涡流损耗越大。

绕组绝缘的有限热弹性降低了电机效率，并限制了转矩输出。在这种情况下，气隙隔板将最近的载流线圈与极尖之间的距离增加到 d_{gsp}，从而减轻上述的涡流损耗的影响。气隙隔板可以由转子面向绕线侧和定子磁极尖端之间的空隙来实现，或者以物理部件的形式实现，例如将线圈固定在槽内的耐热塑料内。

4. 定子填充系数

绕线方式对可放入磁极绕组的最大可能 MMF 有重大影响。这一方面取决于绕组的一个关键的设计角度：定子填充系数 f_{slot}，因为它提前确定了导线缠绕或插入的线圈的横截面积 A_{w}：

$$f_{\text{slot}} = \frac{A_{\text{w}}}{A_{\text{slot,st}}} \tag{4-47}$$

定子填充系数表示在相应绕组方式导致的结构限制下，理论上能够于绕线的定子槽横截面积 $A_{\text{slot,st}}$。图 4-8 显示了基于 STPR、SRM 结构和绕线方式变化的 f_{slot}。

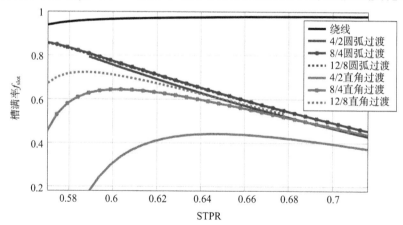

图 4-8 基于 STPR、SRM 结构和绕线方式变化的 f_{slot}

基于 STPR 中不同绕组技术和 SRM 结构的定子填充系数 f_{slot}；其中直径 D=120mm；槽衬垫厚度 d_{ins}=0.2mm，气隙垫片 d_{gsp}=0，线圈垫片 d_{csp}=0。

5. 铜填充系数

绕组 A_{w} 的截面区域包括铜导线、绝缘材料和绝缘导线之间的气隙的可用区域。A_{Cu} 和 A_{w} 之间的关系可以借助铜填充系数 f_{Cu} 来解释。在这种情况下，A_{Cu} 代表线圈中没有绝缘涂层的有效导体横截面面积。

$$A_{Cu} = f_{Cu} A_w \tag{4-48}$$

铜填充系数 f_{Cu} 的值受导体形状、绕组样式、绝缘漆厚度和制造工艺方面的影响，如绕组速度、张力、导线直径和其他参数。传统的导体是圆漆包铜线，经正循环绕组方案验证的 f_{Cu} 理论最大值可达 90%。对于不太复杂的方案，如分层绕组，f_{Cu} 的典型值在 70%~80% 之间。可以通过六边形机械压缩导线的方式进一步改进。由于六边形或矩形有利于缩小导体之间的空气间隙，因此异形导线通常比圆形导体提供更高的铜填充系数。

对于线圈内部磁通量高频变化的应用场合，绞合线可以减少由趋肤效应和邻近效应引起的损耗。绞合线由多股绝缘导线组成，其直径通常小于预期表皮深度 δ_{skin}。电负载和热负载恰好在绞合线的中心加剧；为了将该负载均匀地分布在各个股线上，将多股线相互缠绕，使导体内的平均电流密度相等。由于每根单股线周围都有额外的绝缘层，所以使用绞合线的绕组的铜填充系数通常低于使用实心导线的绕组。总之，可以说绕组方式是 SRM 性能的决定性因素，因为它决定了电机可以在饱和状态下的运行时间。在这种情况下，与标准的预成型线圈相比，缠绕线圈提供了更大的缠绕横截面面积。第 5 章将说明后者还具有更好的传热能力。关于绕组设计，必须注意靠近定子极尖的绕组层中的涡流损耗，可以在线圈结构中放置气隙隔板以应对涡流损耗。

4.4.2 绕组电路

SRM 的一个相内各个线圈的互连程度取决于直流链路转换器的电负载能力。一方面，半导体器件的导通电阻 R_{on} 对可以馈入线圈的最大电流施加了热限制。由于在低速工况下的一相电流励磁期间，电流斜率很高，电流限制显得尤其重要。

另一方面，可用的直流电源电压定义了高速度运行下的电压需求；此时，感应电动逐渐接近甚至超过直流链路中的电压值，从而导致单一脉冲操作，在此期间，绕组中的 MMF 由开关角度的选择控制。式(4-49)显示了感应电动势、直流链路电压和特征绕组数之间的线性关系：

$$V_{ph} = N_w \frac{2p}{N_i} \frac{\Delta \Phi}{\Delta \theta_{el}} \Omega_m \tag{4-49}$$

式(4-49)的结果忽略了反电动势外的 SRM 电压方程的所有部分。在本书中，N_w 是围绕一个定子极的匝数，N_i 为并联的相绕组数，也称为并联支路数。式(4-49)中的 N_w、N_i 和 p 可总结为特征绕组数 N：

$$N = N_w \frac{2p}{N_i} \tag{4-50}$$

式中：Ω_m 为转子的机械角速度。

$\Delta\Phi(t)/\Delta\theta_{el}$ 为通过电角度时需要励磁或去磁的磁通量 $\Delta\theta$ 的标高。

一相的所有极应并联连接，以克服由转子偏心引起的不等极电感的负面影响：

$$N_i = 2p \tag{4-51}$$

尤其是具有高长径比的SRM更容易出现转子偏心，此时应考虑采取式(4-51)所述的并联磁极措施。然而，在低长径比电机中，转子偏心度起次要作用，应灵活地选取卷绕数。

一个相位的电流馈送周期可以大致分为三个角周期：励磁周期 $\Delta\theta_{el,mag}$，传导周期 $\Delta\theta_{el,cond}$ 和去磁周期 $\Delta\theta_{el,demag}$。Brauer根据电机是在脉冲模式还是单一脉冲模式下运行来推荐这些角度周期的取值范围。

首先，将特征绕组数设置为 $N=1$，以便获得所需相电压 V_{ph} 的归一化值，$N=1$。此后，利用仿真指定角周期的值 $\Delta\theta_{el,cond}$，并确定通量变化的相应值 $\Delta\Phi$，即所需的MMF峰值工作点 $\theta_{pole,peak}$。因此，通过变换器的直流链路电压 V_{dc} 与归一化相电压 $V_{ph,N}=1$ 之间的比率求解出所考虑的设计中实现上述磁通变化所需的特征绕组数。然后可通过适当选取 $N_{w,design}$ 和 $N_{i,design}$ 来得到 N_{design}。

$$\frac{V_{dc}}{V_{ph,N=1}} = N_{design} = N_{w,design}\frac{2p}{N_{i,design}} \tag{4-52}$$

由于选择了上述绕组数，相电流 i_{ph} 峰值由式(4-52)中给出：

$$i_{ph,peak} = \frac{N_{i,design}}{N_{w,design}}\Theta_{pole,peak} \tag{4-53}$$

此时应注意，由 $i_{ph,peak}$ 导出的RMS电流值不应超过变换器中使用的晶闸管的额定电流。在随后的分析中，利用动态仿真研究SRM电压方程中被忽略部分的影响，并验证上述绕组设计程序。

4.5 铁耗计算和热建模

4.5.1 铁耗模型

SRM的铁耗不仅与几何结构有关，还取决于控制参数。一般来说，在预设计阶段很难找到最优控制参数。因为在此阶段，FEA仅模拟对准和未对准位置的磁特性，以节省空间和时间。由于信息有限，很难比较最佳控制点的动态性能。在这种情况下，将铁耗与指定的控制方法进行比较似乎是一个很好的权衡。常用的控制方法包括电流斩波控制、正弦脉冲控制和直接瞬时转矩控制。对于这些控制方法，仅利用对准和未对准位置的磁特性很难估计电机平均转矩。它们取决于所有位置

第4章 基于数据库理论的初始设计方案

的整个磁特性,这需要大量的FEA模拟工作。本节将利用估计电机平均转矩的最大磁共能回路方法来构建电机磁链模型。

1. 最大能量回路控制方法

最大共能回路控制(MCLC)方法用于在磁动势Θ的某个峰值Θ_{peak}处利用整个共能回路控制。图4-9显示了一台三相12/8 SRM在对齐和非对齐位置的实际和假设磁共能回路的磁链特性。电机数据如表4-1所列。

为了在Θ_{peak}处实现整个共能回路,磁动势Θ应为方形波形,这对于存在相电感的SRM来说显然是不可能的。尽管理想化的方波不能在SRM中实现,但如果满足以下要求,则可以近似实现整个共能回路。

(1) Θ在转子磁极和定子磁极重叠的位置θ_1处上升至Θ_{peak}。

(2) Θ在转子磁极的接近边缘和定子磁极的边缘角对齐的位置θ_2处开始减小。

(3) Θ为位置θ_1和位置θ_2之间的平顶波形。

通过比较实际的磁共能回路满足上述要求时的有限元仿真结果,我们可以发现它非常接近于电机的整个磁共能回路。因此,可以将控制上述Θ波形的方法称为MCLC方法。

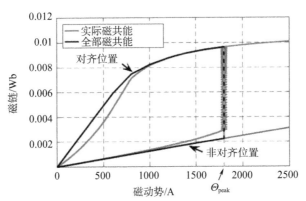

图4-9 具有最大共能回路的磁特性

表4-1 示例电机数据

参数	符号	数值
功率	P	200kW
转速	n	15000r/min
输入电压	u	750V
非对齐位置电感	L_{un}	31.2μH
对齐位置电感	L_{al}	247.9μH

图4-10显示了一个定子极中磁通φ和θ的动态波形,以及MCLC法的理想电感和相电压曲线。根据磁通量的变化,将一个电周期的波形分为三个阶段,如图4-10所示。为了简化计算,进行了以下简化和假设:

(1) 在实施MCLC方法时实现了完整的磁共能回路。
(2) 忽略相电阻和边缘效应。
(3) 第二阶段的相电压等于$k_u(0<k<1)$,磁通量从位置θ_1线性上升到位置θ_2。
(4) 忽略电流滞后控制引起的Θ波动。

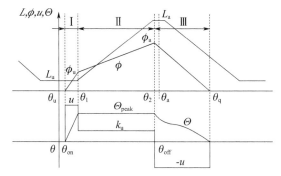

图4-10 SRM的运行波形

在第一阶段,当θ达到参考值θ_{peak}时,通量φ在接通角θ_{on}处从0线性上升到角度θ_1处的ϕ_u。第一阶段的磁通$\phi(\theta)$由下式决定。

$$\phi(\theta) = \frac{u_w}{\omega}(\theta - \theta_{on}) \tag{4-54}$$

式中:ω为电机转速;u_w为单个绕组中的电压。u_w可由相电压u计算。

$$u_w = \frac{u}{N} \tag{4-55}$$

式中:N为每极的匝数。假设所有极并联连接。可以通过将(θ_1,θ_u)代入式(4-54)来确定接通角θ_{on}。

$$\theta_{on} = \theta_1 - \frac{\omega}{u_w}\phi_u \tag{4-56}$$

在第二阶段,φ从ϕ_u线性上升到ϕ_a。第二阶段的磁通$\phi(\theta)$通过以下公式计算:

$$\phi(\theta) = \frac{ku_w}{\omega}(\theta - \theta_1) + \phi_u \tag{4-57}$$

式中:k为占空比,其值由式(4-58)得出

$$k = \frac{\omega}{u_w}\frac{\phi_a - \phi_u}{\theta_2 - \theta_1} \tag{4-58}$$

由于占空比不应大于1,N的限制可以通过下式推导:

第4章 基于数据库理论的初始设计方案

$$N \leqslant \frac{u}{\omega} \frac{\theta_2 - \theta_1}{\phi_a - \phi_u} \qquad (4\text{-}59)$$

在第三阶段,θ 从 θ_{peak} 下降到 θ_q 处的。第三阶段的通量 $\phi(\theta)$ 记为

$$\phi(\theta) = -\frac{u_w}{\omega}(\theta - \theta_q) \qquad (4\text{-}60)$$

其中 θ_q 是 θ 关断的角度,由下式给出:

$$\theta_q = \theta_2 + \frac{\omega}{u_w} \phi_a \qquad (4\text{-}61)$$

为了避免连续导通,θ_q 和 θ_{on} 之间的差值应不超过一个电周期

$$\theta_q - \theta_{on} = \theta_2 - \theta_1 + \frac{\omega}{u_w}(\phi_a + \phi_u) \leqslant 360° \qquad (4\text{-}62)$$

从式(4-62)中,可以导出对 N_w 的另一个约束,由下式给出

$$N_w \leqslant \frac{u}{\omega} \frac{360° - (\theta_1 - \theta_2)}{\phi_a + \phi_u} \qquad (4\text{-}63)$$

结合式(4-54)、式(4-57)和式(4-60),电周期内任意角度的通量 $\phi(\theta)$ 由下式给出:

$$\phi(\theta) = \begin{cases} \dfrac{u_w}{\omega}(\theta - \theta_{on}) & \theta_{on} \leqslant \theta \leqslant \theta_1 \\ \dfrac{ku_w}{\omega}(\theta - \theta_1) + \phi_u & \theta_1 \leqslant \theta \leqslant \theta_2 \\ -\dfrac{u_w}{\omega}(\theta - \theta_q) & \theta_2 \leqslant \theta \leqslant \theta_q \\ 0 & 其他 \end{cases} \qquad (4\text{-}64)$$

2. 铁耗计算

本小节讨论了三种不同的 SRM 铁耗计算方法:Steinmetz 方法、Berotti 方法和 IEM5 方法。公式的参数通过曲线拟合制造商提供的测量值来确定。例如,图 4-11 显示了使用 MATLAB 中的曲线拟合工具(cftool)的 Steinmetz 方法的曲线拟合结果。

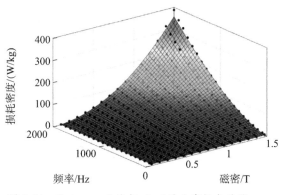

图 4-11 Steinmetz 方法与 cftool 的曲线拟合结果

表4-2列出了铁耗一次计算的拟合精度和计算时间。RMSE和MAE分别为均方根误差和最大绝对误差。铁耗计算是在具有Intel Core i5 3.2 GHz、16GB RAM和64位操作系统的台式PC上进行的。通常,Steinmetz方法提供的拟合结果不如Berotti和IEM5方法准确。然而,Berotti方法所需的时间大约是Steinmetz方法的三倍,而IEM5方法所需时间几乎是Steinmetz方法的四倍。由于在预设计阶段需要评估极多方案,这将大大增加计算时间。考虑到计算时间和精度,本文采用Steinmetz方法计算铁耗。

表4-2 不同方法的精度和计算时间比较

方法	Steinmetz	Bertotti	IEM5
RMSE/(W/kg)	3.88	3.88	2.13
MAE/(W/kg)	30.04	19.57	14.06
时间/s	0.013518	0.038922	0.051292

4.5.2 热模型和电机尺寸校准

1. 热模型

基于过去经验的经典设计冷却方法方法仅提供了宽泛的电负载或电流密度范围。由于其计算简便,该方法仍被广泛使用。本小节设计了一种简化的集总参数热网络(LPTN),它表明电流密度限制的选择也取决于电机的几何形状。然而,它仍然不包括铁耗,这使得它不能用于高速应用场合。如图4-12所示为包括了铁耗的简化LPTN。

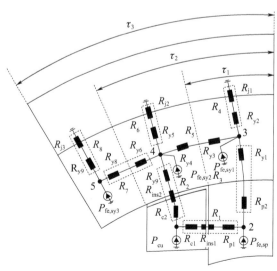

图4-12 应用LPTN进行热分析

图4-12的等效电路如图4-13所示。通过与图4-12的比较,可计算出每个支路中的等效热阻。由于存在额外的铁耗源,等效电阻法不再适用。基于热电路的基尔霍夫定律,损耗矢量$P_{\text{branch}}=[P_1,P_2,\cdots,P_8]$,表示通过每个支路的功率流,可通过以下公式计算

$$P_{\text{branch}} = M^{-1}P \tag{4-65}$$

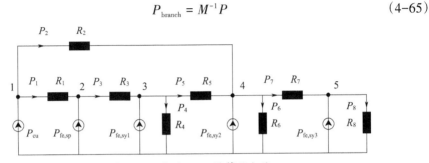

图4-13 应用LPTN的等效电路

其中$P=[P_{\text{cu}},P_{\text{fe,sp}},P_{\text{fe,sy1}},P_{\text{fe,sy2}},P_{\text{fe,sy3}},0,0,0]$为每个部分的损耗源,如下式所示。

$$M = \begin{bmatrix} 1 & 1 & 0 & 0 & 0 & 0 & 0 & 0 \\ -1 & 0 & 1 & 0 & 0 & 0 & 0 & 0 \\ 0 & 0 & -1 & 1 & 1 & 0 & 0 & 0 \\ 0 & -1 & 0 & 0 & -1 & 1 & 1 & 0 \\ 0 & 0 & 0 & 0 & 0 & 0 & -1 & 1 \\ 0 & 0 & 0 & -R_4 & R_5 & R_6 & 0 & 0 \\ 0 & 0 & 0 & 0 & 0 & -R_6 & R_7 & R_8 \\ R_1 & -R_2 & R_3 & 0 & R_5 & 0 & 0 & 0 \end{bmatrix} \tag{4-66}$$

利用损耗矢量P,节点相对于环境的温升可以通过以下公式计算:

$$T_{\text{node}} = R_{\text{branch}}P_{\text{branch}} \tag{4-67}$$

其中$T_{\text{node}}=[T_1,T_2,\cdots,T_5]$。$T_i$表示节点$i$中的温升。$R_{\text{branch}}$是热阻矩阵,由下式给出

$$R_{\text{branch}} = \begin{bmatrix} 0 & R_2 & 0 & 0 & 0 & R_6 & 0 & 0 \\ 0 & 0 & R_3 & R_4 & 0 & 0 & 0 & 0 \\ 0 & 0 & 0 & R_4 & 0 & 0 & 0 & 0 \\ 0 & 0 & 0 & 0 & 0 & R_6 & 0 & 0 \\ 0 & 0 & 0 & 0 & 0 & 0 & 0 & R_8 \end{bmatrix} \tag{4-68}$$

2. 电机尺寸校准

在电磁设计过程中,转矩产生能力是通过将共能量除以定子极弧来计算的。然而,忽略铁耗可能会导致电机长度的计算不准确,特别是对于损耗以高速铁耗为主的电机。考虑到铁耗的电机转矩方程可以通过下式进行校准:

$$T_{ca} = \frac{P_n - P_{iron}}{P_n} T \tag{4-69}$$

式中：T为设计转矩；T_{ca}为校准转矩；P_n为设计功率；P_{iron}为铁耗。

由于铁耗的存在，T_{ca}小于T。为了确保电机转矩达到设计值，还应校准堆叠长度

$$L_{stk,ca} = \frac{T}{T_{ca}} L_{stk} \tag{4-70}$$

式中：L_{stk}为最初计算的电机长度；$L_{stk,ca}$为校准的堆栈长度。

使用$L_{stk,ca}$，将电机的铁和铜耗校准为

$$P_{iron,ca} = \frac{T}{T_{ca}} P_{iron} \tag{4-71}$$

$$P_{cu,ca} = P_{cu,end} + \frac{T}{T_{ca}} \left(P_{cu} - P_{cu,end} \right) \tag{4-72}$$

式中：$P_{iron,ca}$为校准的铁耗；$P_{cu,ca}$为校准的铜耗；$P_{cu,end}$为端部绕组铜耗。

为了避免倒角对导线造成损坏，端部绕组的形状通常为圆形，定子极的宽度与直径相同。因此，$P_{cu,end}$可由下式估算：

$$P_{cu,end} = N_{ph} I_{rms}^2 \rho_{cu} \frac{\pi w_{sp}}{2p A_{cu}} \tag{4-73}$$

式中：N_{ph}为相数；I_{rms}为相电流 RMS；P_{cu}为铜的电阻率；W_{sp}为定子极的宽度；p为极对数；A_{cu}为绕组的横截面积。

4.5.3 基于固定电流密度的热限制

由于电机在工程实践中的使用越来越频繁，如何对铜绕组散热进行建模和预测的问题已受到越来越多的关注。这类问题不只是关于本书中讨论的 SRM，而且适用于绝大多数电机。电机的导热能力因素主要受到两个相互矛盾的方面：一方面，当电机搭载极限负载、输出最大转矩密度时，电机因几何条件的约束必须在其热稳定的边缘运行。但是，高温会使得绕组绝缘的寿命缩短，必须避免各线圈之间的短路。

实际上，绕组线圈绝缘层寿命对整个电机设计影响很大。由于铜质线圈的绝缘涂层为电机热性能的主要弱点，绕组绝缘等级需要调整使其最大允许温度大于工作条件下预期温度。这样既限制了导体可承载的最大电流密度，又提升电机的理想使用寿命。大多数情况下，电机的最高温度集中在绕组中，并且绕组绝缘的平均热导率与定子铁芯相比较低。表4-3列出了电机绕组最常用的绝缘等级以及其对应的最高温度。

表4-3 电机的绝缘材料

绝缘等级	最高温度/°C	绝缘材料
B	130	云母、玻璃丝布、石棉
F	155	具有高温黏合性的B级材料
H	180	硅酮弹性材料,无机材料
N	200	掺杂聚四氟乙烯的B级材料

为了增强绝缘部分的热性能,可以在将绕组插入槽中后在定子内部烘烤绕组线圈。该方法也常在制造变压器中采用,其目的是清除导体绝缘层中残留的空气与水分,并改善因衬套分开的绕组和定子铁芯之间的接触。

本章中提出的两种方法旨在根据线圈绝缘的最大温度稳定性得出电负载的热极限。第一种使用经验参数,第二种为等效热路法。

可以通过电机冷却方式确定定子绕组中的最大允许有效电流密度J_{eff}。此方法得到的电流密度为经验值,这些经验值取决于诸多因素,例如电机类型和几何形状、换向方案以及冷却系统的散热能力等。表4-4列出了常见的通过冷却方式预估的J_{eff}范围。

表4-4 不同冷却方案下最大允许有效电流密度的经验值

冷却方案	最大允许有效电流密度/(A/mm^2)
自然空气对流	1~2
强风散热	3~8
水冷散热	7~13
油冷	>10

尽管文献中电流密度的给定值多有不同,但是此方法可以借助设计的电机最大负载值确定电机的转矩产生能力。后续设计中,可借助仿真研究目标电机温度场。借此可对初始设计方案进行验证,必要时进行调整,以满足绝缘材料的温度要求。

$$J_{\text{eff}} = \frac{\theta_{\text{pole,peak}} k_{\text{d}}}{\frac{1}{2} A_{\text{Cu}}} \qquad (4-74)$$

式中：k_{d} 为定子极上施加 $\theta_{\text{pole,peak}}$ 的电周期占空比；A_{Cu} 为绕组横截面。

该占空比受到目标 SRM 结构、定子极调节参数 $k_{\text{arc,s}}$ 的影响。

$$k_{\text{d}} = \frac{N_{\text{r}}}{2N_{\text{s}}} k_{\text{arc,s}} \qquad (4-75)$$

然而，该表达式只在理想化的方波电流励磁时有效。实际电机中，定子极磁化、退磁会使得 k_{d} 的值略大于表达式(4-75)中的理论值。

4.5.4 基于最大温升的热限制

提出了一种借助集中热阻构建等效热路从而对异步电机进行热建模的方法（LPTN）。由于电机内部的导热机制不变，因此可以类似地应用于其他类型的电机。该方法不同于费时的 FEM 处理大量数据以获得精确温度分布，而是依靠热阻计算电机中不同节点的温度。

LPTN 概念将应用于 SRM 定子结构，获得目标 SRM 绕组中不超过绝缘等级最大温度限制的电流密度预估值 J_{eff}。因此，定子极侧面线圈中产生的热损耗 P_{coil} 可由下式表示：

$$P_{\text{coil}} = R_{\text{coil}} \cdot I_{\text{eff}}^2 \qquad (4-76)$$

式中绕组电流有效值 I_{eff} 与绕组内阻 R_{coil} 可由下式表示：

$$I_{\text{eff}} = \frac{1}{2} A_{\text{Cu}} J_{\text{eff}} \qquad (4-77)$$

$$R_{\text{coil}} = \frac{L_{\text{stk}} \rho_{\text{sp,Cu}}}{\frac{1}{2} A_{\text{Cu}}} \qquad (4-78)$$

式中：L_{stk} 为定转子铁芯叠长；A_{Cu} 为有效绕组截面积；$\rho_{\text{sp,Cu}}$ 为铜的电阻率。

P_{coil} 与 L_{stk} 相除，即可求得单位长度的绕组线圈的热损耗 P'_{coil}：

$$P'_{\text{coil}} = \frac{P_{\text{coil}}}{L_{\text{stk}}} = \frac{1}{2} \rho_{\text{sp,Cu}} A_{\text{Cu}} J_{\text{eff}}^2 \qquad (4-79)$$

类似于电路欧姆定律的傅立叶热传导定律的简化形式，可根据热阻 R_{th} 来表示从周围环境到定子绕组的温升。温升值取决于产生热流的电机的几何形状。在给定电机参数的情况下，热流 $\Delta Q/\Delta t$ 可由电机中的铜耗 P_{loss} 和定子的等效热阻 $R_{\text{th,st}}$ 表示。此外，也可使用定子极的一半热阻 $R_{\text{th,st,hpp}}$ 来表示：

$$\begin{aligned}\Delta\theta &= \frac{\Delta Q}{\Delta t} R_{\text{th}} = P_{\text{loss}} R_{\text{th,st}} = 2N_{\text{s}} P_{\text{coil}} \frac{R_{\text{th,st,hpp}}}{2N_{\text{s}}} \\ &= P_{\text{coil}} R_{\text{th,st,hpp}} = P'_{\text{coil}} R'_{\text{th,st,hpp}}\end{aligned} \qquad (4-80)$$

第4章 基于数据库理论的初始设计方案

本书中电机尺寸调整由基于转子极面积 $A_r = 1\text{m}^2$ 的归一化磁链曲线实现。上述表达式的推导是建立在简化热网络假设下的,其中假设与以下四方面有关:

1. 稳态

在式(4-80)中假定为稳态,则可消除热电容的影响。稳态假设具有合理性,因为归一化磁链曲线仅研究瞬态过程结束后的不同工作点。

2. 对称性

可以借助对称性简化电机的LPTN结构。可将定子节距的一半视为最小对称面,借此推断出电机定子的温度分布情况。此对称性适用于式(4-80),将整个定子的等效热阻 $R_{\text{th,st}}$ 转换为定子极距的一半热阻 $R_{\text{th,st,hpp}}$,并将电机的总损耗 P_{loss} 等效为半个线圈造成的热损耗 P_{coil}。

3. 无轴向热流

此假设为轴向导热,可忽略不计。因制造质量和硅含量的差异,硅钢片在轴向的导热系数为径向的导热系数的 $\frac{1}{40} \sim \frac{1}{20}$。但是绕组的轴向热导率即为铜材料的高热导率。实际电机中,绕组在轴向上传递的热量主要通过绕组的悬垂端消除。实际电机中,绕组悬垂端的表面与定子外径表面相比较可以忽略不计。因此,对于使用归一化磁链曲线建模的SRM,其主要热能可通过定子套传递。

4. 无内部热源

假定在铁心和线圈中不存在内部热源,因此不考虑涡流、绕组集肤效应以及铁心中的磁化损耗。这是因为上述所提到的损耗基本上取决于磁化频率,即取决于电机转速。常见的设计方法考虑SRM转矩能力,其被认为独立于电机转速,但在LPTN中仅模拟线圈内的欧姆损耗。如表4-4结果表明采用最大电流密度 J_{eff} 设计并进行液冷,会使绕组线圈温度保持在110~130℃之间。由于简化LPTN的最高温度值小于表4-3中最小值,此时将应用表4-3以外的绝缘方式。

在式(4-80)中引入定子极距的一半热阻 $R_{\text{th,st,hpp}}$,所以需要参考长度相关量。因此,可通过SRM横截面和从绕组到定子的径向热流描述电机内部的温升。实际上,线圈最大平均温度 $\theta_{\text{coil,max}}$ 和环境温度 θ_{amb} 均可进行预估;前者由绕组绝缘等级确定,后者则取决于电机冷却方案和电机转速。

如图4-14所示为SRM定子的集总参数热网络,该热网络包括绕组线圈和定子。SRM绕组线圈中产生的热量将会通过液冷的方式散出,此时可认为环境温度是恒定不变的,即等于冷却系统的温度。绕组线圈到环境的传热机制可认为是两种固态材料之间的热传递,因此可以使用标准网络理论对给定的LPTN进行评估。最后,形成一种由单热源(绕组线圈)组成的基本热网络结构。

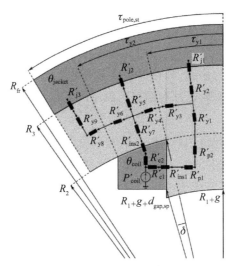

图4-14 半个定子磁极的集总参数热网络示意图

对于最大允许线圈温度线圈的极限情况,根据绝缘等级,式(4-81)中给出的关系适用:

$$\theta_{\text{coil,max}} - \theta_{\text{jacket}} = P'_{\text{coil,max}} R'_{\text{th,st,hpp}} \quad (4\text{-}81)$$

将式(4-76)插入式(4-81)并求解 J_{eff} 可得出线圈中电流密度的热极限表达式:

$$J_{\text{eff,th}} = \sqrt{\frac{\theta_{\text{coil,max}} - \theta_{\text{jacket}}}{1/2 A_{\text{Cu}} s_{\text{sp,Cu}} R'_{\text{th,st,hpp}}}} \quad (4\text{-}82)$$

借助式(4-51)和式(4-50),这种关系也可以用由定子极弧因子表征的任意 SRM 配置的 MMF 峰值来表示:

$$\Theta_{\text{peak,th}} = \frac{2 N_{\text{s}} k_{\text{arc,s}}}{N_{\text{r}}} \sqrt{\frac{1/2 A_{\text{Cu}} (\theta_{\text{coil,max}} - \theta_{\text{jacket}})}{s_{\text{sp,Cu}} R'_{\text{th,st,hpp}}}} \quad (4\text{-}83)$$

4.5.5 几何结构对传热能力的影响

分析电机外形如何影响定子线圈的散热。为此STPR将用作描述电机横截面的图形。从LPTN导出的长度相关热阻作为特征参数,以评定所考虑部件的传热能力。

在分析之前首先进行如下假设:

- 两种绕组技术的绕组横截面 A_w 都被最大限度地利用,即没有线圈隔板 $d_{\text{csp}}=0$ 或气隙隔板 $d_{\text{gsp}}=0$;
- 绕组横截面中的铜线和绝缘材料的混合物被认为具有正交异性热导率;

- 槽衬厚度 d_{ins}=0.2mm；
- 堆叠叠片的热导率(不锈钢,4%硅) λ_{st}=20W/(mK)；
- 槽衬的导热系数 λ_{ins}=0.114W/(mK)；
- 绝缘材料的导热系数 λ_{resin}=0.2W/(mK)；
- 线圈中铜树脂化合物的导热系数 λ_{coil}=0.8W/(mK)[17]；
- 定子与冷却套之间的传热系数 $\alpha_{st,j}$=1.057·10-3W/(m²K)；
- 铜填充系数 f_{Cu}=0.65。

1. 绕组对传热能力的影响

几何分析的第一部分调查了缠绕技术的影响。用于此目的的两种线圈形状如图4-15和图4-16所示。图4-17说明了绕组技术的定子热阻曲线是如何由线圈、磁极、磁轭和定子框架触点的热阻组成的。在这两种情况下，定子外半径 R_3=60mm 的 8/4 SRM 被视为示例性结构。

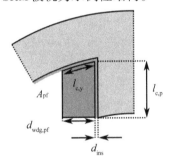

图4-15 预成型线圈半定子极间距

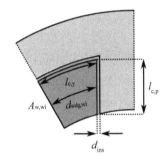

图4-16 绕线半定子极间距

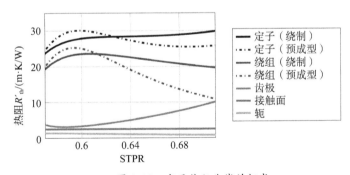

图4-17 定子热阻曲线的组成

预成型和缠绕线圈的热阻；8/4 SRM,D=120mm,g=0.7mm；虚线曲线表示预成型绕组热阻

正如预期的那样，轭部、磁极和定子与机座之间的接触面曲线是相同的，因为这两种情况都考虑了相同的结构。可以看出，热轭部和接触框电阻对线圈内的热传导起着次要作用。由于径向取向和相对较高的导热率，通过轭部的热传递在定

子内是最微弱的;由于磁轭宽度的减小,热轭电阻随着STPR的增加而略微减小。

根据定义,框架接触电阻不受STPR变化的影响,而是取决于制造过程中的接触压力;因此,它们在给定的图中保持不变。热极电阻的值随着STPR的增加而增加,因为极的长度和宽度急剧增加。

然而,对于此分析中的模型,绕组对传热的影响最为明显:对于预成型绕组,热线圈电阻与热定子电阻$R'_{h,coil}/R'_{th,st}$的比值范围为STPR高值的40%,STPR低值的85%;对于STPR的高值,缠绕线圈的相应比率为60%。对于其他电机直径和结构,也可以观察到类似的比率。

通过对磁极和磁轭的接触长度进行比较,可以解释最小值下的低热定子电阻。对于所考虑的STPR范围(即STPR<0.6),与到磁轭$l_{c,y}$的接触长度相比,到磁极$l_{c,p}$的接触长度保持较小。正如前文所介绍的,热阻与热流通过的距离成正比,与发生热对流的接触面积成反比,所以,对于较低的STPR值,定子热阻最小。

有必要提及的是,为了科学的完整性,这里只显示了最小的STPR范围。事实上从结构角度来看,由STPR<0.6表示的几何形状通常是不可行的设计,因为定子极旁的接触长度没有提供足够大的表面以在其上稳定地缠绕几圈导线。

对于两种绕组类型,增加的STPR都会导致$R'_{th,coil}$减小,这是由于磁极长度增加导致定子磁极的接触面上升所致。由于最初假定了与长度相关的观点,接触表面与线圈接触长度$l_{c,wi}$和$l_{c,pf}$成比例;这些在图4-18中被描述为STPR的函数。由于接触长度更大,与低STPR的预成型线圈相比,缠绕线圈的热阻略低。然而,可以观察到,为了进一步提高STPR,预成型线圈的热阻低于缠绕线圈的热电阻,可以解释如下:

就热线圈电阻$R'_{th,coil}$而言,在STPR>0.6的范围内,线圈、预成型绕组比线圈中的绕组有着更强的下降。这种情况可追溯到平均线圈宽度$d_{wdg,pf}$和$d_{wdg,wi}$的相反特征。从图4-19可以看出,预成型绕组的平均线圈宽度$d_{wdg,pf}$随着STPR的上升而下降,而$d_{wdg,wi}$随之增加。

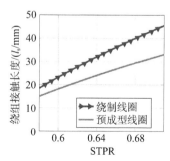

图4-18 STPR上的线圈接触长度l_c N_s=8、N_s=4、R_3=60mm 时

第4章 基于数据库理论的初始设计方案

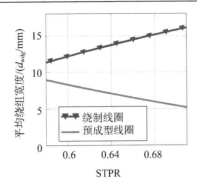

图 4-19 平均线圈宽度 d_{wdg} 超过 STPR $N_s=8$、$N_s=4$、$R_3=60\text{mm}$ 时

第一种情况可以用这样一个事实来解释,即预成型绕组受到简化构造的几何限制。这可以借助于式(4-40)和转子极半径 R_1 随着 STPR 的增加而减小的事实进行描述。考虑到 R_2 随 STPR 增加,可以从式(4-47)推导出第二种情况。

总的来说,热线圈电阻 $R'_{\text{th,coil}}$ 和磁极电阻 $R'_{\text{th,pole}}$ 的相反曲线行为导致热定子电阻 R'_{st} 的值在所考虑的 STPR 范围内仅发生微小变化,$R'_{\text{th,st}}$ 的变化范围为 4%~15%。

2. 电机直径对传热能力的影响

图 4-20 给出的一系列曲线,说明了电机直径 D 和结构对定子热阻 $R'_{\text{th,st}}$ 的影响。显然,对于给定的结构,增大直径提高了传热能力。

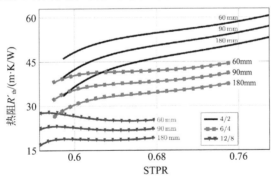

图 4-20 电机结构和直径对定子热阻 $R'_{\text{th,st}}$ 的影响

考虑的 SRM 结构:4/2、6/4、12/8;考虑直径:$D=60\text{mm}$、$D=90\text{mm}$ 和 $D=180\text{mm}$;缠绕技术:缠绕在线圈中

将 $R'_{\text{th,st}}$ 拆分为各个热阻,表明定子热阻的减少主要来自两个方面。一方面,定子和冷却套之间的接触电阻 $R'_{\text{th,j}}$ 与 R_3 成反比。假设设计参数恒定且与直径和结构无关,这会导致电机直径增大时接触电阻减小。槽衬套 $R'_{\text{th,ins}}$ 的热阻取决于铜树脂化合物和定子极叠片之间的热接触。由于假定槽内衬厚度 $d_{\text{ins}}=$ 常数。电机直径的增加导致定子磁极接触长度 $l_{\text{c,pole}}$ 的增加,反而具有与 $R'_{\text{th,ins}}$ 成反比的效果。

3. 电机结构对传热能力的影响

为了研究改变 SRM 结构对散热的影响,在这一点上观察到图 4-20。显然,定子极数 N_s 对传热能力有显著影响:定子热阻明显有随着 N_s 显著降低的趋势。几个几何特点促成了这一特性。

首先,需要指出的是,对于给定的定子外径,可以获得更薄的磁轭,这是由于定子磁极的横向宽度随着 N_s 的减小而减小。其次,与相同 STPR 的低极数电机相比,定子极 $h_{pole,st}$ 的绝对长度变得更小。综上,热极电阻 $R'_{th,pole}$ 减小。

此外,对于定子磁极较少的结构,热量从线圈传递到定子磁极的切向路径较长。图 4-21 示例性地显示了分别具有四个和八个定子极的 SRM,直径 D 和 STPR 相等。对于所考虑的结构,径向上的热通量路径仅略有不同。然而,可以看出,对于平均线圈宽度有 $d_{wdg,1} \approx 2 \cdot d_{wdg,2}$ 成立。所以四极结构对整个热线圈电阻的贡献更大。

图 4-21 两种结构 SRM 示例图

对于一个定子极间距的一半,$N_s=4$(左)和 $N_s=8$(右)的 SRM,平均线圈宽度 $d_{wdg,1}$ 和 $d_{wdg,2}$;两种结构的直径和 STPR 均相等

4.6 磁设计

4.6.1 PC-SRD 中磁链曲线的确定

这项工作中使用的定量程序基于共能值,该值是根据 Ψ-i 平面中的积分计算得出的,以便预测所考虑的 SRM 的输出转矩能力。因此,很明显所使用的方法在很大程度上依赖于精确可靠的通量连接输入数据,以获得具有代表性的结果。

为此,可以使用基于 PC 的 CAD 软件 PC-SRD。基于电机几何形状的初始定义以及与电磁设计相关的参数,执行动态模拟,在此过程中计算给定几何形状的 Ψ-i 曲线。在这项工作的范围内,这些曲线是通过一次性仿真从 PC-SRD 中提取的,以获得一个数据库,用于评估所考虑的 SRM 几何形状的转矩能力。

PC-SRD 中的磁链曲线是借助定义对齐和未对齐电感以及饱和行为的三个特征 U-S-A 点计算的。事实上,Ψ-i 曲线的结果在很大程度上取决于最初选择的调

整参数 B_m、B_s、XL_u、XL_{au}、X_{im} 和 XP_{sim};这些旨在作为修改和调整曲线形状的一种手段,以便在给出 Ψ-i 曲线的更精确数据的情况下,例如以 FEM 模拟结果的形式。

然而,事实证明,根据调整参数 B_m 的选择,在此过程中获得的磁链曲线结果与比较有限元模拟存在严重偏差。为了更好地理解,应该提到 B_m 是定义电机定子极尖中出现的磁通密度 B 的最大值的调整系数。从 PC-SRD 得出的一次性仿真结果与 B_m 高达 2.1T 的值非常吻合(图 4-22(a))。但是,与 FEM 模拟相比,较高 B_m 值(高达 2.5T 或更高)的输出产生的曲线具有不可接受的偏差,因此不能被视为应用于设想的尺寸测定方法的合适基础。这个困难的例子如图 4-22(b)所示。

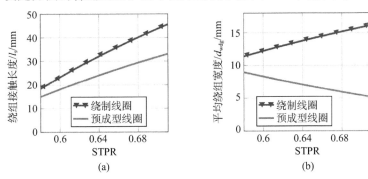

图 4-22 不同结构的电机的 Flux2D 与 PC-SRD 仿真对比

在这一点上,可以说将最大磁通密度定义为 B=2.5T 对于标准 SRM 来说似乎是一个不切实际的高值。尽管如此,有必要模拟这些高通量密度值,以包括结构上可行的设计范围(STPR<0.55)下边缘的电机轮廓;为了达到 T/曲线的特征峰值,最后提到的设计需要暴露在高通量密度下。

为了克服这个问题而不需要进行大量 FEM 模拟来覆盖所有可能的电机几何形状,我们发现以下解决方法是一个合适的解决方案:如上所述,调整参数 B_m、B_s、XL_u、XL_{au}、X_{im} 和 XP_{sim} 根据 PC-SRD 中指定的几何形状定义磁链曲线的形状。此外,PC-SRD 具有一个功能,允许将 PC-SRD 中计算的 Ψ-i 曲线拟合到外部模拟的 FEM 曲线。因此,由 STPR、D 及其配置定义的 SRM 几何形状的 FEM 仿真曲线可以通过调整参数向量来表征。

将此过程应用于一组 FEM 曲线允许将调整参数插值到一种配置的不同直径 D 和 STPR 上。通过这种方式,有限元仿真可以作为采样点,在 PC-SRD 中获得具有有限元质量的磁链曲线。结果是一个多维解空间,用于可通过数量 D、STPR、N_{ph} 和 p 访问的调整参数。因此,可以像查找表一样快速确定特定几何形状的磁链曲线。图 4-23 显示了借助调整参数插值确定 Ψ-i 曲线的程序的准备工作步骤。

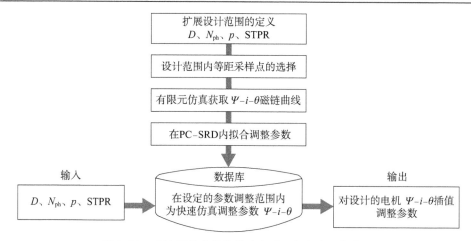

图 4-23 通过调整参数插值确定 Ψ-i 曲线的工作流程

在本章的范围内,最初的目标可能仅包括检查所提出的插值方法的基本可行性。因此,在 FEM 中仅预模拟了缩小的示例性溶液范围以"馈送"数据库:气隙长度设置恒定为 g=0.7mm。考虑了三种直径,分别是 D_1=60mm,D_2=120mm 和 D_3=180mm。在这种情况下考虑的六种电机结构是:4/2、6/4、8/4、8/6、12/6、12/8。

对于定转子几何设计,应用 4.3.1 节和 4.3.2 节中描述的尺寸规则,尺寸因子为 $k_{arc,s}$=0.9。对于上述直径和配置,使用 FEM 软件 FLUX2D 仿真了 3~5 个等距"仿真模型"STPR。

随后,PC-SRD 的调整参数被确定并存储在合适的数据结构中。图 4-24 显示了借助插值调整参数获得的 8/4SRM 的磁链曲线,并与 FLUX2D 中相应的 FEM 分析进行了比较。它的直径为 D=150mm,位于两个样品直径 D_2 和 D_3 之间。从该模拟得出的相对平均误差对于对齐位置为-2.75%,对于非对齐位置为 2.82%。

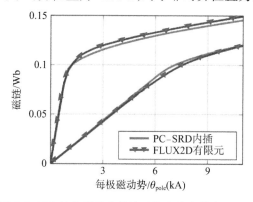

图 4-24 FLUX2D 仿真和 PC-SRD 插值调整参数的磁链曲线比较(8/4SRM D=150mm STPR=0.63)

与基于插值的每个过程一样,问题在于获得的结果取决于采样点的"密度",在这种情况下,采样点由调整参数表示。因此,需要大量的初始工作来提供计算基础,从而确定一个特定应用的电机设计方案。

但是,上述调整参数数据库的创建应放在长期的背景下。因为,稳定更新和维护良好的数据库提供了机会,可以重复使用FEM结果作为快速确定数据库中SRM设计的磁链曲线的基础。将避免对几何相似的设计进行冗余仿真,从而节省大量的有限元计算时间。

4.6.2 几何形状对磁链曲线的影响

本节研究了SRM几何形状对磁链曲线的影响。作为材料数据库,使用标准的M330-35 A层压。

1. 转子极数对定子极数和外径尺寸相等配置的影响

图4-25显示了具有相同定子极数N_s的两个配置对的曲线。从这两个图中可以看出,8/4和12/6在对齐位置的磁链曲线饱和区域值略高于具有相同定子极数N_s的相应其他配置。这与两相配置中通过磁轭的磁通路径短约50%的情况有关。这导致该定子组件中的MMF下降较低。由于为了避免饱和,轭通常尺寸过大,因此所描述的效果相当弱,因此可以忽略不计。

在非对齐位置,磁通量通过最近的转子磁极分成两个相等的部分。8/6和12/8 SRM的两个相邻转子磁极之间的距离分别小于8/4和12/6的。由于这种几何情况,通过8/6和12/8SRM转子磁极的磁通量大于它们的两相等效磁通量。换句话说,这意味着两相配置的电感在非对齐位置比8/6和12/8配置的电感小。

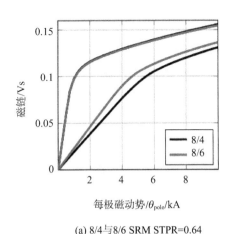
(a) 8/4与8/6 SRM STPR=0.64

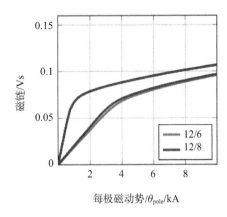
(b) 12/6与12/8 SRM STPR=0.63

图4-25 不同结构SRM的磁链曲线

例如,在 θ_{pole}=4000A 时,8/6SRM 单周期的磁共能比 8/4SRM 的磁共能 15.6%。对比 12/6 和 12/8 SRM 的磁链中的 θ_{pole}=3000A 处,发现 12/8 单周期的磁共能比 12/6 SRM 低 7.3%。

2. 固定外径-转子尺寸变化

本章所基于的方法改变了 STPR,为考虑的外定子半径 R_3 生成不同的电机轮廓。图 4-36(a)为直径 D=120mm 的 4/2 SRM 的每极的 ψ-θ 曲线,STPR 作为变化参数。

可以观察到,随着 STPR 的增加,对齐位置饱和区域中的磁链减小。这种行为可以用变窄和延伸的定子极来解释,这会导致定子极点的 MMF 下降更高,以增加 STPR 的值。然而,这种影响仅在尺寸极短和极宽的定子极上才能察觉,就像 STPR = 0.59 的情况一样。随着 STPR 的增加,只能发现细微的差异。

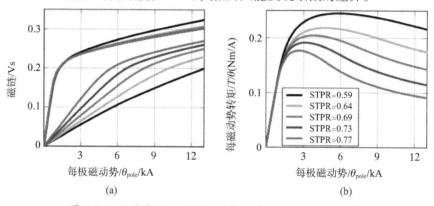

图 4-26　不同的 STPR 下的 ψ-θ 和 T/θ(4/2 SRM,D=120mm)

在非对齐位置的线性磁化区域中,电感随着 STPR 的上升而显著增加。这具有定子极尖在非对齐位置(此处为 0.2Vs)开始饱和的 MMF 向较低的极点值移动的效果。未对齐电感的增加是由未对齐位置的气隙长度的绝对值引起的:由于该长度随着 STPR 的增加而变小,因此电感增加。对于其他几何形状,还观察到,对于给定的 MMF 短极几何形状,与具有长极和窄极的设计相比,每个工作行程传递的磁共能 W_{co} 更高。

但是,当达到 T/θ 曲线中的特征峰时,工作 MMF 会增加。该峰值 MMF 与 T/θ 成比例地增加,可以通过将设计转向较低的 STPR 来获得 T/θ。因此,可以说,为了有效地产生扭矩,需要为短极电机选择更高的电负载,这反过来又增加了功率变换器的尺寸。

3. 固定转子半径-外径可变

本节的分析假定转子设计方案确定。外径为 D=120mm、STPR=0.57 的 8/4 SRM

作为转子尺寸的几何基础。从此开始,考虑了两个额外的定子直径,特别是$D=150mm$和$D=180mm$。由于假设转子几何形状是预设的,定子极的宽度也保持不变。这反过来又导致STPR随着直径的增加而上升。

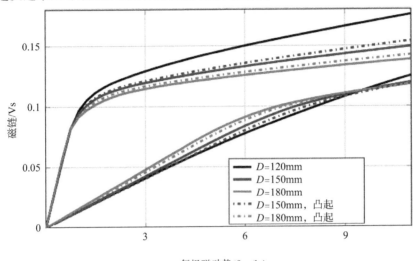

图4-27 不同外径D下的磁链曲线

8/4SRM$g=0.7mm$,虚线表示绕组接触面存在凸起的几何结构

由于定子极的范围越来越大,饱和极路径l_s当磁通密度超过饱和磁通密度B_s时增加。关于对齐位置,主要是定子极尖宽度b_{st},尖端决定了定子极点饱和的MMF。考虑到在增加直径D的同时$b_{st,tip}$保持恒定,很明显,对于给定的磁链,齿极延长仅导致磁极中的MMF下降,如图4-27所示。

此外,长定子极对磁共能相对于非对齐位置的可实现值产生不利影响。在第一次检查中,似乎由于定子极宽度和转子几何形状恒定,非对齐的电感不应通过定子极的延伸而受到影响。如果只考虑靠近极尖的区域,则此论点是正确的。

然而,靠近定子极底端(即磁极和磁轭之间的过渡区域)的仿真中发现(图4-28):具有长定子极的几何结构中的磁越来越倾向于离开设想的磁通路径(通过定子极,气隙与转子极的路径),并在"磁短路"(通过绕组的闭合路径)中关闭磁阻电路到定子轭。这有效地降低了定子的磁阻,可用于非对齐位置,相当于增加电感。

克服这种影响的一种方法是绕组均匀接触定子,用于矩形预成型线圈,如图4-29所示。对于直径为$D=150mm$的定子几何形状,该措施导致定子磁极长度减少了11.8%,而$D=180mm$的定子的减少百分比仅为6.5%。图4-27中的虚线为该方法下的不同直径对磁链的影响。另一种方法是采用锥形定子极设计。

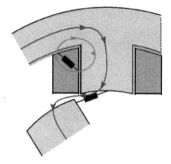

图4-28 具有长定子极的SRM结构在非对齐位置的电感增加

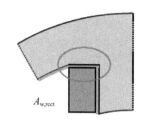

图4-29 绕组底部均匀接触,以降低定子极的电感

4.7 基于数据库理论的SRM设计方案

4.7.1 尺寸调整

众多电机设计的文献中,传统电机设计是从推导电机输出转矩数学表达式开始的,该表达式表明了电机体积,电磁负载和转矩之间的关系:

$$T = k_{geo}BA_{load}L_{stk}D^2 \tag{4-84}$$

式中:B 为磁负荷;A_{load} 为电磁负载;L_{stk} 为铁芯叠长;D 为电机直径。电机其他结构相关量可被系数 k_{geo} 代替。其具体形式取决于模型中的基础假设。

可使用细长比 λ 表示电机铁芯叠长 L_{stk},式(4-86)则被转化为如下式所示的公式:

$$\lambda = \frac{L_{stk}}{D_r} \tag{4-85}$$

$$T = k_{geo}BA_{load}\lambda D^2 D_r \tag{4-86}$$

式(4-84)中使用了较多的经验参数,电负荷 A_{load} 是指电枢圆周表面单位长度上导体中总电流大小。SRM电枢直径即为定子内径,因此可通过下式定义电负荷 $A_{load}(\mathrm{A/m})$:

$$A_{load} = \frac{qN_{ph}I}{\pi D_{si}} \tag{4-87}$$

式中:I 为绕组电流的有效值;D_{si} 为定子内径。

从SRM一相绕组通电时的内部磁场分布可知,每极主磁通均出入一个转子极距的范围内,则可通过下式定义磁负荷 $B_\delta(\mathrm{T})$:

$$B_\delta = \frac{\Phi}{\tau_r l_\delta} \tag{4-88}$$

第4章 基于数据库理论的初始设计方案

式中：Φ 为 θ_{off} 位置下的每极主磁通；τ_r 为转子极距；l_δ 为电枢计算长度。

一般情况下，传统设计方法常将 B_δ 取 0.3~0.6T 之间，A_{load} 取 15000~50000A/m。细长比 λ 值一般取 0.5~3 之间。

通过上述参数的描述可知，传统 SRM 设计方法更多依靠经验，这将使电机的后续设计以及优化极为困难。传统电机设计方法使用迭代算法对众多电机设计方案进行筛选与寻优。

在传统电机设计中，电机定转子结构、外径、铁芯叠长以及部分性能特征通常是在电机尺寸设计开始时就预先确定的。在大多数情况下，设计师可以凭借经验，经过合理的初步考虑，使用部分经验参数进行电机尺寸的初步设计，以迭代算法排除部分设计方案的方法并对其进行评估。

如图 4-30 所示，迭代算法存在如下结构：进入迭代之前，选择一个设计方案作为算法起点。寻找可行参数值的过程中，有效的优化算法可基于先前迭代过程中参数值的变化规律，在每次迭代中缩小方案空间内的取值范围。在理想情况下，通过迭代计算，最终可以在给定性能指标的约束下找到最佳或最符合目标需求的电机设计方案。

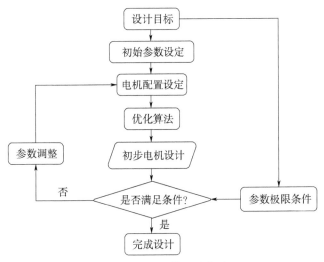

图 4-30 迭代算法结构图

由此可以看出，传统电机设计方法存在明显的缺陷：
(1) 依赖设计者经验；
(2) 反复试错的过程；
(3) 未考虑铁耗和散热；
(4) 很难实现多种结构的电机比较。

相比之下，本文提出的基于数据库的SRM设计方法便显得极为快速有效。使用PC-SRD确定不同结构、不同尺寸的SRM几何结构数据；再将构建好的SRM模型导入到Flux软件中，以获得不同结构、不同尺寸的SRM非线性磁链曲线。将两者参数进行比对，对电机结构参数进行微调，最后构建SRM磁链与结构尺寸数据库。

4.7.2 通过归一化扭矩曲线进行设计优化

1. 转矩密度

转矩密度可以从重量或体积角度定义为单位重量或单位体积产生的转矩。因此，该优化标准通常旨在满足结构要求。如果忽略端部绕组，转矩密度可以直接从标准化表示中导出。在这种情况下，V_{design}表示产生特定应用转矩T_{design}所需的电机体积值：

$$\frac{T_{design}}{T_{avg,n}} = \frac{A_{r,design}}{A_{r,n}} = \frac{L_{stk,design}}{L_{stk}} = \frac{\pi R_3^2 L_{stk,design}}{\pi R_3^2 L_{stk,n}} = \frac{V_{design}}{V_n} \quad (4-89)$$

对于任何SRM设计，T/V特性都会严格地随着应用的MMF或电流密度上升。为了找到单位体积最大转矩或单位重量最大转矩的电机外形，有必要确定所考虑的MMF或电流密度的结构热极限。

本章将借助前文解释的简化LPTN概念来确定最大允许电负载。图4-41示例性地说明了如何在考虑电流密度的热极限的情况下找到结构的最佳电机几何模型。限值由图中的垂线表示，水平线表示各个STPR的相应的单位体积转矩。在给定的示例中，STPR=0.63时的几何形状在直径D=120mm时具有12/8结构的最大单位体积转矩值。于是，在整个直径范围内，找出了所有考虑的SRM结构中的最佳几何形状。

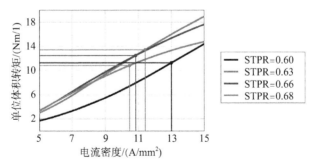

图4-31 不同STPR下的最大转矩密度

12/8 SRM D=120mm，电流密度受线圈温升限制：θ_{amb}=60℃、θ_{coil}=110℃、d_{gsp}=0和d_{csp}=0的预成型绕组，铜填充系数f_{Cu}=0.65

第4章 基于数据库理论的初始设计方案

最后,可以将所有结构的最佳几何形状相互比较,以确定在所研究的直径范围内提供最大转矩密度的电机设计。

2. 效率

对于SRM绕组中的欧姆损耗和涡流损耗,后者随着磁路所考虑部分的再磁化频率和磁通密度的幅度而增加。由于磁密的变化而导致的SRM损耗的精确确定需要大量的计算和建模工作。这超出了本方法的讨论范围,本方法更侧重于SRM设计过程的预定型阶段。

3. 转矩//峰值MMF

1)作为比较值

将每极的归一化转矩与每极的相应峰值MMF相关联,得出一个值,以确定磁性材料的最佳利用点,并以此代表电磁优化方面。T/θ 特性在MMF或电流密度标度上具有显著的最大值,可用于确定上述最佳利用率。因此,该特性有助于找到在具有预设变矩器额定值的应用中最大化转矩输出的电机几何形状。

对于SRM,电机性能通常在相位相关量(如相通量或相电流)的背景下显示。然而,两种不同结构的SRM的性能不能仅通过考虑在给定相MMF下产生的转矩来相互比较。这是由于相位占空比 k_d 和有效重叠比 ρ_e 取决于电机结构,从而导致两种SRM结构的电负载值不同。在此背景下,与磁极相关的单位峰值MMF标准化转矩提供了一种方法,用于比较独立于电机结构的两个SRM的转矩输出:

$$\frac{T_{\text{machine}}}{\theta_{\text{machine}}} = \frac{T_{\text{pole}} \rho_{e,\text{pole}}}{\theta_{\text{pole}} \rho_{e,\text{pole}}} = \frac{T_{\text{pole}}}{\theta_{\text{pole}}} = \frac{T}{\theta} \quad (4\text{-}90)$$

借助电流和转矩的理想化矩形波形解释了SRM中的转矩产生。式(4-90)在这种理想化情况下成立。

然而,对于增加转子频率,反电动势会导致波形畸变。在这一点上,在本章的范围内,假设波形畸变的水平不取决于电机结构,而是电机速度 n 的函数。因此,畸变可以用转矩畸变系数 d_t 来描述,该转矩畸变系数在一阶近似中对于一个速度下的所有结构都是相等的:

$$d_t = f(n), 0 \leq d_t \leq 1 \quad (4\text{-}91)$$

这一假设在多大程度上有效需要在进一步的实验中加以验证。然而,对于本章节的其余部分,式(4-90)和式(4-91)相对有效。因此,T/θ 特性可以被视为从电磁角度比较不同SRM结构的转矩产生能力的有效参数。

2)作为优化标准

Brauer描述了一种具有极端长径比的高速SRM的设计,其端部效应可以忽略。

对于底层电机,可以发现允许以最大效率运行的峰值MMF对应于T/θ的比值略低于T/θ曲线的特征最大值。减额的百分比范围在3%~10%之间,可以用减额系数f_{drate}的形式表示。因此,电机T/θ曲线中的峰值可以被视为在最大效率和转矩密度之间提供折中的工作。

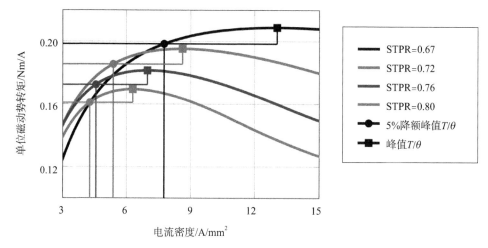

图4-32 不同STPR下减额峰值转矩/mm

f_{dere}=0.95,4/2 SRM,D=120mm,电流密度受线圈温升限制:θ_{amb}=60℃、θ_{coil}=110℃、d_{gsp}=0和d_{csp}=0的预成型绕组,铜填充系数f_{Cu}=0.65

图4-32说明了如何为直径D=120mm的4/2 SRM找到与每个MMF程序的减额转矩相关的最佳几何结构。在第一步中,确定了减额T/θ峰值点的MMF或电流密度值。其次,检查这些MMF(或电流密度)值,以确保它们不超过几何结构的热极限。

为进一步考虑,不满足此要求的几何尺寸不包括在内。将剩余符合热极限要求的几何形状相互比较,以找到提供T/θ最大减额峰值的STPR。在给定的示例中,STPR=0.67的几何形状产生了最高的单位MMF转矩。然后将该过程类似地应用于所考虑的直径范围内的其他结构。

4.7.3 SRM尺寸设计概述

1. 设计范围的选择和设置

借助归一化磁链曲线计算求解空间独立于特定情况的性能要求。因此,两种优化标准的设计范围相同。基于不同SRM结构,求解空间可以灵活地选取,便于进行性能比较。根据上一节概述的想法,设置了各种可能的几何形状,以允许大量

第4章 基于数据库理论的初始设计方案

可能的解决方案。最终相互比较,以得到对所考虑的 SRM 的性能潜力的总体概述。

SRM 设计的性能指标为转子转速 $n=20000$ r/min,机械输出功率 $P_{design}=20$ kW。由于高速要求,选择具有低转子极数的传统 SRM 结构来初始化设计范围。优先选择一下结构:4/2、6/4、8/4、8/6、12/6、12/8。这种选择旨在限制随着转子频率增加的再磁化损耗。

基于现有的 SRM,电机外径在 60~180mm 之间,功率要求相当。从方法论的角度来看,使电机设计独立于经验影响是一个弱点。然而,与其他尺寸设计程序相比,所选范围涵盖了更多可能的设计。而且,为了限制计算工作量,这一步骤是必要的。

关于 STPR,研究中仅包括定子极高宽比大于或等于1的电机外形。原则上应考虑尽可能小的高宽比,以最佳地利用磁性材料。此外,从结构角度来看,这是一个合理的措施,因为较小比率的电机更难制造。

但是,如热分析所示,对于可接受的传热特性而言,一定的磁极长度是必要的,特别是对于将用于后续尺寸示例的预成型绕。为了确保有足够的线圈接触面,将最大高宽比选择为3.5。铜填充系数示例性地选择为 $f_{Cu}=0.65$。除这些初始设置外,还假设转矩降额系数 $d_t=0.8$ 用于确定结果。

2. 进阶设计步骤

设置设计范围后,用 MATLAB® 代码开发的预设计工具将计算受高宽比限制的 STPR 范围内的所有可能几何形状,并根据尺寸规则进行计算(图4-33)。在此步骤中,识别并排除不合理的设计,例如,如果考虑线圈或气隙隔板,可能出现的负线圈横截面面积。此外,还确定了几何相关的定子热阻以及归一化质量和体积。在随后的步骤中,借插值调整参数,在 PC-SRD 中计算确定几何结构的磁链曲线。然后,这些曲线将用于根据标准化磁链程序确定每个设计的转矩特性。应该提到的是,如果包含通量链数据的底层数据库足够大并且具有合适的访问结构,则 PC-SRD 中的中间步骤(包括插值)不再必要。这种方式可以避免进一步的计算工作。这个通用数据库可以评估由所考虑的 SRM 应用的功率和速度指标定义的任何转矩需求的电机几何形状。这种情况下,根据前文中定义的优化标准进行评估。在涵盖各种几何和电磁量的综合概述中确定了最适合应用的设计。在随后的设计步骤中,所选电机外形的绕组电路和控制角作为电气设计的一部分确定。以下特定于设计的优化程序包括借助适当的数值工具对损耗、动态性能和声学特性进行精确模拟。

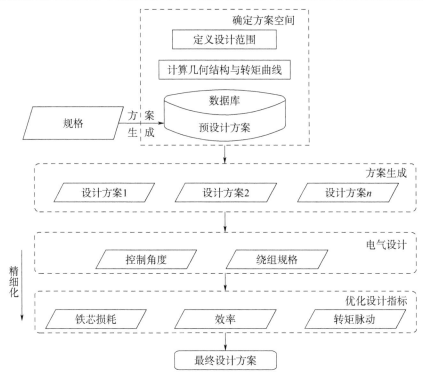

图 4-33 基于设计范围的尺寸确定程序

4.7.4 提高功率密度和效率

前文提出的损耗和热模型被应用于 SRM 的功率密度和效率改进。表 4-5 给出了目标电机的设计约束条件。对五种结构进行了比较研究,分别为三相 6/4、12/8 和 18/12 极以及四相 8/6 和 16/12 极电机。

表 4-5 SRMS 的设计约束表

参数	符号	数值
额定功率	P_n	200kW
额定转速	n	15000r/min
输入电压	u	750V
定子外径	D_s	200~400mm
气隙	g	0.7mm
定子材料		NO20-15
转子材料		NO20-15

1. N 和 θ_{peak} 的讨论

匝数 N 和励磁 θpeak 对电机损耗和输出转矩计算有很大影响。在本节中,借助 D_s=300mm 和线圈槽比(STPR=0.6)的三相 12/8 极 SRM,讨论了功率密度和效率在这两个变量上的变化,以找到选择的基本规则。

图 4-34 显示了当 θ_{peak}=1600A 时,不同匝数的铁耗和直流铜耗比较。可以发现,在选择 N 时,铁耗和铜耗之间存在权衡。铁耗随着 N 的增加而减少。铁耗与 B 的斜率成比例,B 的斜率随着 N 的增大而减小。相反,铜耗随着 N 增加而增加。这主要是因为电感增加。θ 达到 θ_{peak} 需要更长的时间,最终导致 θ_{rms} 增加。在总铜面积不变的情况下,根据焦耳第一定律,铜耗随着 θ_{rms} 的增加而增加。对于高速电机,铁耗占主导地位。因此,电机在最大匝数处获得最佳效率。

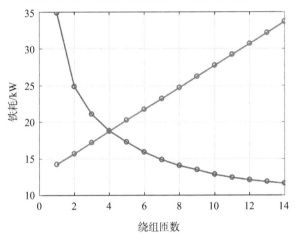

图 4-34 不同匝数的损耗结果(D_s=300mm、STPR=0.6 的三相 12/8 极电机)

图 4-35 描述了 D_s=300mm 和 STPR=0.6 时不同 θ_{peak} 的铁耗和铜耗结果。在该图中,匝数在每个 θ_{peak} 达到其最大值。相应的堆叠长度和热部温度结果如图 4-36 所示。在通量饱和之前,铁耗和铜耗都有轻微的上升趋势,所有结构的 θ_{peak} 增加。铜耗的增加是由端部绕组铜耗增加引起的。铁耗的波动主要是因为 N 向下舍入到最接近的整数。显然,较小的 θ_{peak} 将导致较低的功率密度。然而,对于铜耗占主导地位的电机,磁通饱和点是电机损耗和功率密度之间的一个最佳折中点。磁通饱和后,随着 θ_{peak} 的增加,铁耗急剧下降,而铜耗稳定增长。通常,为了获得最佳效率,θ_{peak} 的选择位置是铁耗和铜耗之间的折中点。然而,对于高速应用场景,铁耗占主导地位。为了提高电机效率,应选择最大 θ 点,从而提高功率密度。最大峰值 θ 的选择应受到电机热性能的限制,因为温度随着所需堆叠长度的减少而增加。假设线圈的绝缘等级为 H 级(180℃),最大允许峰值 θ 如图 4-36 所示。如果选定的 θ_{peak}

超过该值,高温会导致绕组绝缘寿命缩短;如果选定的 θ_{peak} 远小于该值,则将导致设计方案低功率密度和低效率。

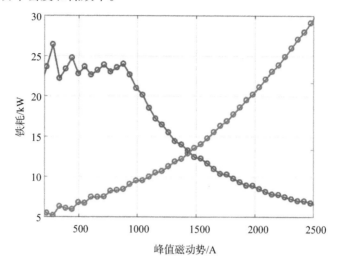

图 4-35 不同峰值 θ 和电机结构的损耗结果(D_s=300mm,STPR=0.6)

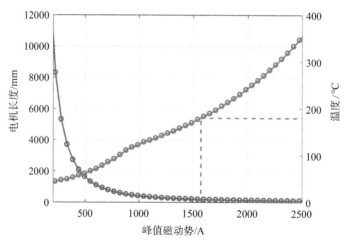

图 4-36 不同峰值 θ 和电机结构的堆叠长度和热部温度结果(D_s=300mm,STPR=0.6)

2. 电机结构和直径的比较

SRM 设计过程的总结流程如图 4-37 所示。该过程可分为两个主要步骤,即数据库预计算和解决方案的生成。在数据库预计算步骤中,根据设计范围(如直径、结构和 STPR)生成数据库。然后计算电机性能,包括磁特性和共能转矩,并将其存储在数据库中。

第4章 基于数据库理论的初始设计方案

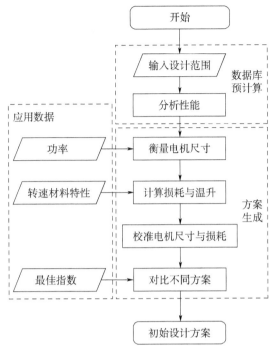

图4-37 SRM设计过程总结流程图

在解决方案生成步骤中,根据磁共能转矩和设计转矩,缩放初始电机尺寸。接下来,基于速度和材料热特性,使用本文提出的MCLC模型估计电机损耗和热部温度。电机尺寸和损耗进一步更新为铁耗。最后,基于最优指标对解决方案进行比较,以获得电机设计的初始方案。

为了直观地比较不同结构和尺寸的电机性能,根据表4-5所列的电机约束条件和拟定的设计过程建立了解决方案数据库。每个解决方案都在其最大允许N和峰值θ下执行,因为它们对电机功率密度和效率都有积极作用。求解过程利用MATLAB进行。由于没有与其他软件的耦合,一个解决方案的计算时间相当短,并行计算也很容易实现。在第2章所述的同一台计算机上,完成计算2000多个解决方案的总时间不到8min。

对于D_s=300mm的三相12/8电机,及其三个不同优化标准,图4-38示例性地确定了其最佳STPR。在示例中,STPR=0.59(圆圈标记)的几何结构产生了功率密度的最高值,而STPR=0.61(方形标记)的几何结构产生了电机效率的最高值。由于功率密度和效率曲线都是STPR的严格凹函数,因此可以在中间点(用三角形标记)之间找到一个最佳的折中值。

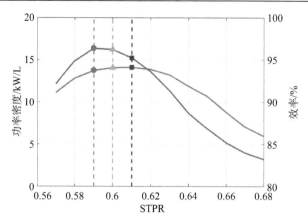

图4-38 D_s=300mm三相12/8极电机中不同优化标准确定的STPR

图4-39描述了针对最大功率密度优化的功率密度和效率结果。每个结构的最大功率密度点也在图中用圆圈标记。当最大功率密度为18.42kW/L,相应的效率为94.67%时,所有结构和直径的最大功率密度解决方案为D_s=220mm的三相12/8电机。可以观察到,在直径较小的情况下,三相12/8电机具有最高的功率密度,而随着直径的增加,三相6/4极电机的功率密度发生变化。这种变化是由直径损耗增加引起的,更具体地说,是由铁耗造成的,而铜耗通常随着直径的增加而减小,这是由于槽面积随着直径的增大而增加。在功率密度优化的情况下,具有较少相数和极对数的结构具有较高的效率。三相6/4极电机在整个直径范围内具有最高的效率。

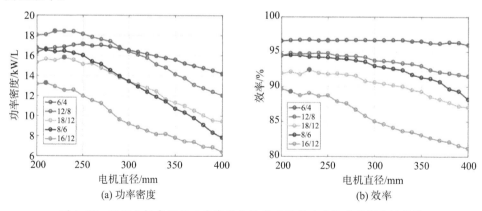

图4-39 不同电机直径的功率密度和效率以及针对功率密度优化的结构

图4-40显示了为实现最大效率而优化的功率密度和效率。电机效率表现出类似如图4-39所示的性能。与图4-39相比,以较低功率密度为代价,所有解决方

案的效率都有所提高。然而,对于所有结构,图4-40(b)中最高效率的直径与图4-40(b)的最高功率密度的直径非常接近。也就是说,这两个优化标准之间存在一定程度的一致性。这是合理的,因为效率的提高可以改善热性能,从而自然地减小电机的尺寸。从另一个角度来看,更高的功率密度通常意味着更高的峰值θ,这也可以提高效率。此外,与最大功率密度优化类似,三相12/8极电机在较小直径处具有最高功率密度。

图4-40显示了功率密度和效率之间的权衡优化。三相6/4极电机和12/8极电机在功率密度和效率方面对所有直径都具有优势。

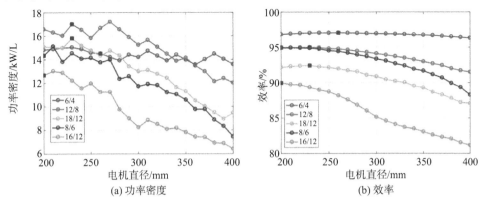

图4-40 不同电机直径的功率密度和效率以及优化效率的结构

利用帕累托解决方案数据库,就可以方便地进行多目标优化,如图4-41所示。图中标记了最大功率密度(D_1)、最大效率(D_2)和权衡优化(D_3)的三个有利解决方案,并在表4-5中进行了进一步比较。从该表中可以观察到,在优化设计中校准后,轴向长度增加了5~13mm。

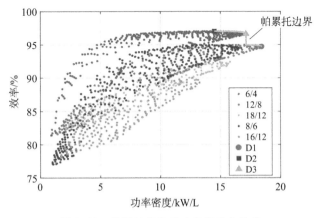

图4-41 帕累托优化的功率密度和效率

表4-6 优化设计比较

参数	D_1	D_2	D_3
电机结构	12/8	6/4	6/4
定子外径/mm	220	260	250
初始电机长度/mm	273.38	253.55	231.58
校验电机长度/mm	285.69	259.79	238.03
功率密度/kW/L	18.41	14.50	17.12
效率/%	94.67	97.04	96.61

4.7.5 简化热模型的评估

为了验证简化模型的合理性和对简化模型进行评估,对20kW三相6/4极开关磁阻发电机(SRG)进行了详细的有限元仿真和实验。该电机的规格如表4-7所列,原型的试验台如图4-42所示。

表4-7 样机的规格

参数	符号	数值
最大功率	P_{max}	20kW
最大转速	n_{max}	25000r/min
输入电压	u	400V
定子外径	D_s	140mm
转子外径	D_s	66.3mm
电机长度	L_{stk}	80mm
气隙	g	0.7mm
定子材料		NO20-15
转子材料		NO20-15

第4章 基于数据库理论的初始设计方案

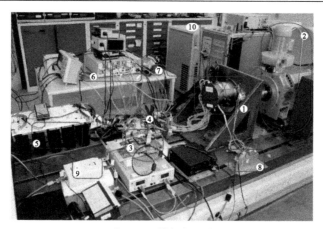

图4-42 样机试验台

1—SRG；2—电动原动机(感应电机)；3—SRG控制平台；4—SRG转换器；5—直流链路电容器组；
6—功率测量；7—加速计轮毂；8—温度轮毂；9—CAN接口；10—水冷却器。

图4-43比较了在恒定转矩7.73N·m(功率分别为10kW、13.33kW、16.67kW和20kW)的四种工作条件下，所建原型的简化模型(S)、FEM仿真(F)和电机损耗测量(M)。相应的电机速度为12352r/min、16470r/min、20588r/min和24705r/min。机械损耗主要包括风阻损耗和转轴损耗。风阻损耗是空气对转子旋转的阻力产生的，这种阻力在定子和转子之间的气隙中。文献[22]中的方法用于计算风阻损耗。应注意，图中简化模型和有限元模拟的机械损耗均采用解析法计算。在MCLC控制下计算了本文使用的简化模型的铜耗和铁耗，通过单脉冲控制下的最佳效率优化得到了FEM仿真和运算的损耗。可以观察到，对于所有条件，即使控制方法不同，也可以找到总损耗预测的良好一致性。

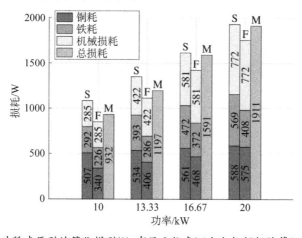

图4-43 对所建原型的简化模型(S)、有限元仿真(F)和电机损耗计算(M)进行比较

表4-8比较了仿真和预测的热部温度。在运算中,模拟模型中的冷却液流速为12L/min,壳体温度为40℃。从该表中可以看出,预设计模型与仿真值有合理的一致性,这表明所提出的热模型足以预测预设计阶段的热性能。

表 4-8 计算和预测结果的热部温度比较

功率	10kW	13.3kW	16.67kW	20kW
计算值	112℃	128℃	146℃	154℃
预测值	125.55℃	132.48℃	140.68℃	145.86℃

4.8 小结

本章对SRM的设计过程进行了详细分析。采用了一种基于归一化磁链曲线的方法。一方面,该方法展示了其与SRM的转矩能力和铁磁材料饱和度的直观且易于理解的影响关系。另一方面,就考虑磁路的设计参数与电机的输出转矩之间的关系得出结论。并开发了一个MATLAB设计工具,用于系统地应用所描述的设计概念。

本章中对如何高效设计SRM进行了详尽的描述。推导出如转子、定子和转轴等SRM的特征几何参数方程,引入了STPR作为表征电机轮廓的参量;概述现有的绕组设计及其几何尺寸;并对电机的散热能力进行了分析,提出了两种不同的方法来辨识电流密度极限;基于LPTN进行热建模,分析电机的几何横截面和所选的绕组设计对传热能力的影响;基于归一化磁链曲线,开发出根据电机几何形状系统地生成磁链特性的设计工具,仿真获取了不同结构、不同尺寸的电机设计方案并实现输出对比的可视化。

第5章 基于多物理场耦合的电机优化设计方案

5.1 引言

基于多物理场耦合的电机设计方案则是通过模式搜索算法优化电机的设计和控制参数,以获得高效率、低转矩脉动和低峰值径向力,最后采用VIKOR方法和雷达图进行决策。而后通过调整定子直径,改变电机的特征频率以避免在转速范围内产生共振。实现电机效率、转矩脉动、振动多目标优化。

在预设计阶段,将电机效率和功率密度作为优化指标文献[51]中提出以电机定转子直径为主要设计参数的方法。然而,潜在的性能指标远不止这些。除了效率和功率密度之外,SRM的转矩脉动和振动也是关键性能指标[52]。但是大多数现有的电机设计文献多以转矩脉动为单一优化目标[53-54]。优化SRM转矩脉动的方法在文献[55]中提出。通过优化由开通角、关断角和其他参数限制的极弧长度来减小转矩波动。该方法可在产生连续的正转矩的同时消除负转矩。在文献[56]中,使用元启发式方法的蚁群优化算法来改善电机的转矩脉动,并通过简单调整SRM的定子和转子结构以及绕组匝数来优化电磁特性,这些研究均侧重于抑制振动。一些研究以抑制电机振动为目的[57],文献[58]分析了径向力和磁链之间的关系,并提出了一种简单而准确的方法来重建径向力特性。该方法优化了SRM结构,减小了径向力引起的振动。当SRM相的有效激励谐波与固有频率一致时,振动非常强烈。具有不同孔配置的各种端盖设计可以提高部件的固有频[59]。但是,文献中关于SRM中同时降低转矩脉动和振动的综合多目标设计优化的研究很少[60]。在本书中,电机功率密度几乎保持恒定,并优化了包括电机效率、转矩脉动和振动行为在内的综合性能指标。

由于详细的三维(3D)瞬态模型需要进行大量计算,目前在电机优化设计过程中无法估计求解评估电机振动和声学的指标所需的时间。因此,在优化过程中找到合适的方法来处理电机声学问题是最大的挑战之一。研究[61]表明,由径向力引起的定子振动是SRM产生噪声的主要原因。高速应用条件下,通常采用单脉冲控制SRM,以获得更高效率。动态运行时的径向力峰值可作为评估电机振动程度的重要指标[62]。此外,当励磁频率接近相关电机的固有频率时,振动幅度会显著增大,即发生共振。因此,相关电机的固有频率应远离额定转速时的励磁频率。使用SPEED等仿真软件评估电机效率、转矩和径向力峰值。

SRM是电、磁和机械的整体耦合。为了全面优化SRM的转矩性能和径向力,有必要对电、磁和力的强耦合多物理场进行建模。考虑到电机的电磁特性、径向力和固定频率,采用多目标优化方法从帕累托集中选择最佳折中方案。为了降低时间成本,本节提出了一个两步优化过程。第一步,优化电机的设计和控制参数,以获得高效率、低转矩脉动和低峰值径向力。第二步,进一步调整电机参数,避免激发共振。

基于多物理场耦合的电机设计方法的主要特点如下:

(1) 提出了一种综合性能优化过程,包括电机效率、转矩脉动和振动。相互影响的扭矩波动和径向力得到了全面优化。

(2) 提出了一种模拟方法,可为帮助调整定子直径,并优化电机的固有频率。该方法可以消除整个速度范围内的共振,并防止运行中可能发生的剧烈振动。

(3) 将基于方差的敏感分析、高斯过程回归、模式搜索算法和VIKOR等数学算法引入到电机优化中,使优化过程更智能、更快。

5.2 全局敏感性分析

众所周知,SRM的性能在很大程度上取决于几何设计参数。理论上,所有的参数都可以作为优化参数。但是,随着几何设计参数数量的增加,计算量显著增加。本节通过全局敏感性分析得到这些参数对性能的影响,为性能优化过程提供理论依据。

5.2.1 SRM设计规范

SRM的几何设计参数如图5-1所示。几何设计参数主要包括转子轴半径(r_{sh})、转子外半径(r_r)、定子外半径(r_s)、转子极弧角(β_r)、定子极弧角(β_s)、转子轭厚度(h_{ry})、定子轭厚度(h_{sy})、转子极宽度(ω_{rp})、定子极宽度(ω_{sp})、气隙长度(g)和硅钢片的堆叠长度(L_{stk})。

第5章 基于多物理场耦合的电机优化设计方案

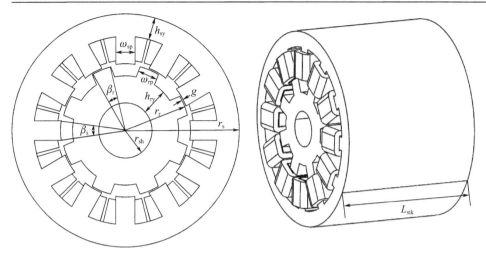

图 5-1 SRM设计参数

以优化效率和功率密度为设计目标来确定初始几何参数的方法曾被提出，但是轴半径的值受机械因素的限制[63-64]，例如所用材料的最大允许剪切应力、设计转矩以及与驱动系统其他部分的机械耦合。此外，许多研究已经表明，轴半径对转子轭的磁密影响很小。因此，本书不选择其作为优化参数。参数 r_s、r_r 和 L_{stk} 是影响电机功率密度的关键因素。本书只考虑将初始值±5%的变化作为优化范围。对于高速电机设计，设计参数对性能指标的影响如下：

（1）为了确保较高的对齐与非对齐位置电感比和SRM自启动能力，将转子与定子极弧比 $k_{arc}=b_r/b_s$ 保持在以下范围内：

$$1.0 \leqslant k_{arc} \leqslant 1.2 \tag{5-1}$$

（2）为避免定/转子轭深度饱和[65]，定/转子轭的厚度应至少为定子/转子极宽度的二分之一。考虑到需要降低高速运行下的铁耗且最小化振动，轭厚极宽比 $k_s=h_{sy}/w_{sp}$ 和 $k_r=h_{ry}/w_{rp}$ 的值应在以下范围内：

$$0.6 \leqslant k_s, k_r \leqslant 1.4 \tag{5-2}$$

本章以比率表达式（k_{arc}、k_s 和 k_r）为自变量，避免全局灵敏度分析和电机设计优化过程中的几何冲突。根据以上分析，设计参数的变化范围如表 5-1 所列。

表 5-1 设计参数的变化范围

设计变量	最小值	最大值
r_r	89.99mm	99.46mm
r_s	155.80mm	172.20mm
L_{stk}	171.00mm	189.00mm

续表

设计变量	最小值	最大值
g	0.5mm	0.9mm
k_s	0.6	1.4
k_r	0.6	1.4
b_r	15°	18°
k_{arc}	1	1.2
q_{off}	240°el	260°el

5.2.2 基于方差的敏感性分析

多种在电机设计过程中采用灵敏度分析的方法已经被提出,例如逐次因子[66]、回归分析法[67]、基于导数的敏感性分析[68]和基于方差的敏感性分析法[69]。其中,基于方差的敏感性分析是最具特点的一种方法,它可以定量测量非可加系统中每个变量的敏感性和整个输入空间相互作用的影响。主效应指标S_i也称为一阶敏感性指标,由下式表示:

$$S_i = \frac{Var_{X_i}\left(E_{X_{\sim i}}\left(Y|X_{\sim i}\right)\right)}{Var(Y)} \tag{5-3}$$

式中:X_i为第i个输入设计参数;$X_{\sim i}$为除X_i之外的所有设计参数;Y为电机性能的集合。

内期望算子的含义是Y的均值取$X_{\sim i}$的所有可能值,同时保持X_i固定。外部方差为X_i的所有可能值。方差$Var(Y)$是Y集合的总方差。

总敏感度指数由Homma和Saltelli引入,定义为

$$S_{Ti} = \frac{E_{X_i}\left(Var_{X_{\sim i}}\left(Y|X_{\sim i}\right)\right)}{Var(Y)} \tag{5-4}$$

S_i和S_{Ti}是极为强大和通用的度量。S_i给出了因子X_i本身的影响,S_{Ti}则给出了单个因子的总影响,包括它与其他因子的所有相互作用。一般来说,由于S_i没有考虑相互作用,其总和小于1,而S_{Ti}的相互作用被重复计算,其总和大于1。

电机性能的解析表达式难以获得,因此可以使用蒙特卡洛(MC)方法来计算指标S_i和S_{Ti}。MC法的详细描述可参考[70]。MC法可作为一种评估S_i和S_{Ti}的数值方法。然而,用于评估电机性能的计算量非常高。例如,针对SRM的敏感度分析,当设计参数为9且MC法的基本样本为1000时,总运行成本为11000次。因此为降低计算量,下节将介绍一种元建模技术:高斯过程回归。

5.2.3 高斯过程回归

元建模技术被广泛用于替换跨工程学科中复杂的基于仿真的模型。它们不仅提供相对简单和准确的响应模型以取代高计算量的分析工具,而且还提出一种处理噪声数据的过滤方法[71]。高斯过程回归(GPR)是最常用的元建模技术之一。在文献[72]中,与其他元建模技术相比,GPR在鲁棒性和准确性方面具有显著优势。

GPR的一个基本假设是响应数据可以表示为来自多元高斯分布的样本[73]。假设有 n 个训练数据,$X=[x_1,x_2,\cdots,x_n]^T \in \mathcal{R}^{n \times k}$ 是一组从代表性实验获得的 n 个训练输入值。训练输出 $y=[y_1,y_2,\cdots,y_n]^T \in \mathcal{R}^n$ 是 X 的响应向量。GPR模型解决了预测测试输出向量的问题 $y_*=[y_{*1},y_{*2},\cdots,y_{*m}]^T \in \mathcal{R}^m$,给定测试输入矩阵 $X_*=[x_{*1},x_{*2},\cdots,x_{*m}]^T \in \mathcal{R}^{m \times k}$ 以及训练数据。训练输出 y 和测试输出 y_* 的联合先验分布应该遵循如下的多元正态分布:

$$\begin{bmatrix} y \\ y_* \end{bmatrix} \sim \mathcal{N}\left(0, \begin{bmatrix} K(X,X)+\sigma_n^2 I & K_*^T \\ K_* & K_{**} \end{bmatrix}\right) \tag{5-5}$$

式中:σ_n 为 y 的信号噪声方差;I 为单位矩阵;K、K_*、K_*^T 和 K_{**} 为协方差矩阵。

基于贝叶斯定理,可以使用给定的训练数据获得测试输出 y_* 在测试输入点 X_* 上的后验预测为

$$y_*|X,y,X_* \sim N(\bar{y}_*, \text{cov}(y_*)) \tag{5-6}$$

后验均值 $\bar{y}_*$ 为

$$\bar{y}_* = K_*[K+\sigma_n^2 I]^{-1} y \tag{5-7}$$

通常,后验均值 $\bar{y}_*$ 可以看作是对测试输出 y_* 的估计,而后验方差 $\text{cov}(y_*)$ 衡量估值的不确定性。

GPR的可靠性取决于其参数 l、s_f、s_n。由于 $y \sim N(0, K+\sigma_n^2 I)$,参数 l、s_f、s_n 可以通过最大化对数边际似然 $\log p(y|X)$ 来估计,如下式所示:

$$\text{cov}(y_*) = K_{**} - K_*[K+\sigma_n^2 I]^{-1} K_*^T \tag{5-8}$$

通过在该方程上运行多变量优化算法,如共轭梯度,找到对数边际似然 $\log p(y|X)$ 的最大值,并且可以很容易地获得相关参数。

如上所述,将设计进行一组典型实验,以探索执行GPR的整个设计空间。拉丁超立方采样(LHS)是一种从多维分布中生成随机样本的统计方法[74]。LHS生成的点集可以很好地代表真实的可变性。文献[75]对已有文献中的案例进行了查阅,表明样本量与变量数量的比率为10时,才可获得可靠的结果。本文研究的设计变量有9个,根据[75]中的结论,LHS的样本量设置为90。将LHS的90个样本作

为训练数据,通过对数边际似然最大估计参数 l'、s_n,建立 GPR 模型方法如等式(5-9)所示。

将前一节 MC 模拟所需的 11000 个样本作为测试数据,通过等式(5-8)计算 GPR 模型的后验均值得到训练和测试结果。图 5-2 比较了 GPR 模型在电机性能方面的训练和测试数据的实际值与预测值。可以观察到,预测结果与训练和测试结果的实际值一致。

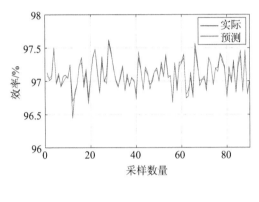

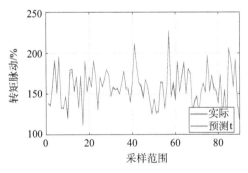

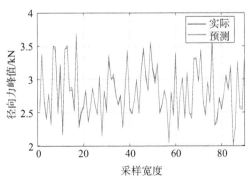

(a) 训练结果

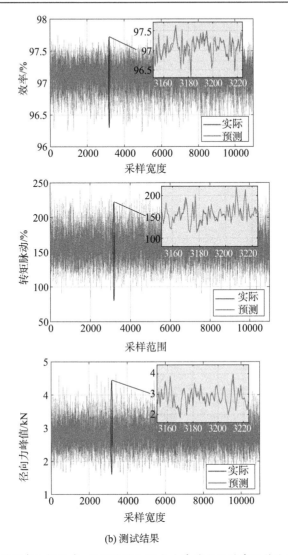

(b) 测试结果

图 5-2 GPR 模型在电机效率、转矩脉动和径向力峰值方面的实际值和预测值的比较

本节使用归一化均方根误差(NRMSE)进行误差量化。它是对 N 个样本的实际值 y 与相应预测值之间归一化差异的度量,其定义为

$$\text{NRMSE} = \frac{\sqrt{\frac{1}{N} \cdot \Sigma_{i=1}^{N}(y_i - \hat{y}_i)^2}}{\max(y) - \min(y)} \tag{5-9}$$

电机性能训练和测试结果的 NRMSE 列于表 5-2。训练和测试数据的 NRMSE 值都很小,这验证了 GPR 方法的准确性。

表5-2 电机性能训练和测试结果的NRMSE值

性能指标	效率	转矩脉动	径向力峰值
训练数据	0.0483	0.0137	0.0206
测试数据	0.0471	0.0251	0.0228

利用GPR模型获得的试验数据，可以进一步估计电机效率和转矩脉动的敏感度指标，评价结果如图5-3所示。由图5-3可知，电机性能对设计参数r_r、b_s、k_{arc}、k_r、k_s和q_{off}高度敏感，而其他参数g、r_s和L_{stk}对性能影响较小。

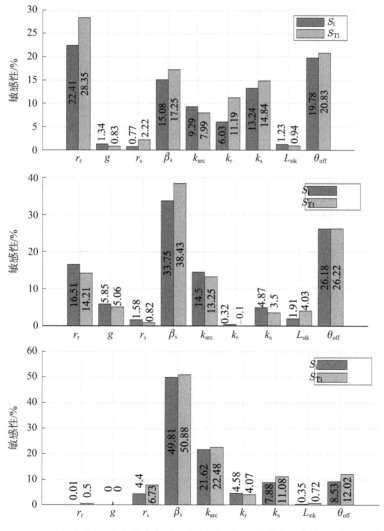

图5-3 MC-GPR组合方法对各种参数的电机效率、转矩脉动和径向力峰值的敏感性指标

5.3 SRMs的多目标优化设计

根据上一节的全局敏感性分析,应选择设计参数,b_s、k_{arc}、k_r、k_s 和 q_{off} 作为优化变量。多目标问题可以描述为

$$\min_x \left(-\eta, T_{\text{ripple}}, F_{\text{rad}}\right) \tag{5-10}$$

受制于

$$X_L \leqslant x \leqslant X_U \tag{5-11}$$

式中,

$$\begin{aligned} x &= \left(r_r, \beta_s, k_{arc}, k_r, k_s, \theta_{off}\right) \\ X_L &= \left(89.99\text{mm}, 15°, 1.0, 0.6, 0.6, 240°\text{el}\right) \\ X_U &= \left(99.46\text{mm}, 18°, 1.2, 1.4, 1.4, 260°\text{el}\right) \end{aligned} \tag{5-12}$$

为了解决这个多目标优化问题,建立GPR模型以减少性能评估的运行时间。然后,采用模式搜索(PS)算法来查找此多目标优化的帕累托集。最后,采用Vlsekriterijumska Optimizacija I Kompromisno Resenje(VIKOR)方法从帕累托集中选择最佳折中解决方案。

5.3.1 模式搜索算法

PS算法是一种直接搜索方法,不需要任何关于目标函数梯度的信息来搜索最优解。与其他启发式算法,如遗传算法(GA)[76]相比,它具有许多优点,例如:概念非常简单,计算时间短,实现简单。对于多目标优化,可以进一步在一组点上使用PS算法来找到帕累托集,该方法的收敛性已经过讨论和证明[76]。多目标优化PS算法流程图如图5-4所示,总结如下:

(1)设置PS参数,如初始点数、网格大小和最大迭代次数。对于该解决方案,初始点数、网格大小和迭代次数分别设置为300、0.001和50。

(2)使用LHS生成初始点集,可以减少迭代次数,保证优化算法的全局收敛性。

(3)根据当前的点集和网格大小创建网格点。通常,在广义模式搜索(GPS)[78]中,当前点共有2k个网格点,其中k是目标函数的自变量数。当前点及其生成的网格点的集合称为图案模式。

(4)PS算法通过比较模式中的多目标函数来轮询网格点。如果轮询点相对于原始点是更优点,则认为轮询成功。那么这个点就成为当前点,网格大小加倍;否则,PS算法继续轮询,直到找到更优点或用完网格点。如果在用完网格点后仍未出现更优点,则宣布轮询失败。那么当前点保持不变,网格大小减半。

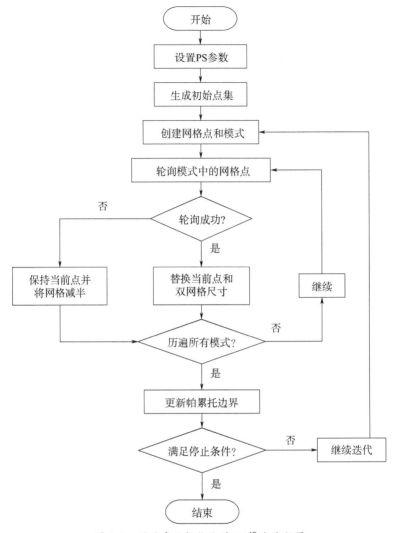

图 5-4 用于多目标优化的 PS 算法流程图

(5) 重复步骤(4),直到算法遍历所有模式。然后更新帕累托边界,并计算点差和数值。

(6) 检查停止条件,如最大迭代次数、点差或数值保持大致恒定、超过时间限制。如果不满足停止条件,则返回步骤(3),重复迭代过程。

使用 PS 算法,可以很容易地生成这种多目标设计优化的帕累托集,如图 5-5 所示。从该图中,可以观察到优化的指标相互冲突。图左下角的设计方案转矩脉动低但效率低、径向力峰值高;图右上角的设计方案径向力峰值低、高效率但转矩脉动较高。为了平衡优化目标之间的冲突,下一节将介绍多标准决策(MCDM)。

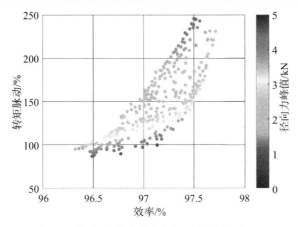

图 5-5 基于 PS 算法的电机性能帕累托集

5.3.2 用于决策的 VIKOR 方法

VIKOR 方法因其计算简单和求解精度高而在处理具有冲突因素的复杂问题方面备受关注[79]。VIKOR 方法的基本概念在于通过比较与理想解的接近程度来对所有帕累托集进行排序。用于多目标优化设计的 VIKOR 方法的折中排序算法有以下步骤[80]：

(1) 将帕累托集设为决策矩阵 $F=[f_1,f_2,\cdots,f_n]^T \in \mathcal{R}^{J \times n}$ 与 J 解的值，在此多目标优化设计中，n 个目标函数的 J 和 n 分别为 300 和 3。

(2) 从决策矩阵中确定最优值 $f_i^*(i=1,2,\cdots,n)$ 和最差值 $f_i^-(i=1,2,\cdots,n)$，其中 $f_i^* = \min(f_i)$ 和 $f_i^- = \max(f_i)$。

(3) 通过以下方程式计算出 S_j 和 $R_j(j=1,2,\cdots,J)$ 的值：

$$S_j = \sum_{i=1}^{n} \frac{w_i(f_i^* - f_{ij})}{f_i^* - f_i^-} \tag{5-13}$$

$$R_j = \max_i \left[\omega_i(f_i^* - f_{ij})/(f_i^* - f_i^-) \right] \tag{5-14}$$

其中 w_i 为目标函数的权重，表示它们的相对重要性。w_i 的总和应为 1。对于无偏好情况，w_i 的预设值为 $1/n$。f_{ij} 是向量 j^{th} 的第 j 个元素。

(4) 使用以下方程计算值 $Q_j(j=1,2,\cdots,J)$：

$$Q_j = \frac{v(S_j - \min(S))}{\max(S) - \min(S)} + \frac{(1-v)(R_j - \min(R))}{\max(R) - \min(R)} \tag{5-15}$$

其中 v 被引入作为最大组效用策略的权重。其值介于 0 和 1 之间，典型值为 0.5。

(5) 对解进行排序,按 S、R 和 Q 值降序排列。获得三个排列。

(6) 如果满足以下两个条件,则最优解 a' 是 Q 值最小的解:

C1:"接受优势"

$$Q(a'') - Q(a') \geqslant \frac{1}{J-1} \tag{5-16}$$

其中 a'' 是 Q 的排名列表中的第二个最佳(最小)解决方案。

C2:"可接受的决策稳定性":备选方案 a'' 也必须是 S 和 R 的排名列表中的最佳解决方案。

如果上述条件不满足任何一个,则提出一组折中方案。如果仅不满足条件 C2,则 a' 和 a'' 为妥协解;如果条件 C1 不满足,则应考虑 $a', a'', \cdots, a^{(M)}, a(M)$ 由最大 M 和 $Q(a^{(M)})-Q(a')<1/(J-1)$ 确定。

表 5-3 Q 值排名前 5 的解决方案

rank	S	R	Q	h	T_{ripple}	F_{rad}	number
1	0.329	0.130	0.023	97.39%	148.37%	2.48kN	150
2	0.343	0.128	0.043	97.30%	141.69%	2.54kN	119
3	0.349	0.127	0.051	97.27%	141.66%	2.53kN	131
4	0.338	0.136	0.053	97.40%	147.32%	2.62kN	107
5	0.337	0.138	0.055	97.45%	150.65%	2.65kN	92

对于该多目标优化设计,目标函数的最佳值为(-97.72%、86.47%、1.2kN),最差值为(-96.32%、245.46%、4.69kN)。使用 VIKOR 方法,可以获得三个排列 S、R 和 Q。表 5-3 显示了 Q 的排列中的前 5 个方案。从该表中,我们可以判断条件 C1 满足,而 C2 不满足。因此,方案 150 和 119 都是 VIKOR 方法的折中方案。为了直观地比较两方案,方案 150 和 119 的雷达图如图 5-6 所示。可以清楚地看到,两方案几乎是以圆心为圆心的等边三角形,这意味着这两方案是性能权衡较良好。就平衡性而言,方案 119 权衡更好。因此选择方案 119 为最终设计方案。

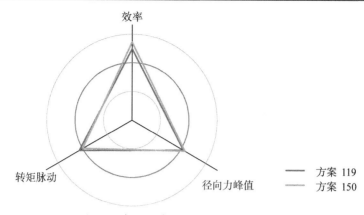

图 5-6 解决方案119和150的雷达图比较

5.4 避免电机共振的设计调整

当SRM相位的有效激励谐波与特征频率(即共振)一致时,振动最为严重[81]。因此,在电机设计过程中避免共振是减小运行速度范围内振动的一种有效方法。在本节中,分别通过解析公式和FEM计算有效激励频率和特征频率,确定应偏移的特征频率,并修改定子轭厚度以避免共振。

5.4.1 特征频率分析

SRM模态0频率的解析方为

$$f_0 = \frac{1}{2\pi r_{avg}} \sqrt{\frac{E}{\rho \Delta_{mass}}}$$

式中:r_{avg}为平均半径,其表示为

$$r_{avg} = r_s - \frac{h_{sy}}{2} \tag{5-17}$$

E是杨氏模量,对于硅钢片,该值约为$2 \times 10^{10} \mathrm{N \cdot m^{-2}}$,而$\Delta_{mass}$是考虑定子磁极和绕组质量的修正项

$$\Delta_{mass} = \frac{m_{yoke}}{m_{yoke} + m_{pole} + m_{winding}} \tag{5-18}$$

对于模态$n>2$,特征频率可以根据下式计算

$$f_n = f_0 \frac{h_{sy} n(n^2-1)}{\sqrt{12}\, r_{avg} \sqrt{(n^2+1)}} \tag{5-19}$$

为防止电机过热,定子表面涂有冷却套。冷却套材料为铝,其弹性模量和质量密度与定子材料不同。因此,解析法不适用于此情况,应使用FEM软件Ansys进行模态分析并确定特征频率。表5-4比较了解析法、没有考虑冷却夹套的FEM和考虑冷却夹套的FEM获取的电机特征频率。从表中可以看出,解析法可以很好地预测特征频率,但是冷却夹套将特征频率提高,模态4下更为明显。

表5-4 解析法与有限元仿真的比较

模态	解析法	FEM(无冷却套)	FEM(考虑冷却套)
0	3496Hz	3510Hz	3597Hz
4	2091Hz	1974Hz	2723Hz

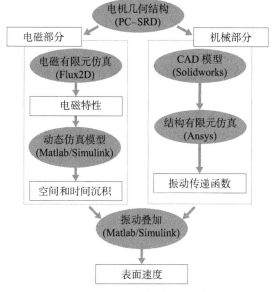

图5-7 SRMs振动分析的一般框架

5.4.2 振动分析

本节通过介绍振动合成方法[82]进行振动分析。图5-7为SRM振动分析的一般框架。为计算振动合成,应该执行两部分计算,电磁部分基于径向力激励建模,而机械部分基于振动传递函数进行建模。两个对极电机的振动模态主要为模态0和模态4[83]。对于三相电机,模态0谐振由$3n$次谐波激发,而模态4共振被其他谐波激发。图5-8为这两个模态下电机优化前后的振动传递函数,该模型通过三维FEM模拟获得。振幅峰值在特征频率处出现,模态0和模态4分别为3597Hz和2723Hz。根据特征频率,我们可以通过下式进一步计算临界速度:

第5章 基于多物理场耦合的电机优化设计方案

$$n_c = \frac{60f}{kN_r} \quad (5-21)$$

对于模态0，$k=3,6,9,\cdots$；对于模态4，$k=1,2,4,5,\cdots$。在运行范围内的临界速度对于振动分析极为重要。发电状态的速度运行范围为10000~15000r/min，此速度范围内燃气轮机可以高效运行[84]。通过计算，电机临界转速为10211r/min，其中模态4与径向力的二次谐波重合，这可以从图5-9(a)中观察到。该图为优化前后电机从10000~15000r/min的加速运行的合成频谱图。图中的亮线为特征频率。为了减小运行中的振动，需要降低模态4的特征频率。但是，模态4的特征频率也不能太低，否则会15000r/min下径向力的一次谐波重合，该频率为2000Hz。因此，模态4特征频率的范围应为2000Hz(15000r/min径向力一次谐波频率)至2667Hz(10000r/min径向力二次谐波频率)。将特征频率修改为两者平均值2334Hz，可在整个运行范围内远离径向力的一次和二次谐波。

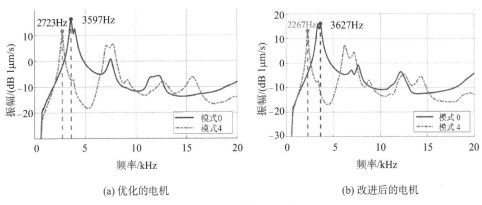

图5-8 振动传递函数

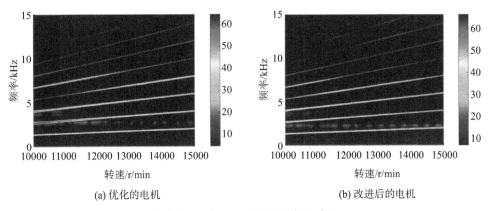

图5-9 电机运行的振动合成频谱图

根据式(4-18)、式(4-20),模态0的特征频率与定子平均半径r_{avg}成反比,而模态4的特征频率与定子轭厚度h_{sy}和定子平均半径的平方反比半径。通常r_{avg}远大于h_{sy}。因此,修改h_{sy}来达到目标特征频率更合理。修改后的$h_{sy,modified}$可以通过下式计算。

$$h_{sy,modified} = h_{sy} \frac{2334\text{Hz}}{2723\text{Hz}} = 19.28\text{mm} \tag{5-21}$$

修改后的电机的振动传递函数如图5-8(b)所示。模态4的特征频率为2267Hz,与目标频率较为接近,而模态0的特征频率几乎保持不变,这与之前的分析一致。图5-9(b)为改进后电机的振动合成频谱图。与图5-9(a)相比,在整个运行范围内,振动减少,共振消除。

优化电机和修改电机之间的性能比较如表5-5所列。h_{sy}的修改是k_s从0.8965变化为0.7685,这与其参数范围相比变化极小。此外,根据图5-3中的敏感分析结果,k_s并不严重影响电机性能。因此,定子轭厚度的变化只对电机性能具有轻微的影响,表5-5的性能对比结果,进一步验证了所提出的优化方法的合理性。改进后的电机参数如表5-6所列。

表5-5 改进前后的性能对比

电机	效率	转矩脉动	径向力峰值
最优电机	97.26%	145.27%	2.42kN
改进电机	97.40%	146.66%	2.37kN

表5-6 改进电机的设计参数

设计参数	数值	设计参数	数值
r_r	94.73mm	k_r	0.98
r_s	169.00mm	b_s	17°
L_{stk}	180.00mm	k_{arc}	1.06
g	0.7mm	q_{off}	240°el
k_s	0.68		

对改进后的电机的性能进行了验证。电机定子和转子在对齐位置的磁密结果如图5-10所示,铁芯材料的磁化强度适宜,并未出现过饱和情况。表5-7比较了初始电机设计方案和改进后电机设计方案的气隙磁密和电磁转矩。通过本节提出的方法进行优化,SRM的电磁转矩显著提高,且气隙磁密仍处于正常状态。

第5章 基于多物理场耦合的电机优化设计方案

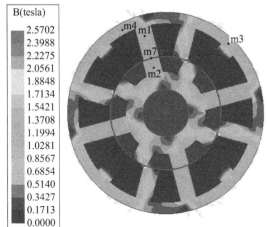

图 5-10 改进电机对齐位置处的磁密仿真结果

表 5-7 优化设计前后电机的气隙磁密与电磁转矩对比

电机	气隙磁密	电磁转矩
初始电机	0.939T	88.05N·m
改进电机	1.107T	114.94N·m

5.5 小结

本章提出了一种SRM多物理场优化设计方法,以优化电机参数、提高效率、减少转矩脉动和振动并避免共振。基于多物理场耦合的电机优化设计方法流程如下:首先通过全局敏感性分析以确定优化参数类别,并采用元建模方法减少计算时间;而后通过PS算法计算高效率、低转矩脉动和低径向力峰值的电机优化方案,采用VIKOR方法和雷达图进行决策,确定最优设计方案;通过调整定子轭厚度,改变电机振动模态的特征频率以避免在电机运行范围内发生共振。本节提出的电机优化设计方法可以在设计阶段有效提高电机多项性能。

参考文献

［1］ MITTELSTEDT A. Design of a high speed switched reluctance machine［D］. Institute for Power Electronics and Electrical Drives (ISEA) of RWTH Aachen University, July, 2015.
［2］ BURKHART B,BRAUER H J,DE DONCKER R W.Design of a switched reluctance traction drive for electric vehicles［C］. IEEE Vehicle Power and Propulsion Conference, Oct. 9-12,2012, Seoul, Korea.
［3］ 陈飞,瞿遂春,邱爱兵,等.电动车用开关磁阻电机设计与优化[J].控制与应用技术,2017,44(10):114-118.
［4］ 曾剑.电动汽车用开关磁阻电机分析[D].赣州:江西理工大学,2016.
［5］ 吴红星.开关磁阻电机系统理论与控制技术[M].北京:中国电力出版社, 2010.
［6］ 黄盼.高速开关磁阻电机的分析设计[D].武汉:华中科技大学,2016.
［7］ 赵远征,李斌,刘志忠,等.三相12/8极高压开关磁阻电机设计及仿真[J].河北工业科技,2014,31(01):20-23.
［8］ 林元春.小型电动车用开关磁阻电机设计[D].广州:华南理工大学,2011.
［9］ 鲍军芳,薛秉坤,唐绍飞,等.新型12/14无轴承开关磁阻电机的设计[J].电机与控制应用,2015,42(05):32-37+50.
［10］ 郭鹤昀.7.5KW/72V开关磁阻电机系统设计[D].石家庄:河北科技大学,2015.
［11］ 谢永军.小样本情况下基于智能算法的开关磁阻电机建模[D].广州:华南理工大学,2020.
［12］ 郭桂秀.电动自行车用外转子开关磁阻电机优化设计[D].赣州:江西理工大学,2020,06.
［13］ 孙晋伟.开关磁阻电机设计方法及软件的研究[D].淄博:山东理工大学,2008.
［14］ GE L F.Performance enhancement of switched reluctance machines for high-speed backup generators design, measurement and control［D］.Institute for Power Electronics and Electrical Drives (ISEA) of RWTH Aachen University, August 2020.
［15］ 李茹瑶,杨文英,肖斌,等.高电压直流继电器线圈温度场数值算法[J].电工技术学报,2018,33(S2):44-45.
［16］ 邓尧强,董江东.用分段等效热路法计算电机的温升[J].电机技术,2016(04):14-18.
［17］ 徐彤.开关磁阻电机热建模与敏感性分析[D].徐州:中国矿业大学,2019.
［18］ 张旭.起重机用开关磁阻电机损耗与温升研究[D].哈尔滨:哈尔滨理工大学,2020.
［19］ 刘萍.开关磁阻电机温度场建模与分析方法研究[D].长沙:湖南科技大学,2019.
［20］ 王斌.电动汽车用开关磁阻电机温度场分析研究[D].大连:大连理工大学,2018.
［21］ 孙玉坤.磁悬浮开关磁阻电机温度场分析及优化设计[D].镇江:江苏大学,2019.
［22］ 丁文,周会军,鱼振民.基于ANSYS的开关磁阻电机温度场分析[J].微电机,2005,38(05):13-15+33.
［23］ 李更新,马春燕,陈燕,等.Maxwell3D在开关磁阻平面电机结构设计中的应用[J].微特电机,2009,(03):31-32+44.
［24］ 谷雨.开关磁阻电机的电磁参数研究[J].防爆电机,2019,54(06):5-8.
［25］ 王宏波,聂彬,付光杰.开关磁阻电机磁场有限元分析[J].黑龙江科学,2010,1(03):1-4+29.
［26］ 陈海东.开关磁阻电机的设计与振动抑制研究[D].赣州:江西理工大学,2018.

参考文献

[27] 刘潇,罗丹.基于有限元的开关磁阻电机电磁场优化分析[J].河南科技,2016(02):83-87.

[28] 王永辉.开关磁阻电机中的定转子磁场分析[J].中国金属通报,2019,(06):130-131.

[29] 龚扬.小功率开关磁阻电机设计及其优化方法研究[D].广州:华南理工大学,2019,04.

[30] 吴建华.开关磁阻电机的损耗计算[J].微特电机,1996,(02):20-22.25.

[31] 刘寅遐,朱学忠,卢迪墨等.开关磁阻电机损耗计算研究综述[J].微电机,2020,53(08):110-114.

[32] 杨丽.开关磁阻电机的损耗及热分析研究[D].南京:南京航空航天大学,2020.

[33] 刘细平,曾剑,徐晨.电动汽车用开关磁阻电机温度场分析研究[J].微特电机,2017,45(01):23-25+43.

[34] 张灵霞.开关磁阻电机损耗及其温升研究[D].南京:南京航空航天大学,2013.

[35] 田晶.开关磁阻电机损耗和温升研究[D].南京:南京航空航天大学,2015.

[36] 董传友,李勇,丁树业,等.开关磁阻电机铁心损耗分析[J].电机与控制学报,2015,19(07):58-65.

[37] GE L F,BURKHART B,De DONCKER R W.Fast iron loss and thermal prediction method for power density and efficiency improvement in switched reluctance machines[C].IEEE Transactions on Industrial Electronics, vol. 67, no. 6, pp. 4463-4473, June,2020.

[38] 李冬.四相8/6结构开关磁阻电机铁耗研究[D].徐州:中国矿业大学,2016.

[39] 张向龙,杨燕翔,王军,等.开关磁阻电机结构优化现状与发展趋势[J].微特电机,2017,45(01):77-80.

[40] GE L F,BURKHART B, KLEIN-HESSLING A, XU H. De DONCKER R W. Comprehensive performance comparison and optimization of single-pulse controlled SRGs for renewable electrical grids[C].IEEE Applied Power Electronics Conference and Exposition (APEC), Anaheim, CA, USA, 2019, pp. 2632-2637.

[41] 孔庆奕,李艳超,容烨,等.开关磁阻电机结构参数优化设计研究[J].微特电机,2018,46(05):28-30.

[42] 黄聪,张侨,杨文.基于ANSOFT的开关磁阻电机的设计与优化[C].2019中国自动化大会,2019,11:138-141.

[43] 袁帅,赵玉成,郑宝周,等.基于ANSYS Workbench的高速开关磁阻电机转子的动态仿真分析[J].河南农业大学学报,2016,50(05):651-655.

[44] 管政伟,刘娜,张成.混合动力汽车用开关磁阻电机的设计[J].现代制造技术与装备,2017(08):75-76.

[45] 王永艳.开关磁阻电机(SRM)设计及驱动控制技术研究[D].郑州:郑州大学,2017.

[46] 陈文刚,于可浩,王晨阳.油田网电修井作业用大功率开关磁阻电机的设计[J].电气传动自动化,2020,42(02):24-27.

[47] 孙会琴,崔晨,韩佳炜,等.基于气息变化的开关磁阻电机结构优化设计[J].微电机,2020,53(10):5-10.

[48] 曾剑.电动汽车用开关磁阻电机分析与设计研究[D].赣州:江西理工大学,2016,06.

[49] SHIN H U , LEE K B . Optimal design of a 1 kW switched reluctance generator for wind power systems using a genetic algorithm[J]. IET electric power applications, 2016, 10(8):807-817.

[50] ZHANG S, TSENG K J, VILATHGAMUWA D M, et al. Design of a robust grid interface system for PMSG-based wind turbine generators[J]. IEEE transactions on industrial electronics, 2011, 58(1): 316-328.

[51] GE L F, BURKHART B , DONCKER R . Fast iron loss and thermal prediction method for power density and efficiency improvement in switched reluctance machines [J]. IEEE transactions on industrial electronics, 2019, PP(99):1-1.

[52] MA C, QU L. Multiobjective optimization of switched reluctance motors based on design of experiments and particle swarm optimization[J]. IEEE transactions on energy conversion, 2015, 30(3):1144-1153.

[53] CHOI J H , KIM T H , JANG K B , et al. Geometric and electrical optimization design of SR motor based on progressive quadratic response surface method[C]// IEEE. IEEE, 2003:3241-3243.

[54] YONG K C, YOON H S, CHANG S K. Pole-shape optimization of a switched-reluctance motor for torque ripple reduction[J]. IEEE transactions on magnetics, 2007, 43(4):1797-1800.

[55] WEI C, PILLAY P, TANG Z, et al. Low-vibration design of switched reluctance motors for automotive applications using modal analysis[J]. Industry applications IEEE transactions on, 2003, 39(4):971-977.

[56] HIGUCHI T, FIEDLER J O, DONCKER R.On the design of a single-phase switched reluctance motor[C]// Electric Machines and Drives Conference, 2003. IEMDC'03. IEEE International. IEEE, 2003.

[57] QU B N,SONG J C,ZHENG J B.Torque ripple minimization in switched reluctance machine by pole arcs design[C].2009 4th IEEE Conference on Industrial Electronics and Applications, 2009, pp. 2308-2311, doi: 10.1109/ICIEA.2009.5138610.

[58] SHARIFI T,KHALES T M,MIRSALIM M.Torque ripple minimization for a switch reluctance motor using the ant lion optimization algorithm[C].2022 13th Power Electronics, Drive Systems, and Technologies Conference (PEDSTC), 2022, pp. 207-211, doi: 10.1109/PEDSTC53976.2022.9767476.

[59] FANG G, YE J, XIAO D, XIA Z, et al. Lumped radial force characteristics reconstruction for switched reluctance machines through scaling flux-linkage characteristics[C].IEEE transactions on magnetics, vol. 58, no. 6, pp. 1-9, June 2022, Art no. 8105209, doi: 10.1109/TMAG.2022.3168049.

[60] LI Y,FAHIMI B,KIANI M.Influencing radial vibration in switched reluctance machine via altering the design of endcaps[C].2018 IEEE 27th International Symposium on Industrial Electronics (ISIE), 2018, pp. 140-144, doi: 10.1109/ISIE.2018.8433819.

[61] KLEIN-HESSLING A,BURKHART B,SCHARFENSTEIN D, et al. The effect of excitation angles in single-pulse controlled switched reluctance machines on acoustics and efficiency[C].2014 17th International Conference on Electrical Machines and Systems (ICEMS). IEEE, 2015.

[62] MARTYR A J,PLINT M A.Rigging the engine and shaft selection[J]. Engine testing (fourth edition), 2012, 8(2):259-297.

[63] YAN W,CHENH,LIU X,et al. Design and multi-objective optimization switched reluctance machine with iron loss[J]. IET electric power applications, 2019, 13(4):435-444.

[64] XUE X D, CHENG K, NG T W, et al. Multi-objective optimization design of in-wheel switched reluctance motors in electric vehicles[J]. Industrial electronics, IEEE transactions on, 2010, 57(9):p.2980-2987.

[65] ZHU Y Y, WEI W Y, et al. Multi-objective optimisation design of two-phase excitation switched reluctance motor for electric vehicles[J]. IETelectric power applications, 2018.

[66] SONG S, MAN Z, GE L F,et al. Multiobjective optimal design of switched reluctance linear launcher[J]. IEEE transactions on plasma science, 2015, 43(5):1339-1345.

[67] PENG Z, DAN M I, DEMERDASH N A O. Morphing parametric modeling and design optimization of spoke and v-type permanent magnet machines by combined design of experiments and differential evolution algorithms[C]. Energy Conversion Congress & Exposition. IEEE, 2013.

[68] XIANG Z X, ZHU XY,QUAN L, et al. Multilevel design optimization and operation of a brushless double mechanical port flux-switching permanent-magnet motor[J]. IEEE transactions on industrial electronics, 2016.

[69] HOMMA T, SALTELLI A. Importance measures in global sensitivity analysis of nonlinear models[J]. Reliability engineering & system safety, 1996, 52(1):1-17.

[70] SALTELLI A, ANNONI P, AZZINI I, et al. Variance based sensitivity analysis of model output. Design and estimator for the total sensitivity index[J]. Computer physics communications, 2010.

[71] KIANIFAR M R, CAMPEAN F. Performance evaluation of metamodelling methods for engineering problems: towards a practitioner guide[J]. Structural and multidisciplinary optimization:1-28.

[72] KIM B S, LEE Y B, CHOI D H. Comparison study on the accuracy of metamodeling technique for non-convex functions[J]. Journal of mechanical science and technology, 2009, 23(4):1175-1181.

[73] RASMUSSEN C E. Gaussian processes in machine learning[C]. Summer School on Machine Learning. Springer, Berlin, Heidelberg, 2003.

[74] STEIN M L. Large sample properties of simulations using latin hypercube sampling[J]. Technometrics, 1987.

[75] MATALA A. Sample size requirement for monte carlo simulations using latin hypercube sampling, [J]. Helsinki university of technology, 2008.

[76] TOLEDO C, OLIVEIRA L, FRANCA PM. Global optimization using a genetic algorithm with hierarchically structured population[J]. Journal of computational & applied mathematics, 2014, 261:341-351.

[77] CUSTÓDIOL, MADEIRA J F A, VAZ A I F, et al. Direct multisearch for multiobjective optimization[J]. Siam journal on optimization, 2011, 21(3):1109-1140.

[78] AUDET C, DENNIS J E. Analysis of generalized pattern searches[J]. Siam journal on optimization, 2002, 13(3):889-903.

[79] YAZDANI M, GRAEML F R. VIKOR and its applications: a state-of-the-art survey[J]. International journal of strategic decision sciences, 2014, 5(2):56-83.

[80] SERAFIMO, GWO-HSHIUNG T. Compromise solution by MCDM methods: a comparative analysis of VIKOR and TOPSIS[J]. European journal of operational research, 2004.

[81] PILLAY P, CAI W W. An investigation into vibration in switched reluctance motors[J]. IEEE transactions on industry applications, 1999, 1(3):589-596.

[82] BOESING M, SCHOENEN T, KASPER K A, et al. Vibration synthesis for electrical machines based on force response superposition[J]. IEEE transactions on magnetics, 2010, 46(8):2986-2989.

[83] FIEDLER J O, KASPER K A, DONCKER R. Calculation of the acoustic noise spectrum of SRM using modal superposition[J]. IEEE transactions on industrial electronics, 2010, 57(9):2939-2945.

[84] MURA F, DONCKERR W, PERSIGEHL B, et al. Analysis of a gearless medium-voltage variable speed gas turbine[J]. Vgb powertech, 2011.

第三篇
开关磁阻电机电磁特性先进测量技术

第6章 基于转子位置固定法的测量方案

6.1 引言

磁链特性对SRM的性能预测和的高级控制至关重要[1-2]。目前已有多种方法可用于获得SRM的磁通特性,实验测量方法主要有两种,等效磁路法(MEC)和有限元法(FEM)。有限元法[3-5]和等效磁路法[6-7]通常用来在设计和优化阶段研究电机的性能和特性。对于有限元法,用最新通用的有限元分析程序来计算SRM的电磁特性并不困难,而且静态磁路分析的计算速度也较快。然而,有限元的精度依赖于精确的几何尺寸以及材料特性,这些参数有时很难获得,而且铁磁性材料的电磁特性在加工过程中很有可能发生变化。此外,端部效应也很难在有限元法中精确考虑。对于等效磁路法,极高的计算速度非常有利于大量不同拓扑结构SRM性能的评估以及快速缩小设计参数的范围[8]。然而,磁路的划分以及磁阻的计算很复杂,其精度也严重依赖于初值的假设和计算的近似。

实验测量方法主要有两种,即直接法和间接法。直接法是在定子极上放置一个磁链传感器来测量磁链[9]。但是,由于磁链传感器安装困难和漏磁通造成的精度较低,这种直接方法很少使用。间接法是用交流电源或直流脉冲电流激励相绕组,记录相电压和电流来计算磁链[10-11]。交流励磁法可以消除铁芯材料的剩余磁通,以达到更高的测量精度,但需要额外的正弦电压源。直流励磁法只需要一个标准电压转换器就可以获得满意的测量结果,这使得直流励磁方法更加普及。

传统的间接测量方法在测量过程中需要转子夹紧装置将转子固定,增加了复杂性和成本。而且,如果SRM已经在运行,转子夹紧是不适用的。因此,一些文献提出了不需要转子夹紧装置的测量方法。在文献[12]中,提出了静态试验和动态试验相结合的测量方法。静态测试确定电机静止时对齐位置的磁通量,而动态试验则是在电机以低速和几乎恒定的速度驱动时,测量不同的电流水平下的磁通量。最终的磁链特性是通过将旋转测试结果与对准位置的静态测试结果进行拟合而获得的。这种方法只需要一个标准的驱动测试台,并且比传统的间接方法更快速。然而,通过上述测量方法完全获得整个磁链特性仍然需要大量时间。在

第6章 基于转子位置固定法的测量方案

文献[13]中,通过在一个相位对齐的位置同时激励所有相绕组,获得了一个四相8/6极SRM的未对齐位置、中间位置和对齐位置的磁链特性。然后,使用二阶傅里叶级数来获得所有的磁链特性。这种方法是快速和方便的,但由于互感的存在,测量的准确性会降低。此外,二阶傅里叶级数模型表现出固有的误差,特别是在磁饱和区域。在文献[14]和文献[15]中,提出了一种转矩平衡的测量方法来测量三相12/8极电机的四个位置的磁链特性。然而,15°位置的磁链特性的测量精度受到励磁形式的影响。在长磁通路径励磁形式下,测量误差相当大。在文献[16]中,提出了一个基于磁阻特性比例的分析模型来描述转子位置、磁阻和相电流之间的关系。采用从转矩平衡测量得到的四个位置或两个位置的磁链特性来校准分析模型。四个位置的方法可以达到很好的精度,但其测量有些复杂,而两个位置的方法则不太准确。

本章首先简要介绍了一种采用步进电机以及旋转变压器的转子位置固定法,对所提方法进行了详细的理论推导和实验实现,并通过共能法、有限元法和电感电容电阻计三种方法对其准确性进行了初步验证。然后对测量误差进行了分析,并给出了相应的减小误差的方法。最后,利用改进的神经网络,在MATLAB中根据测量特征建立了SRM样机的非线性仿真模型,仿真结果与实验结果吻合较好,进一步验证了所提方法的准确性。

6.2 转子位置固定法原理及平台简介

SRM的静态特性包括磁链特性和静态转矩特性。静态转矩特性既可以根据磁链特性,通过磁功能法计算得到,也可以通过测量获得。静态转矩特性的测量较为简单,只需要固定转子位置,然后在通入恒定电流的情况下,从静态转矩中提取转矩的值即可。

SRM的磁链ψ是转子位置θ和相电流的i的函数,它有两种表达形式:

(1)不同转子位置θ下的$\psi\text{-}i$曲线;

(2)不同相电流i下的$\psi\text{-}\theta$曲线。

在测量过程中,与固定位置相比,固定相电流较为困难。因此磁链测量中常采用第一种表达方式。即在固定位置下,获得$\psi\text{-}i$曲线,然后改变转子位置,进行新的$\psi\text{-}i$曲线测量。

磁链可以通过SRM的电压平衡方程求得,SRM的电压平衡方程为

$$v(t) = Ri(t) + \mathrm{d}\psi(\theta, i)/\mathrm{d}t \tag{6-1}$$

式中:v为相电压;i为相电流;R为相绕组电阻;ψ为相磁链。

根据式(6-1),可以推导出相磁链的求解公式,并通过欧拉公式将其离散化表示为

$$\psi(n) = \sum_{k=1}^{n}\left[v(k) - Ri(k)\right]T_s + \psi(0)\Big|_{\theta = \text{const}} \quad (6-2)$$

式中:n为当前采样点总数;k为n之前的采样点;T_s为采样周期。

由于SRM定转子均无永磁体,故磁链的初始值$\psi(0)$为0Wb。

静态力矩特性的测量相对直接,需要先将相电流保持在一定的值,再记录静态力矩传感器输出的转矩值。

图6-1和图6-2分别给出了SRM磁链特性测量的原理框图和测量平台实物图。测量平台主要由两个子系统组成。一个是机械子系统,主要包括SRM、转矩传感器、齿轮箱和步进电机;另一个为电气及数据处理子系统,主要包括上位机、DSP、变换器和其他接口电路。本节给出了测量平台主要部件的简要介绍。

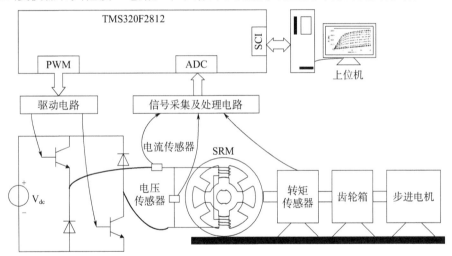

图6-1 测量平台原理框图

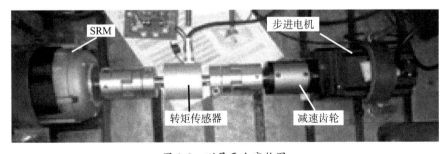

图6-2 测量平台实物图

1. SRM

所用SRM样机为三相12/8极结构,其额定功率、额定电压、额定电流和额定转速分别为1kW、96V、9.7A、2000r/min。

2. 转矩传感器

本节所用转矩传感器的量程为10N·m,转矩传感器安装在SRM与齿轮箱之间用于测量电机的输出转矩,以获得电机转矩特性。所测转矩特性与由磁链特性计算出的转矩特性对比,验证磁链测量结构的准确性。

3. 齿轮箱和步进电机

齿轮箱和步进电机用来变换电机的位置并自动锁定电机位置。步进电机的保持转矩和步进角分别为8.4N·m和1.8°。齿轮箱用来增大保持转矩,减小位置振动以及提高步进电机调节位置的精度,其减速比为1:50。

4. 上位机、DSP和功率变换器

上位机作为人机交互元件,采用LabVIEW开发一个图形用户界面程序,运行控制和监视整个测量平台的运行。根据上位机的命令,DSP通过功率变换器给电机施加电压脉冲信号,收集了电流、电压和转矩传感器的数据,并将它们发送到上位机进行进一步处理。在实际应用中,PC和DSP也可以用dSPACE和示波器代替,获得传感器输出数据。本节所用功率变换器为不对称半桥结构,其中,MOSFET用来控制励磁过程,二极管用以给相电流提供续流通道。

5. 其他接口电路

其他接口电路包括供电电路、PWM接口电路、MOSFET驱动电路以及电流和电压传感器信号采集及滤波电路,用以实现系统供电,电平转换以及信号采集等。

6.3 测量结果及初步验证

SRM各相绕组的结构对称,因此只需测量一相从对齐位置到非对齐位置的磁链特性,其他相的磁链特性可以通过相移得到。图6-3给出了磁链特性测量过程的流程图。其主要步骤如下:

(1) 给一相通电,使该相自动回到对齐位置,记为22.5°,用齿轮箱和步进电机,将电机在该位置夹紧,作为磁链特性测量的初始位置。

(2) 在该位置,注入占空比为25%、频率为1Hz的脉冲电压,通过电压及电流传感器采集并记录相电流和相电压。根据稳态相电压、相电流计算相绕组,进而通过式(6-2)计算相磁链。

(3) 利用步进电机调整转子位置,重复步骤(2),到测完所有位置磁链特性为止。

(4) 在上位机中,画出所有位置的磁链特性,并采用滑动平均滤波法,对磁链特性数据进行滤波。

图 6-4 给出了转子位于对齐位置时相电压以及相电流的波形。从图可以看出,电流波形的斜率随电流的增大而增大,在电流上升阶段,电流开始时匀速上升,当磁路饱和后,由于相电感减小,电流上升的斜率增加,最终相电流达到稳态。稳态电流值是能够测到的最大电流值。此外,在一个转子位置上所有电流的磁链曲线是由一个电压脉冲得到的。激励脉冲注入的重复次数取决于所需的转子位置分辨率。

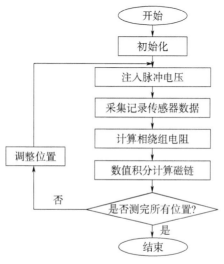

图 6-3 测量过程流程图

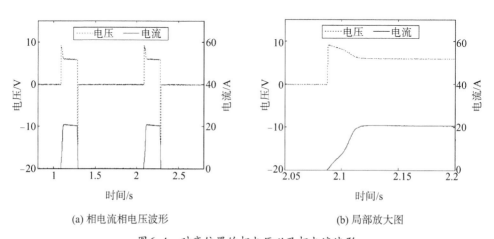

(a) 相电流相电压波形　　(b) 局部放大图

图 6-4 对齐位置的相电压以及相电流波形

第6章 基于转子位置固定法的测量方案

图6-5给出了磁链特性以及转矩特性的测量结果。磁链特性中采用的最大电流为20A,位置间隔为1°;转矩特性最大电流为20A,位置间隔为1°。转子以及定子结构均对称,因此只需测量半个电周期的特性,另一半可以通过镜像得到。

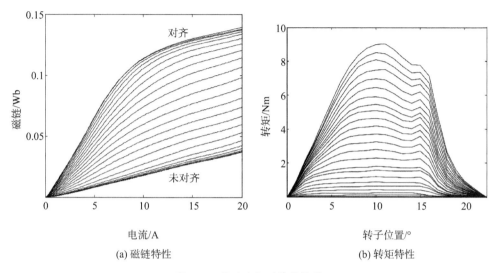

(a) 磁链特性　　　　　　　　　　　　(b) 转矩特性

图6-5　所测的电磁特性结果

本节分别用磁共能法以及有限元法来验证上述测量结果准确性。

1. 磁共能法

忽略相绕组互感,SRM中一相产生的瞬时转矩可以由磁共能的微分求得

$$T(\theta,i) = \left.\frac{\partial W'(\theta,i)}{\partial \theta}\right|_{i=\text{const}} = \left.\frac{\partial \left(\int_0^i \psi(\theta,i)\,\mathrm{d}i\right)}{\partial \theta}\right|_{i=\text{const}} \quad (6\text{-}3)$$

式中:T为瞬时转矩;W'为磁共能。

当SRM在非磁饱和状态下运行时,其磁链曲线为直线。在任意位置,磁共能和储存的磁能相等,因此式(6-3)可简化为

$$T = \frac{1}{2}\frac{\mathrm{d}L}{\mathrm{d}\theta}i^2 = ki^2 \quad (6\text{-}4)$$

式中:L为相电感;k为系数。

如图6-6所示,式(6-4)的结果应近似等于在相应相电流下静态力矩特性的最大值。

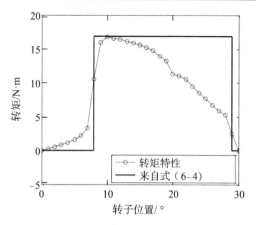

图6-6 式(6-4)计算结果与转矩特性的比较

当磁路饱和时,实际的磁共能会小于图6-7中线性磁链计算得到的磁共能。在图6-7中,两者的差异用阴影面积表示。很明显,随着相电流的增大,差值会增大。

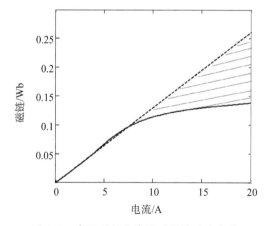

图6-7 实际磁链和线性磁链的磁共能差

对于所研究的SRM,其实测转矩特性的最大值及函数$T=0.022i^2$的曲线如图6-8所示。可以看出,当电流在10A以下时,它们有很好的一致性。由于饱和的存在,实测转矩的最大值会偏离函数曲线,这与上述理论分析一致。

由于SRM是有意在深层磁饱和状态下运行,以获得更高的功率密度,因此需要根据式(6-3)实测的磁链特性数据计算其静态转矩特性。图6-9给出了由式(6-3)计算转矩和测量转矩的对比图。从图中可以看出,测量值与计算值基本吻合,这验证了磁链特性的测量结果和转矩特性的测量结果具有良好的一致性。

第6章 基于转子位置固定法的测量方案

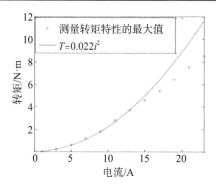

图6-8 函数$T=0.022i^2$与实测转矩特性最大值的比较

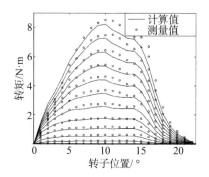

图6-9 计算转矩和测量转矩的对比图

2. FEM

本节在Magnet中建立了实验样机的FEM模型,表6-1给出了所用SRM样机的主要尺寸参数,图6-10给出了在Magnet中建立的分析模型。根据对称原则,只需要建立电机的1/4模型。

表6-1 1kW SRM样机的机械参数

参数	值	参数	值
相数	3	定子极数	12
转子极数	8	定子内径	120mm
轴径	22mm	气隙	0.15mm
定子极弧	15°	转子极弧	17°
每极匝数	119		

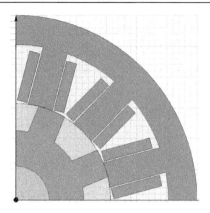

图6-10 Magnet中SRM样机FEM分析模型

图6-11给出了磁链特性实验测量结果与FEM仿真结果的对比,本节只给出了对齐位置、非对齐位置以及中间位置的对比图。从图中可以看出磁链特性实验测量结果与FEM仿真结果的基本吻合。此外,有限元计算结果的可靠性在很大程度上取决于几何尺寸和材料性能的准确性。

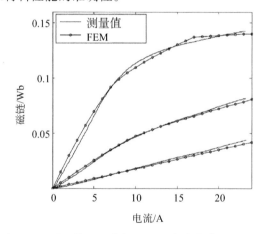

图6-11 磁链特性测量与FEM仿真结果对比图

3. 电感测量法

根据测量的磁链特性,SRM不饱和电感可以通过磁链电流比ψ/i计算。此外,多个转子位置下的不饱和电感还可以通过电感电容阻抗(LCR)测试仪直接测量,其精度可以达到0.05%。图6-12给出了通过磁链电流比ψ/i计算结果与LCR测试仪测量结果的对比,通过对比可以发现,计算结果与测量结果十分吻合。此外,应该注意的是LCR表的精度也会导致误差。

第6章 基于转子位置固定法的测量方案

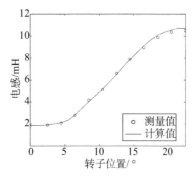

图6-12 LCR测量与计算结果对比图

通过以上三种方式,本章所用测量方法的准确性得到了初步的验证。但是,这并不能完全说明测量结果是准确的。磁共能法仅能说明磁链特性与转矩特性测量结果的一致性;FEM方法的精度依赖于准确的电机尺寸和材料特性,然而因为加工精度以及工厂保密问题,这在实际应用中往往是很难准确得到的;LCR仅能在小电流时,保证磁路不饱和磁链特性的测量精度。为了进一步验证所测磁链特性的准确性,需要通过详细的动态性能对其进行评估。

6.4 误差分析与数据处理

在测量和数值计算过程中,测量方法的精度不可避免地受到误差和噪声的影响。本节分析了误差来源,并提出了减少误差和数据处理的方法。误差来源可以总结如下:

1. 参数误差

这种误差也可称为参数不确定度,即参数的真实值与测量值不一致。在电磁特性测量中,参数误差主要包括转子位置误差和相电阻误差。

在测量过程中,步进电机将SRM转子旋转固定到所需位置,通过安装在轴上的解析器获得准确的位置角度。位置误差可能来自步进电机、齿轮箱和解析器。步进电机的基本步进角度为1.8°,最多可应用256个细分。此外,齿轮箱的齿比为1:50。因此,步进电机的最小步进角度可小到1.8°/(256×50)=0.00014°。采用的行星齿轮箱可以保证齿隙足够小。所选择的高精度的正余弦分解器可以为校准提供准确的转子位置角度,其精度为±30″。基于上述考虑,转子的位置误差非常小,可以忽略不计。

正如一些参考文献中所给出的,图6-13展示了SRM由脉冲直流电压源激励时的等效电路。在图中,R_{copper}是绕组电阻,R_{core}是等效的芯损电阻,L_{phase}是相电感,ω是包含在脉冲直流电压中交流成分的角频率。

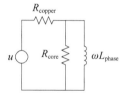

图6-13 脉冲直流电压源激励SRM时的等效电路

在图6-13中,R_{core}与电机的磁芯损耗有关,磁芯损耗包括迟滞和涡流损耗,可表示为[17]

$$P_e \propto K_e \cdot B^2 \cdot f^2 \quad (6-5)$$

$$P_h \propto K_h \cdot B_{max} \cdot f \quad (6-6)$$

式中:P_e为涡流损耗;P_h为磁滞损耗;B为通量密度;B_{max}为通量密度最大值;f为频率;K_e、K_h为常数。

可以看出,P_e与磁通密度和频率的平方成正比,而P_h与磁通密度的最大值和频率成正比。在本章中,为了最大限度地减少铁芯损耗,应用低频率(1hz)和低振幅的脉冲直流电压来给相位绕组通电。因此,如图6-13中所示的R_{core}可以被消除。

在测量过程中,由于绕组电感的存在,相电流需要时间来达到其稳定状态,如图6-4所示。在稳定状态下,磁场不能随时间变化,因此如图6-13所示的ωL_{phase}可以被短路。然后,绕组电阻R_{copper}可以通过终端电压和相电流直接计算。

根据式(6-1)和式(6-2),绕组电阻值将影响磁链的计算结果。图6-14显示了使用不同相电阻获得的SRM在对准位置的磁链特性,可以发现存在很大的差异。在图中,电阻从0.26Ω到0.32Ω,步长为0.01Ω。很显然,绕组电阻不准确会导致测量中出现大误差[18]。

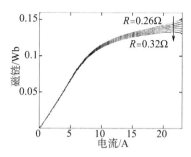

图6-14 使用不同相电阻获得的对齐位置的磁链特性

在实践中,R_{copper}受到温度的影响,由于铜耗导致的温度升高将引起显著的电阻变化。在本章中,通过两种方法将电阻变化的影响最小化。首先,脉冲直流电压的占空比被限制为小值,例如1/5。绕组中电流流动的持续时间很短,因此测量期间

SRM的温升不明显。其次,每次测量都会更新绕组电阻值[18],绕组电阻的连续测量也有助于故障检测。如果绕组电阻在短时间内显著变化,应检查MOSFET、电流和电压传感器是否存在问题。

2. 信号误差

在本章中,信号误差由传感器偏差和非线性、电子噪声、量化误差等引起的电流、电压和转矩信号的误差表示。在测量之前,要仔细选择、测试和校准传感器,以避免直流偏移和其他可能的问题。例如,测量中使用的电流和电压传感器是LEM公司生产的LA25-NP和LV25-P,它们具有很高的精度和线性度。还应用了轨至轨运算放大器来减少偏差。

电子噪声是所有电子设备固有的,它也与电路有关。量化误差是由模拟—数字(A/D)转换引起的。信号中的噪声在计算过程中会被放大,如数值积分和微分,所以应该将其消除。在本章中,采样信号中的高频噪声由移动平均滤波器来抑制,这是一个最常见的线性滤波器。

移动平均滤波器是一种基于移动平均原理的低通滤波器。假设有一个具有一定宽度的窗口,它沿着数据系列移动。对于每一次移动,窗口中的第一个数据点被排除,系列中紧随窗口的下一个数据点被纳入,并计算窗口中数据的算术平均值。最后,生成一个新的过滤数据系列。移动平均滤波器可以有效地减少随机噪声,同时保留尖锐的阶跃响应,这使得它成为时域应用中的首选滤波器。其可以表示为

$$y[n] = \frac{1}{N}\sum_{i=0}^{N-1} x[n-i] \tag{6-7}$$

式中:x为需要过滤的数据;y为过滤后的数据;N为移动窗口的宽度。

图6-15显示了滤波前的采样电压信号,图6-16显示了快速傅里叶变换(FFT)在原始和滤波后得到电压波形的的对比。通过与图6-4(a)所示的结果进行比较,发现滤波器的性能令人满意。高频噪声被消除,且电压波形的振幅和形状不会被滤波器改变。

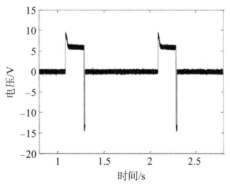

图6-15 滤波前的采样电压信号

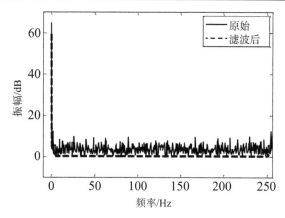

图6-16 原始和滤波电压波形的FFT结果

3. 计算误差

采用数值积分法从相电压和电流中获得磁链特性。对于转矩特性，首先通过数值积分计算出磁共能，然后通过数值微分从磁共能计算出转矩。积分和微分都会给结果带来误差。这些误差取决于所采用的数值方法，可以针对具体情况进行定量分析。

图6-17显示了通过数值积分获得的磁链特性。其局部放大如图6-18所示，可以看到波动明显。这些波动会影响转矩特性计算和性能模拟的准确性。再次采用移动平均滤波器来减少波动，所获得的特性是平滑的，如图6-5(a)所示。

除了上述分析的误差外，采样频率的选择也是至关重要的。在本章中，数值计算周期等于采样周期。如果采样频率太低，不仅会导致采样电流和电压波形失真，还会增加数值计算的截断误差。然而，如果采样频率过高，将导致大量的计算和数据，并增加舍入误差的影响。此外，过高的采样频率会将模拟信号的高频噪声引入数字系统。本章中，DSP提供了12位A/D转换器，采用的采样频率为20kHz。

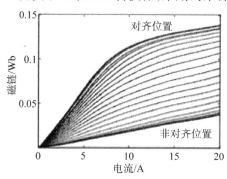

图6-17 通过数值积分获得的磁链特性

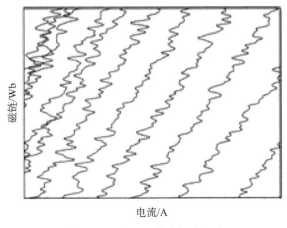

图6-18 图6-17的局部放大图

6.5 测量结果详细评估

为了详细评价上述测量方法的精度,在MATLAB中基于测量得到的磁链特性和静态力矩特性建立了SRM的仿真模型,并将仿真结果与实验结果进行了比较。

1. 仿真模型

SRM的仿真模型根据SRM的基本方程建立,其中包括一个电压方程和两个转矩方程:

$$\begin{cases} u = Ri + \dfrac{\mathrm{d}\psi(i,\theta)}{\mathrm{d}t} \\ T_e = T_a + T_b + T_c \\ T_e = J\dfrac{\mathrm{d}\Omega}{\mathrm{d}t} + B\Omega + T_L \end{cases} \tag{6-8}$$

式中:u为相电压;R为相电阻;i为相电流;θ为转子位置;ψ为相磁链;T_e为电磁转矩;J为惯性力矩;B为摩擦系数;Ω为转子角速度;T_L为负载转矩。

为了得到SRM的仿真模型,必须建立两个非线性关系,即磁链特性$\psi(i,\theta)$和静态力矩特性$T(i,\theta)$。有许多方法来表示这些关系,如查找表、分段法、曲线拟合、人工智能技术等[19]。本章采用并改进了一种人工智能方法——小波神经网络(WNN)。

传统的WNN具有较高的收敛速度,但它容易陷入局部最优。在本章中,遗传算法(GA)与常用的梯度下降(GD)方法相结合来训练WNN。训练WNN的初始权重由GA生成,以保证全局收敛的准确性和稳定性,用这些初始权重训练的WNN由

GD方法来保证高的局部搜索速度。图6-19显示了混合训练WNN(HTWNN)的简要流程图。

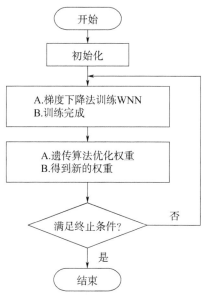

图6-19 HTWNN的简要流程图

为了检验HTWNN的性能,对传统WNN和HTWNN产生的磁通量特性的概括误差进行了比较,如图6-20所示。作为比较,两个网络都训练了10次,这意味着每种方法都得到了10个训练过的网络。采用定义如下的最大绝对误差(MAE)作为评价指标:

$$\text{MAE} = \max_{h=1}^{H} \left| y_h - d_h \right| \tag{6-9}$$

式中:y为神经网络输出;d为期望输出;H为训练样本的数量。

如图6-20所示,可以看出传统小波神经网络的收敛精度和稳定性都不理想,即每次的训练结果相差很大,而HTWNN的收敛精度和稳定性都较好。

传统的小波神经网络训练只采用GD方法,训练时间约为5s。而采用GA和GD相结合的方法训练小波神经网络所需时间接近10min。虽然训练时间相差很大,但由于性能不理想,传统的WNN需要大量的实验数据来获得相对较好的训练结果,这通常会比HTWNN花费更多的时间。此外,传统的小波神经网络不能保证训练结果是最优的,而HTWNN可以在如图6-19所示的程序完成后自动获得最优的训练结果。用于训练时间评估的计算机规格如下:Intel Core i3,3.3 GHz,2GB DDR3,500GB硬盘。此外,如果使用多核计算机,通过并行计算可以有效地减少HTWNN所需的训练时间。

第6章 基于转子位置固定法的测量方案

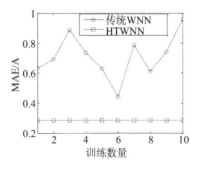

图 6-20 传统和混合训练小波神经网络的比较

以实测的磁链特性和静态转矩特性的数据为样本数据,训练 HTWNN。图 6-21 显示,转矩特性的训练结果误差较小。

利用经过训练 $i(\psi,\theta)$ 和 $T(i,\theta)$ 的 HTWNN,可以在 MATLAB 中建立基于式(6-8)的 SRM 耦合模型。

图 6-22—图 6-24 分别为单相绕组、功率变换器和整个 SRM 的仿真框图。所考虑的 SRM 为三相 12/8 极 SRM,其功率变换器拓扑为非对称半桥。

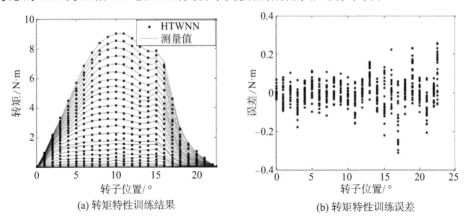

(a) 转矩特性训练结果 (b) 转矩特性训练误差

图 6-21 转矩特性训练结果和误差

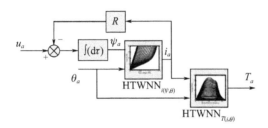

图 6-22 一相绕组(a相)仿真框图

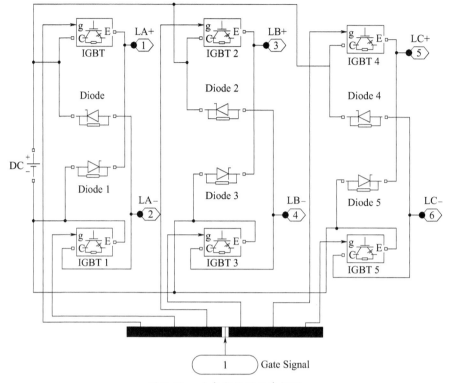

图 6-23　功率变换器仿真框图

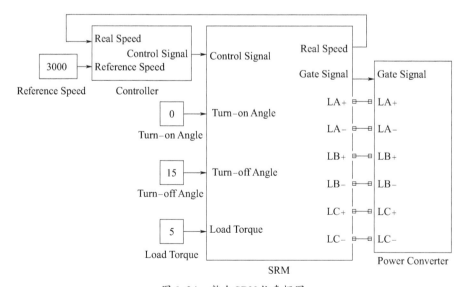

图 6-24　整个 SRM 仿真框图

2. 结果比较

将所研究的SRM在电机和发电两种工况下的动力学实验结果与仿真模型的结果进行了详细的比较。

图6-25—图6-26分别为电动模式实验试验台的框图和实物图。它主要由SRM、转矩传感器、齿轮箱和磁粉制动器(MPB)组成。

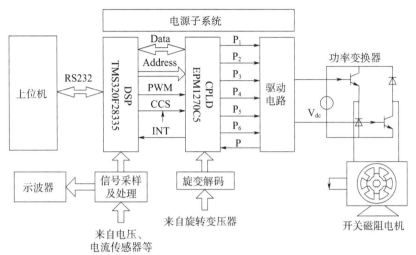

图6-25 电动模式实验试验台框图

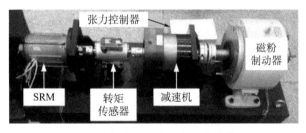

图6-26 电动模式实验试验台实物图

图6-27—图6-29分别比较了实验和仿真模式下得到电机的相电流、机械特性和能量回路。很容易看出它们结果基本一致，n为SRM转速，f为PWM频率，θ_{on}和θ_{off}分别为开通角和关断角。

图6-30为发电模式实验试验台照片。它主要由SRM、转矩传感器和作为原动机的无刷直流电机组成。实验和仿真在发电模式下的相电流比较如图6-31所示，结果有较好的一致性。

通过前面的详细比较，进一步验证了所提出的测量方法具有良好的精度。

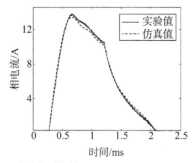 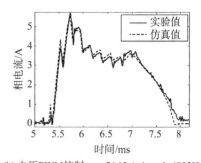

(a) 角度位置控制，n=2651r/min，θ_{on}=0°，θ_{off}=15° 　　(b) 电压PWM控制，n=2145r/min，f=4882Hz，占空比为78%，θ_{on}=0°，θ_{off}=22.5°

图 6-27　电动模式下相电流的比较

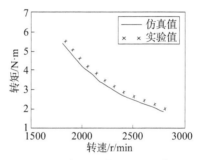

图 6-28　θ_{on}=0°，θ_{off}=15°时的机械特性比较

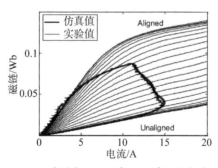

图 6-29　电动工作模式下θ_{on}=0°，θ_{off}=15°时的能量循环比较

图 6-30　发电模式实验试验台照片

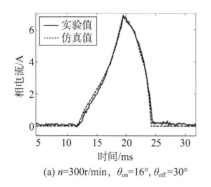 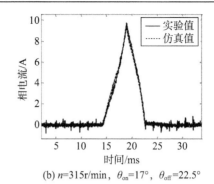

(a) n=300r/min, θ_{on}=16°, θ_{off}=30°   (b) n=315r/min, θ_{on}=17°, θ_{off}=22.5°

图 6-31 发电模式下相电流的比较

6.6 小结

本章提出了一种精确测量 SRM 磁链特性和静态转矩特性的方法。阐述了该方法的理论基础和实际实现。从参数误差、信号误差和计算误差三个方面详细分析了测量误差,提出了减小误差的有效方法。为避免温升引起绕组电阻变化的误差,采用了低幅低频脉冲直流电压,并在线更新绕组电阻。为了减小电子噪声和数值积分微分误差的影响,采用了移动平均滤波器。首先通过共能法、有限元法和 LCR 三种方法验证了该方法的准确性。为了进一步验证,基于测量特性,利用混合训练的小波神经网络在 MATLAB 中建立了 SRM 的仿真模型。在两个试验台上进行了多次实验。对电动和发电两种模式下的实验和仿真结果进行了详细的比较,发现两者吻合较好,验证了所提出的测量方法具有较高的精度。因此该方法可以有效地获取电机的精确电磁特性,这对性能分析和无位置传感器控制、转矩脉动最小化等先进控制都是至关重要的。

第7章 基于转矩平衡法的电机特性测量方案

7.1 引言

有限元分析和磁等效电路通常用于在设计和优化阶段研究电机的性能和特性。对于有限元分析,其计算SRM的电磁特性较简便,并且静态磁场分析的计算速度很快。然而,有限元分析的准确性取决于精确的几何尺寸和材料特性,有时不容易获得[20],而且铁磁材料的电磁特性很可能在制造过程中发生变化。此外,在有限元分析中很难精确地考虑端部的绕组效应。对于磁等效电路,其计算过程迅速,这有助于评估大量拓扑结构,并迅速缩小设计范围[21]。然而,磁场的划分和磁阻的计算是复杂的,其精度在很大程度上取决于假设和近似值。

为了验证先进控制方法的设计和研究,首选测量法来获取磁链特性,但是测量数据包含制造过程和物理效应引入的误差,这些误差在计算方法中通常被忽略。测量磁链特性的方法有两类:直接法和间接法。直接法采用磁传感器测量机器中的磁链[22],这种方法因程序复杂、价格昂贵因而很少使用。间接法被广泛采用,它基于测量的相电压和电流来计算磁链。近年来,人们提出了许多间接方法。在文献[23]中,通过安装在定子磁极上的搜索线圈测量磁特性。该方法为该领域的进一步研究提供了重要基础。在文献[24]中,提出了一种基于电容特性的脉冲注入方法。电容首先由交流/直流转换器充电,然后通过相绕组放电。放电电压和电流用于估计磁链。在文献[25]中,采用交流电源激励相绕组,并使用稳态时的相电压和电流计算磁链。在文献[26]中,通过连续测量和实时更新相电阻,来减少计算误差。虽然间接方法可以获得令人满意的测量结果,但它们有以下缺点需要考虑。

(1)测试台的设计、安装和测试需要很多时间。
(2)转子夹紧装置和高精度位置传感器增加了复杂性和成本。
(3)通过测量完全获得整个磁链特性既费时又烦琐。
(4)对于具有不同额定值和外形尺寸(如轴的直径和长度)的SRM,必须调整甚至重新设计测试台。

利用测量到的磁链特性,通常使用查表和人工神经网络(ANN)来建立仿真模型,这两者都需要大量的样本数据。目前有几种分析方法可以从有限的样本数据中获得SRM的完整电磁特性。在文献[27]中,提出了一种基于指数函数来精确地计算磁链曲线的方法。在文献[28]中,通过曲线拟合提出了利用四阶多项式来计算磁链曲线的方法。在文献[29]中,二维正交多项式被用于电磁特性建模,多项式中的系数通过最小二乘法确定。在文献[30]中,在反正切函数的表达式中使用傅里叶级数的前三项来建模SRM,但反正切函数中的系数无法直接计算,结果的准确性取决于曲线拟合方法。不过,这些方法都需要大量转子位置的样本数据。

因此,本章提出了一种快速确定SRM整体磁链特性的方法。该方法主要包括测量和计算两个步骤。在测量过程中,采用了一种新的间接测量方法,无须转子夹紧装置和位置传感器,在四个特定的转子位置上测量SRM的磁链特性。并考虑了相位间的磁耦合,提高了测量精度。在计算步骤中,根据实测结果,提出了只需少量系数的磁链特性解析表达式,利用该表达式可以计算任意转子位置的磁链特性。将该方法得到的1kW三相12/8极SRM的磁链特性与传统的转子夹紧方法得到的磁链特性进行了比较,发现两者结果吻合较好,验证了该方法的可行性和准确性。在此基础上,利用所提出的解析方法计算了SRM的整个磁链特性,并对其在电机和发电两种模式下的动态性能进行了仿真,与其他方法和实验结果进行了比较,进一步验证了所提方法的准确性。

7.2 转矩平衡法

由于SRM的对称结构,在SRM上有一些扭矩平衡的位置,它们可以用来获得SRM的静态特性,而不需要转子夹持机。对齐位置和非对齐位置被认为是扭矩平衡的位置。因为当相位绕组被激励时,不会产生扭矩。磁通量为

$$\psi_{ph}(\theta_{ph}, i_{ph}) = \int_0^t \left[u_{ph}(t) - R_{ph} i_{ph}(t) \right] dt \bigg|_{\theta_{ph} = \text{const}} \quad (7-1)$$

式中:ψ_{ph}为相磁链;θ_{ph}为转子位置;u_{ph}、i_{ph}和R_{ph}分别为相电压、电流和电阻。因此,在这两个位置上的磁链特性可以通过注入低频(1Hz)的脉冲直流电压来测量,并且可以减少铁耗。

此外,当电机一相处于对齐位置或非对齐位置时,如果其他两相同时受到三相脉冲直流电压的激励,那么电机总转矩也是平衡的。基于这个特点,可以得到在四个位置的磁通量特性($0°el$、$60°el$、$120°el$、$180°el$),如图7-1所示。

转矩平衡法是根据电机自身的对称性,通过跟单相或者多相通电使电机保持在某些合转矩为零的位置以代替转子位置固定装置的方法。以本章所用1kW,三相12/8极样机为例,图7-2给出了该样机在固定电流下各相的静态转矩特性,由图7-2可以看出,不同相的转矩曲线形状完全相同,只是有一定的相移,本电机相移为$15°$。

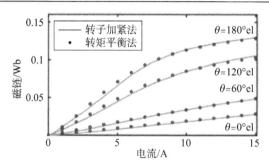

图7-1 四个特殊位置的磁链特性测量结果

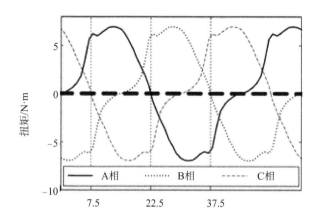

图7-2 所用样机的静态转矩特性

对于三相12/8极SRM,各相之间的转矩满足以下关系:

$$\begin{cases} T_A(\theta) = T_B(\theta + 15°) = T_B(\theta - 30°) \\ T_A(\theta) = T_C(\theta + 30°) = T_C(\theta - 15°) \\ T_A(\theta) = -T_A(45° - \theta) \end{cases} \quad (7-2)$$

式中:T_A、T_B、T_C分别为A、B、C三相的相转矩;θ为转子位置绝对机械角度。

7.3 22.5°和7.5°磁链特性测量

给A相励磁,转子位置会被吸引到对齐位置,即22.5°。然后给A相注入脉冲电压。由于此时A相位于对齐位置,因此A相转矩为0,此时B、C两相均未通电,转矩也为0,因此合转矩为0,SRM可保持在此位置,如图7-3所示。图7-4为对齐位置磁链特性测量结果。图7-4(a)给出了相电压、相电流的波形,由上节所述方法可以计算出在对齐位置的磁链,图7-4(b)给出了磁链的计算结果。

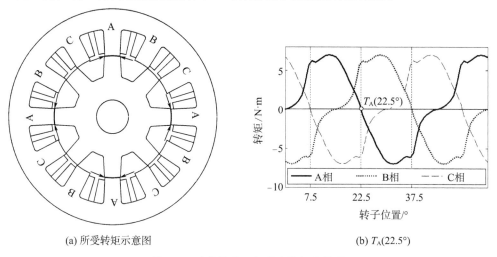

(a) 所受转矩示意图

(b) $T_A(22.5°)$

图7-3 对齐位置A相所受转矩分析图

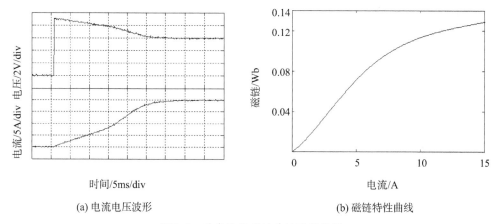

(a) 电流电压波形

(b) 磁链特性曲线

图7-4 对齐位置磁链特性测量结果

在A相的对齐位置,给B、C相同时通脉冲电压,由于此时所受合力为零,转子位置仍然可以保持恒定,其原因如下:

根据式(7-2),在A相对齐位置时,B、C两相转矩$T_B(22.5°)$与$T_C(22.5°)$的关系为

$$\begin{cases} T_B(22.5°) = T_A(7.5°) \\ T_C(22.5°) = T_A(37.5°) \\ T_A(7.5°) = -T_A(37.5°) \end{cases} \quad (7-3)$$

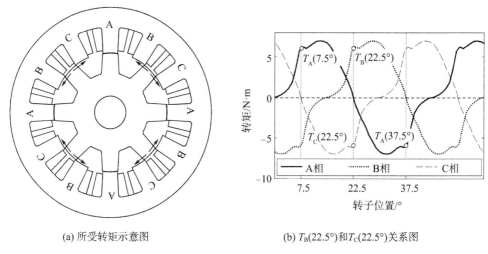

(a) 所受转矩示意图　　　　(b) $T_B(22.5°)$和$T_C(22.5°)$关系图

图7-5　对齐位置，B、C相所受转矩分析图

显然B、C两相转矩$T_B(22.5°)$与$T_C(22.5°)$的和为0N·m。B、C相所受转矩也可以由图7-4表示。由式(7-3)和图7-5可知，此时B、C两相所受转矩大小相等、方向相反，故转子位置可保持恒定。

通过以上分析可知，在A相位于对齐位置时，B、C两相的磁链特性可以获得。由电机定转子结构的对称性，各相磁链之间关系满足式(7-4)。

$$\begin{cases}\psi_A(\theta)=\psi_B(\theta+15°)=\psi_B(\theta-30°)\\ \psi_A(\theta)=\psi_C(\theta+30°)=\psi_C(\theta-15°)\\ \psi_A(\theta)=\psi_A(45°-\theta)\end{cases} \quad (7\text{-}4)$$

此时，将$\theta=22.5°$代入式(7-4)，则有

$$\begin{cases}\psi_B(22.5°)=\psi_A(7.5°)\\ \psi_C(22.5°)=\psi_A(37.5°)\\ \psi_A(7.5°)=\psi_A(37.5°)\end{cases} \quad (7\text{-}5)$$

式(7-5)表明A相在7.5°位置的磁链与B、C相在22.5°时的磁链相等，故A相在7.5°位置的磁链特性等效于B、C相在22.5°位置的磁链特性。给B、C相通脉冲电压，可以求得B、C相在22.5°位置的磁链特性，如图7-5所示。图7-5给出了为B、C两相在22.5°位置的磁链特性测量结果，即A相在7.5°位置的磁链特性。图7-6(a)给出了相电压、相电流的波形，图7-6(b)给出了磁链的计算结果。

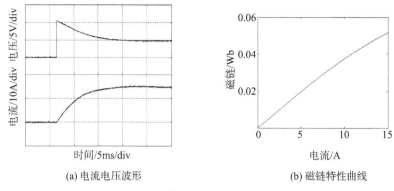

(a) 电流电压波形　　　　(b) 磁链特性曲线

图7-6　7.5°位置磁链特性测量结果

7.4　0°和15°磁链特性测量

首先给B相励磁,转子旋转到B相的对齐位置;然后再给B相、C相同时励磁,电机转子将会停在0°,即A相的非对齐位置,其原因如下:

根据式(7-1),在A相对其位置,B相转矩$T_B(0°)$与C相转矩$T_C(0°)$可化为

$$\begin{cases} T_B(0°) = T_A(30°) \\ T_C(0°) = T_A(15°) \\ T_A(30°) = -T_A(15°) \end{cases} \tag{7-6}$$

给A相励磁,转子位置会被吸引到对齐位置,即22.5°。然后给A相注入脉冲电压。由于此时A相位于对齐位置,因此A相转矩为0,此时B、C两相均未通电,转矩也为0,因此合转矩为0,SRM可保持在此位置,如图7-3所示。图7-4为对齐位置磁链特性测量结果。图7-4(a)给出了相电压、相电流的波形,由上节所述方法可以计算出在对齐位置的磁链,图7-4(b)给出了磁链的计算结果。

由式(7-6)可以看出,B相转矩与C相转矩之和为0N·m,因此电机会在该位置保持静止,这种情形也可以通过图7-3进行描述。

通过以上分析可知,B、C两相在0°的磁链特性可以测得。将$\theta=22.5°$代入式(7-2),则有

$$\begin{cases} \psi_B(0°) = \psi_A(30°) \\ \psi_C(0°) = \psi_A(15°) \\ \psi_A(30°) = \psi_A(15°) \end{cases} \tag{7-7}$$

式(7-7)表明A相在15°位置的磁链与B、C相在0°时的磁链相等,故A相在15°位置的磁链特性等效于B、C相在0°位置的磁链特性。给B、C相通脉冲电压,可以求得B、C相在0°位置的磁链特性,如图7-7所示。图7-7给出了为B、C两相在0°

位置的磁链特性测量结果,即 A 相在 15°位置的磁链特性。图 7-7(a)给出了相电压、相电流的波形,图 7-7(b)给出了磁链的计算结果。

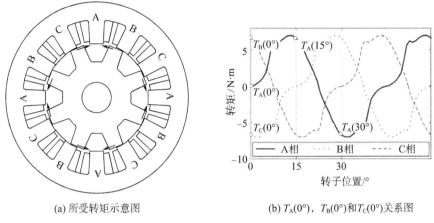

(a) 所受转矩示意图 　　(b) $T_A(0°)$,$T_B(0°)$ 和 $T_C(0°)$ 关系图

图 7-7　非对齐位置三相同时通电所受转矩分析图

由图 7-3 可知,A 相在非对齐位置的转矩 $T_A(0°)$ 为零,假设在 A 相非对齐位置给 A 相励磁,理论上转子应保持静止。然而,这只是理想情况。实际上,由于 A 相非对齐位置为不稳定的平衡位置,如果仅仅给 A 相励磁,再由于加工引起的不对称性,电机将会旋转至 A 相的对齐位置。因此,本节给 A 相励磁测量 A 相非对齐位置磁链特性时,同时给 B、C 通大小相等的保持电压,以维持电机转子位置的恒定。这种情形也可以通过图 7-5 形象的描述。

图 7-8(a)给出了 A 相相电压与相电流的波形,图 7-8(b)给出了 A 相在 0°位置的磁链特性。需要特别说明的是,要给 A 相通入大电流,需要更大的保持电压,故实际测量电流并未达 15A,该结果是根据"A 相在 0°位置的磁链特性为一条直线"的结论得出并延长后得到的。

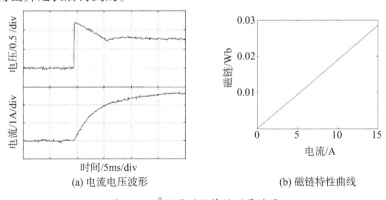

(a) 电流电压波形　　　　(b) 磁链特性曲线

图 7-8　0°位置磁链特性测量结果

通过以上过程,SRM样机在0°、7.5°、15°以及22.5°位置的磁链特性可以快速通过转矩平衡法获得,该方法无须任何转子位置固定装置以及转子位置传感器。为了验证该结果的准确性,图7-9给出了转子位置固定法与转子位置平衡法测量结果的对比图。

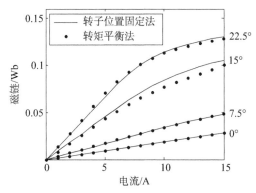

图7-9 转子位置固定法与转子位置平衡法测量结果对比图

由图7-9可以清楚地看出转矩位置平衡法与转子位置固定法在0°、7.5°和22.5°三个位置的测量结果吻合很好,然而在15°位置,两种方法测量结果差别较大。需要指出的是,该误差并不是由于转矩平衡法测量过程中转子的移动引起的。图7-10给出了转矩平衡法在测量15°位置时,实际转子位置的变化曲线,从图中可以看出,转子的位置偏移在±0.015°之内,该位移对磁链的影响非常小,可以忽略。

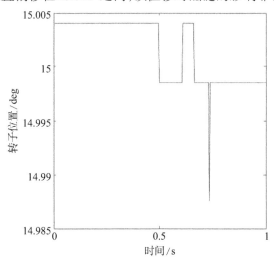

图7-10 15°位置实际转子位置抖动曲线

测量22.5°位置时,仅有一相励磁。但在测量15°位置时,需要B、C两相同时励磁。当多相同时励磁时,各相之间存在互感耦合,这给磁链特性测量带来了误差。当测量0°和7.5°位置时,虽然不只一相励磁,但是由于在0°和7.5°位置的空气磁导率小,磁场难以饱和,所以磁场耦合可以忽略不计。因此,只需要考虑15°位置的磁链特性的互感耦合影响,该问题将在下文详细阐述。

对于实例中的电机,存在两种不同的励磁方式,如图7-11所示。图7-11(a)的励磁方式为NNNSSSNNNSSS,记为励磁方式1;图7-11(b)的励磁方式为NSNSNSNSNSNS,记为励磁方式2。以B、C两相为例,对于励磁方式1,B、C两相产生的磁场在定子轭中方向相同,这会促进定子轭的磁场饱和。对于励磁方式2,B、C两相产生的磁场方向相反,会削弱定子轭的磁场。图7-12给出了两种方式对电机磁链特性的影响。

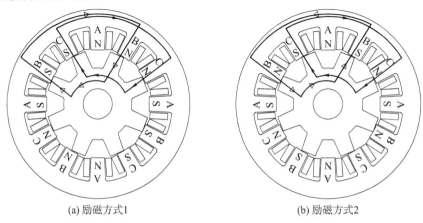

(a) 励磁方式1　　　　　　　　(b) 励磁方式2

图7-11　两种不同励磁方式

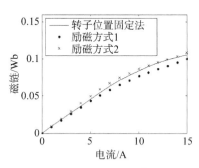

图7-12　励磁方式对磁链特性的影响

为了详细分析互感的影响,图7-13给出了单相励磁、励磁方式1以及励磁方式2这三种不同励磁方式下的磁路分布。从图7-13可以看出励磁方式可以改变电机磁路的分布,对于三种励磁方式,磁路被分为四个对称的部分,在图中用虚线和圆弧标记了其中的一个部分。因为磁路的对称性,只需分析其中一部分。图 7-14 给出了图 7-13 中被标记部分的等效磁路。

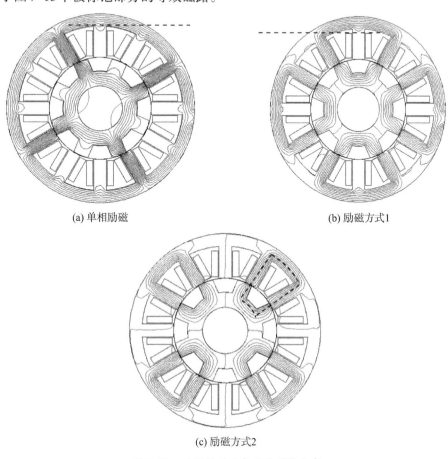

图 7-13 不同励磁方式下的磁路分布

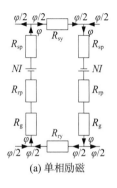
(a) 单相励磁

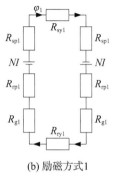
(b) 励磁方式1

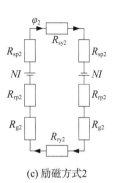
(c) 励磁方式2

图 7-14 不同励磁方式下的等效磁路

在图7-14(a)中，φ 为定子极磁链，N 为每极匝数，I 为电流。R_{sp}、R_{rp}、R_g、R_{sy} 和 R_{ry} 分别为定子极、转子极、气隙、转子轭和定子轭磁阻。例如，R_{sp} 可以根据式(7-8)计算。

$$R_{sp} = \frac{l_{sp}}{A_{sp}\mu} \tag{7-8}$$

式中：l_{sp} 和 A_{sp} 分别为定子极的长度和交叉区域面积；μ 为材料的磁导率。图7-14(b)和图7-14(c)中的参数与图7-14(a)中的有相同的意义。

根据图7-11，不同激励方式下的磁动势（Magneto Motive Force，MMF）可以表示如下：

$$F_s = 2NI = \frac{\phi}{2}R_{sy} + \frac{\phi}{2}R_{ry} + 2\phi R_{sp} + 2\phi R_{rp} + 2\phi R_g \tag{7-9}$$

$$F_1 = 2NI = \phi_1 R_{sy1} + \phi_1 R_{ry1} + 2\phi_1 R_{sp1} + 2\phi_1 R_{rp1} + 2\phi_1 R_{g1} \tag{7-10}$$

$$F_2 = 2NI = \phi_2 R_{sy2} + \phi_2 R_{ry2} + 2\phi_2 R_{sp2} + 2\phi_2 R_{rp2} + 2\phi_2 R_{g2} \tag{7-11}$$

式中：F_s、F_1 和 F_2 分别为单相励磁、励磁方式1和励磁方式2的磁动势。

根据式(7-9)—式(7-11)，不同励磁方式下的磁链可以表示为

$$\psi_s = N\phi = \frac{2N^2 I}{\frac{R_{sy}}{2} + \frac{R_{ry}}{2} + 2R_{sp} + 2R_{rp} + 2R_g} \tag{7-12}$$

$$\psi_1 = N\phi_1 = \frac{2N^2 I}{R_{sy1} + R_{ry1} + 2R_{sp1} + 2R_{rp1} + 2R_{g1}} \tag{7-13}$$

$$\psi_2 = N\phi_2 = \frac{2N^2 I}{R_{sy2} + R_{ry2} + 2R_{sp2} + 2R_{rp2} + 2R_{g2}} \tag{7-14}$$

式中：ψ_s 为单相励磁下的磁链；ψ_1 为励磁方式1下的磁链；ψ_2 为励磁方式2下的磁链。

对于三种不同的励磁方式，定子极、转子极以及气隙的磁阻基本相同，即 $R_{sp} = R_{sp1} = R_{sp2}$，$R_{rp} = R_{rp1} = R_{rp2}$，$R_g = R_{g1} = R_{g2}$。但是定子轭和转子轭的磁阻不同。对于励磁方式1和励磁方式2，定子轭和转子轭的磁路长度可表示为

$$\begin{cases} l_{sy1} = \dfrac{2l_{sy}}{3} \\ l_{sy2} = \dfrac{l_{sy}}{3} \\ l_{ry1} = l_{ry2} = \dfrac{l_{ry}}{2} \end{cases} \tag{7-15}$$

式中：l_{sy} 为单相励磁相下的定子轭长度；l_{sy1} 为励磁方式1下的定子轭长度；l_{sy2} 为励

磁方式2下的定子轭长度;l_{ry}为单相励磁相下的转子轭长度;l_{ry1}为励磁方式1下的转子轭长度;l_{ry2}为励磁方式2下的转子轭长度。

根据式(7-8)和式(7-13),不同励磁方式下的磁阻关系可以推导为

$$\begin{cases} R_{sy1} = \dfrac{2R_{sy}}{3} \\ R_{sy2} = \dfrac{R_{sy}}{3} \\ R_{ry1} = R_{ry2} = \dfrac{R_{ry}}{2} \end{cases} \tag{7-16}$$

根据以上分析,式(7-13)和式(7-14)可化为

$$\psi_1 = \dfrac{2N^2 I}{\dfrac{2R_{sy}}{3} + \dfrac{R_{ry}}{2} + 2R_{sp} + 2R_{rp} + 2R_g} \tag{7-17}$$

$$\psi_2 = \dfrac{2N^2 I}{\dfrac{R_{sy}}{3} + \dfrac{R_{ry}}{2} + 2R_{sp} + 2R_{rp} + 2R_g} \tag{7-18}$$

通过比较式(7-12)、式(7-17)和式(7-18)可知,相同电流下,三种不同励磁方式下的磁链关系为:$\psi_2 > \psi_s > \psi_1$,这也印证了图7-9中的测量结果。需要指出以上分析均只适用于磁路不饱和的情况。

随着电流的增加,磁路会饱和,硅钢片的磁导率将下降。根据式(7-8)可知,磁阻将会增加。对于单相励磁来说,定转子轭的磁通均为$\phi/2$,而励磁方式1和励磁方式2的磁通为ϕ。这意味着励磁方式1和励磁方式2情形下定转子饱和程度将比单相励磁更深。因此,在饱和情形下,式(7-16)可转化为

$$\begin{cases} R_{sy1} > \dfrac{2R_{sy}}{3} \\ R_{sy2} > \dfrac{R_{sy}}{3} \\ R_{ry1} = R_{ry2} > \dfrac{R_{ry}}{2} \end{cases} \tag{7-19}$$

由式(7-12)、式(7-17)、式(7-18)和式(7-19)可知,随着饱和的加深,将会增大ψ_s和ψ_1之间的误差,补偿ψ_s和ψ_2之间的误差,即励磁方式2下的磁链特性会随着磁路的饱和越来越接近单相磁力方式下的磁链特性,而励磁方式1下的磁链特性随着磁路的饱和将比单相励磁方式下的磁链特性越来越小。这也可以从图7-12中得到验证。基于以上分析,本章中采用在励磁方式2下的测量的15°磁链特性,图7-15给出了最终的磁链特性。

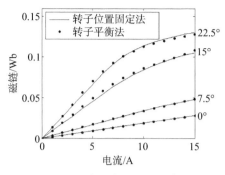

图 7-15 最终采用的磁链特性

7.5 小结

本章将测量法与计算法相结合,提出了一种快速确定 SRM 磁链特性的方法。用测量法测量了转子四个位置的磁链特性,然后用解析计算法计算了整个磁链特性。该方法去掉了转子夹紧装置和位置传感器,并详细评估了相位间的磁耦合,进一步提高了测量精度。在该计算方法中,磁链特性是一个解析表达式,表达式中的系数可以根据实测特性方便地求得。在精度验证环节,将所提方法得到的全磁链特性与测量结果进行了比较,发现两者吻合较好。并与现有的计算方法进行了比较,结果表明该方法具有较高的计算精度。

然后基于不同方法的磁链特性,在 MATLAB 中建立了动态仿真模型,得到了几种结果并进行了对比,进一步证明了所提方法的高精度特性。该方法简便、快速、准确,它消除了转子夹紧装置和位置传感器,有效地降低了试验台的复杂性和成本,也降低了内存要求。它只需要测量四个转子位置的磁链数据,减少了测量时间,方便了大量 SRM 产品的特性测试。此外,该方法消除了位置传感器,适用于没有位置传感器或只使用霍尔效应位置传感器等低分辨率位置传感器的 SRM 特性测量。

第8章 基于磁阻校正策略的电机特性测量方案

8.1 引言

传统的间接测量方法需要转子夹紧装置来在测量过程中将转子固定到特定位置,这增加了复杂性和成本。更重要的是,如果SRM已经在使用,则转子夹紧装置不适用。一些无转子夹紧装置的测量方法被陆续提出。在文献[31]中,提出了一种静态和旋转测试相结合的测量方法。静态测试确定对齐位置的磁链,而旋转测试测量电机以较低且几乎恒定的速度驱动时不同电流水平下的磁链。最终的磁链特性是通过将旋转测试结果与对齐位置的固定测试结果进行拟合而得到的。这种方法只需要一个标准的驱动测试台,比传统的间接方法执行得更快,然而,这种测量方法完整地获得整个磁链特性仍然是较耗时的。在文献[32]中,通过在四相8/6极SRM的一个相位对齐位置同时激励所有相位,获得了未对齐位置、中间位置和对齐位置的磁链特性。然后,使用二阶傅里叶级数来获得所有的磁链特性。该方法快速方便,但由于互感,测量精度会降低。此外,二阶傅里叶级数模型会存在固有误差,特别是在磁饱和区域。在文献[33]和文献[34]中,提出了一种基于四位置转矩平衡测量方法来测量三相12/8极电机的磁链特性。然而,在15°位置受激励形式的影响,测量误差会较大。在文献[35]中,提出了一种基于磁阻特性缩放的分析模型,以描述转子位置、磁阻和相电流之间的关系,并通过转矩平衡测量获得的四个位置或两个位置的磁链特性用于校准分析模型。四位置法可以获得很好的精度,但其测量有些复杂,而两位置法又不太准确。

本章提出了一种新的校正策略,以较低的代价快速获得磁链特性。首先,通过快速测量可以得到对齐位置和未对齐位置的磁链特性;然后,利用磁阻校正策略对测量值进行气隙磁阻和铁芯磁阻参数标定。将标定结果与完整的测量结果进行比较,发现一致性较好,验证了所提策略的可行性和准确性。在MATLAB中建立了校正结果的仿真模型,对不同转速和控制策略下的动态性能进行了仿真,并与实验进行了对比验证。此外,还讨论了该方法对材料、气隙、绕组位置和不同拓扑结构等参数变化的适用性。实验结果证明所提出的策略可以作为一种获得准确的SRM

磁通联动特性的低成本方法。

8.2 对齐和非对齐位置上磁链特性的测量

在磁链特性中,对齐和非对齐位置的磁链特性是最重要的,它决定了平均转矩的输出能力。本章在没有转子夹紧装置的情况下对它们进行了测量。测量是在一个三相18/12 SRM样机上实现的。这是一台应用于小型电动汽车的35kW电机。更具体的数据可参考表8-1中的SRM1。

1. 对齐位置上的磁链

在文献[12]中给出了SRM对齐位置磁链的测量方法。本章将其简要总结为以下几个过程:

(1) 大电流脉冲在SRM的一个相位上施加几秒钟,使其旋转到对齐位置。
(2) 一相上施加一个脉冲直流电压,用示波器记录相电流和相电压。
(3) 据所记录的相电压和电流数据,磁链可以计算为

$$\psi(i) = \int_0^t \left(u(t) - Ri(t) \right) \mathrm{d}t \tag{8-1}$$

式中:t为采样时间;ψ、u、i、R分别为相磁链、电压、电流、电阻。

(4) 最后的磁链轨迹可以根据相电流绘制,如图8-1所示。

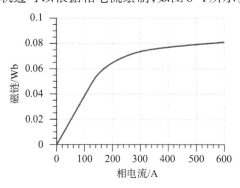

图8-1　SRM在对齐位置上的测量磁链特性

2. 非对齐位置上的磁链

根据动态电流波形可以计算对齐位置上的电感,SRM的相电压平衡方程可以表示为

$$u = Ri + L\frac{\mathrm{d}i}{\mathrm{d}t} + i\omega\frac{\mathrm{d}L}{\mathrm{d}\theta} \tag{8-2}$$

式中:L为相电感;ω为转子角速度;θ为转子位置。

第8章 基于磁阻校正策略的电机特性测量方案

在非对齐位置和低速时,电机反电动势可以被忽略,因此,非对齐位置的电感可以被表示为

$$L = \frac{u - Ri}{\dfrac{\mathrm{d}i}{\mathrm{d}t}} \tag{8-3}$$

图8-2展示了1000r/min下,开通角θ_{on}为0°el,自由转动角θ_{free}为3.5°el,关断角θ_{off}为160°el时的测量电流和电压的波形。SRM在单脉冲控制模式下作为电动机工作。调整θ_{free}可以达到目标速度,θ_{free}的定义参见图8-3,它是相电压开始降为零的角度。在这种情况下,正相激发仅持续3.5°el,这会导致激发区域非常窄。使用窄的激励有两个优点:

(1)不同相位激励之间没有重叠,因此可以避免相互耦合;
(2)相电流的大小也将受到限制,这可以减少铜耗。

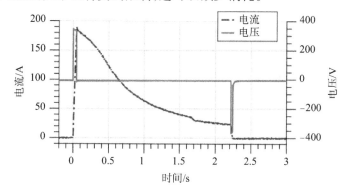

图8-2 在单脉冲控制模式下测量到的电流和电压波形

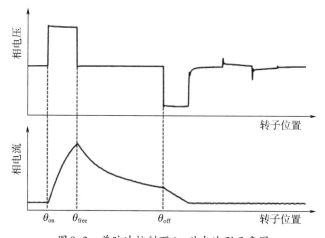

图8-3 单脉冲控制下θ_{free}动态波形示意图

与对齐位置的测量类似,窄励磁和低速运行也会产生较小的温升。因此,相电阻接近对齐位置处测量得到的值。使用最小二乘法(LSM)可以估计电流变化率 $\mathrm{d}i/\mathrm{d}t$,可以表示为

$$\frac{\mathrm{d}i}{\mathrm{d}t} = \frac{\sum_{k=1}^{n}(t_k - \frac{1}{n}\sum_{k=1}^{n}t_k)(i_k - \frac{1}{n}\sum_{k=1}^{n}i_k)}{\sum_{k=1}^{n}(t_k - \frac{1}{n}\sum_{k=1}^{n}t_k)^2} \tag{8-4}$$

式中:t_k 为瞬时时间;i_k 为瞬时电流;n 为采样数。

图 8-4 展示了 LSM 的曲线拟合结果。当电压上升到指定值时,曲线拟合从 $2\mu s$ 开始,在 $14\mu s$ 结束,此时转子位置约为 $1°\mathrm{el}$,采样间隔为 $0.2\mu s$。图 8-4 中的 $\mathrm{d}i/\mathrm{d}t$ 计算为 $4057.2\mathrm{A/ms}$。然后,可获得未对齐位置处的电感 L_u,其为 $0.084\mathrm{mH}$。假设在未对齐位置没有饱和,可以用 L_u 绘制未对齐位置的磁链轨迹,如图 8-5 所示。

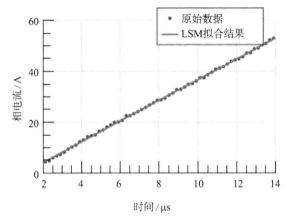

图 8-4 LSM 曲线拟合结果

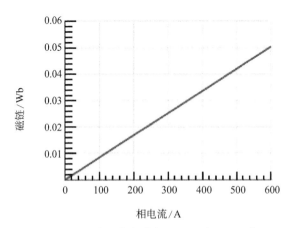

图 8-5 SRM 模型在未对齐位置测得的磁链特性

8.3 磁阻校准策略

图8-6比较了3.4.1中通过二维FEM分析和测量获得的磁链特性。可以发现，误差产生在对齐和非对齐的位置。在磁路饱和之前，在对齐位置上，FEM曲线比测量曲线高出20%，而在非对齐位置上，FEM曲线比测量曲线低约5%。有限元法与测量法之间的磁链误差可归因于磁阻特性的不准确。为了获得更精确的磁链特性，本节提出了磁阻校准策略。

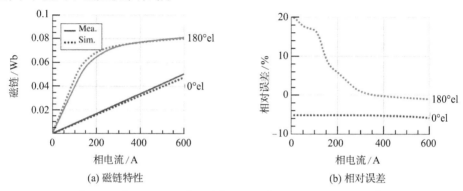

图8-6 利用NO20通过二维有限元法获得SRM模型的磁链特性

1. SRM的基本磁阻理论

根据MEC，SRM的磁阻R可定义为磁动势Θ与磁通Φ的比值。基于电磁理论，磁动势Θ与磁通Φ各自可以从相电流和磁链推导得出。因此，磁阻可以从磁链特性中获得，如下所示

$$R = \frac{\Theta}{R} = \frac{N^2 I}{\psi} \tag{8-5}$$

式中：N为绕组圈数。

更具体地说，SRM的磁阻由两部分组成：气隙磁阻和铁芯磁阻。气隙磁阻R_g对应于定子和转子磁极之间的气隙，可以通过气隙电感计算得出：

$$R_g = \frac{N^2}{L_g} \tag{8-6}$$

式中：L_g为气隙电感，约等于电机的不饱和电感。

R_g也可以根据几何参数估计为

$$R_g = \frac{l_g}{u_0 S} \tag{8-7}$$

式中：l_g为气隙的平均有效长度；u_0为气隙的空气磁导率；S为气隙的横截面积。

铁芯磁阻 R_i 对应于定子和转子的铁磁极和磁轭。它可以通过从整个磁阻 R 中减去 R_g 或通过磁路方程计算：

$$R_i = \frac{l_i}{u_0 u_r S} \tag{8-8}$$

式中：l_i 为铁磁材料的平均磁通路径；u_r 为铁磁材料的相对磁导率；S 为气隙的横截面积。

在磁路饱和之前，铁磁材料的相对磁导率 u_r 很大。R_i 通常被忽略，以便于计算 R_g。磁路饱和后，u_r 随相电流的增大而迅速减小。因此，铁芯磁阻 R_i 不能再被忽略，可以通过从总磁阻 R 中减去 R_g 来分离。

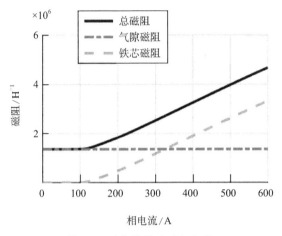

图 8-7 对齐位置的磁阻分离

图 8-7 显示了在对齐位置处气隙和铁芯磁阻的分离，图 8-7（深色实线）中的总磁阻可通过(5)的仿真磁链特性计算得出。利用文献[36]中的分析方法，可以估算气隙和非饱和铁芯磁阻，其值分别为 1.43e6H^{-1} 和 2.99e4H^{-1}。非饱和铁芯磁阻仅为气隙磁阻的 2% 左右。因此，忽略饱和前的铁芯磁阻是合理的。气隙磁阻（深色虚线）不会随相电流变化。通过从总磁阻中减去气隙磁阻，可以很容易得到铁芯磁阻（浅色虚线）。同样，忽略不饱和铁芯磁阻也可以得到其他位置的气隙和铁芯磁阻。

2. 气隙磁阻校准

众所周知，气隙电感是转子位置 θ 的非线性函数，而且它不会随着相电流的变化而变化。图 8-8 给出了一个电气周期内气隙电感和磁阻的典型曲线。在该图中，θ_u 是非对齐位置，θ_a 是对齐位置，θ_1 是转子磁极和定子磁极开始重叠的位置，θ_2 是转子磁极和定子磁极后缘开始重叠的位置，L_{ug}、L_{1g}、L_{2g} 和 L_{ag} 分别是 θ_u、θ_1、θ_2、θ_a 的电感值。θ_1 和 θ_2 可以通过以下等式计算[37]：

$$\theta_1 = \theta_a - \frac{\beta_r + \beta_s}{2}$$
$$\theta_1 = \theta_a - \frac{\beta_r - \beta_s}{2} \tag{8-9}$$

式中: β_s 和 β_r 分别为定子和转子的极弧。

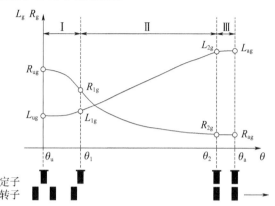

图 8-8 气隙电感和磁阻与转子位置的关系

如图 8-8 所示，电感曲线由通过线性曲线连接的两个非线性区域组成。θ_1 和 θ_2 之间的电感可以表示为

$$L_g(\theta) = \frac{L_{1g} - L_{2g}}{\theta_1 - \theta_2}(\theta - \theta_1) + L_{1g} = \frac{L_{1g} - L_{2g}}{\theta_1 - \theta_2}\theta + \frac{L_{1g}\theta_2 - L_{2g}\theta_1}{\theta_2 - \theta_1} \tag{8-10}$$

进而可以得到:

$$\frac{N^2}{R_g(\theta)} = \frac{\frac{N^2}{R_{1g}} - \frac{N^2}{R_{2g}}}{\theta_1 - \theta_2}\theta + \frac{\frac{N^2}{R_{1g}}\theta_2 - \frac{N^2}{R_{2g}}\theta_1}{\theta_2 - \theta_1} = N^2\left(\frac{R_{1g} - R_{2g}}{R_{1g}R_{2g}(\theta_2 - \theta_1)}\right)\theta + \frac{R_{2g}\theta_2 - R_{1g}\theta_1}{R_{1g}R_{2g}(\theta_2 - \theta_1)} \tag{8-11}$$

设:

$$a = \frac{R_{1g} - R_{2g}}{R_{1g}R_{2g}(\theta_2 - \theta_1)}$$
$$h = \frac{R_{2g}\theta_2 - R_{1g}\theta_1}{R_{1g}R_{2g}(\theta_2 - \theta_1)} \tag{8-12}$$

然后，气隙磁阻可以表示为

$$R_g(\theta) = \frac{1}{a\theta + h} \quad (\theta_1 < \theta < \theta_2) \tag{8-13}$$

R_g 由 l_g 和 S 确定。在制造过程中，可以保证电机磁极的面积不会有太大差异。因此，S 将会保持不变。然而，与 S 相比，气隙长度通常具有相对显著的变化。本章假设有限元仿真结果和测量结果之间的 S 是相同的，并且假设磁阻误差来自 l_g。在

本章中，假设区域Ⅰ和Ⅲ中 $l_{g,\text{mea}}$ 和 $l_{g,\text{sim}}$ 之间的比率为常数；然后，在未对齐和对齐位置测得的气隙磁阻可分别用于校准这两个区域的磁阻。公式如下所示：

$$R_{g,\text{Cali}}(\theta) = \frac{R_{\text{ug,Mea}}}{R_{\text{ug,Sim}}} R_{g,\text{Sim}} (\theta_u < \theta < \theta_1)$$
$$R_{g,\text{Cali}}(\theta) = \frac{R_{\text{ag,Mea}}}{R_{\text{ag,Sim}}} R_{g,\text{Sim}} (\theta_2 < \theta < \theta_a)$$
(8-14)

式中：$R_{g,\text{Sim}}$ 为有限元仿真磁阻；$R_{g,\text{Mea}}$ 为测量磁阻；$R_{g,\text{Cali}}$ 为校准磁阻。

$R_{\text{ug,Mea}}, R_{\text{ug,Sim}}, R_{\text{ag,Mea}}, R_{\text{ag,Sim}}$ 分别是 θ_u 和 θ_a 处的磁阻对应值。

图 8-9 展示了利用测量数据、原始 FEM 仿真数据和校准数据建立的 SRM 模型的气隙磁阻曲线。测量数据来自文献[12]。从图中可以看出，所提出的对准方法可以有效地减小测量数据与有限元数据之间的误差，初步证明了所提出的气隙磁阻标定方法的有效性。

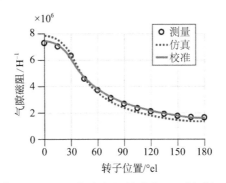

图 8-9 测量、原始 FEM 和校准数据得到的 SRM 模型气隙磁阻比较

3. 铁芯磁阻校准

与 R_g 不同的是，由于磁路饱和，R_i 也会随着相电流的变化而变化。它是转子位置和相电流的非线性函数，铁芯磁阻的典型曲线可参考图 8-10 中的有限元仿真结果(实线)。由式(8-8)可知，R_i 由 l_i, u_r 和 S_i 决定。l_i 和 S_i 取决于电机几何参数。如图 8-11 所示为对齐位置铁磁材料磁通路径的简化模型[38]。如图所示，这些几何参数是机器设计的主要指标，制造商可以保证这些参数在一定范围内。但在电机制造过程中，钢铁材料的电磁性能往往会发生变化[39]。因此，u_r 应该被校准。在校准位置，它可表示为

$$u_{r,\text{Cali}} = \frac{R_{\text{ai,Sim}}}{R_{\text{ai,Mea}}} u_r$$
(8-15)

式中：$R_{\text{ai,Sim}}$ 和 $R_{\text{ai,Mea}}$ 分别为 θ_a 处的仿真值和测量值；$u_{r,\text{Cali}}$ 为标定的相对渗透率。

为简化分析，假定 u_r 与转子位置无关，只与相电流有关。在此基础上，仿真的

铁磁阻可以表示为

$$R_{i,\text{Cali}}(\theta) = \frac{u_r}{u_{r,\text{Cali}}} R_{i,\text{Sim}}(\theta) = \frac{R_{\text{ai,Mea}}}{R_{\text{ai,Sim}}} R_{i,\text{Sim}}(\theta) \quad (8-16)$$

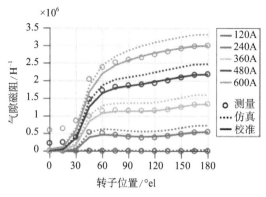

图8-10　测量、原始FEM和校准数据得到的SRM模型铁芯磁阻比较

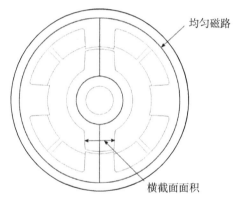

图8-11　简化的两相4/2极SRM磁通路径

图8-10展示了利用测量数据、原始FEM仿真数据和校准数据建立的SRM模型的铁芯磁阻曲线。可以看出，60°el后可以找到好的一致性，30°el前的误差更大。这些误差可能是由于未对齐位置的测量误差造成的。此外，关于u_r与转子位置无关的假设也会因为饱和程度与在对齐位置不同而在低位置区域引起误差。需要注意的是，在最后的磁链计算中，这些位置区域的误差不会造成太大的误差。这主要是因为该区域的铁磁阻比气隙磁阻小得多，通过对比图8-9和图8-10可以很容易地看出这一点。

得到校准的气隙和铁芯磁阻后，两者之和为校准的总磁阻：

$$R_{\text{Cali}} = R_{g,\text{Cali}} + R_{i,\text{Cali}} \quad (8-17)$$

最后,校准的磁链可以通过下式计算出:

$$\psi_{\text{Cali}} = \frac{N^2 i}{R_{\text{Cali}}} \quad (8-18)$$

图 8-12 给出了所提出的校准方法的最终全磁链波形。

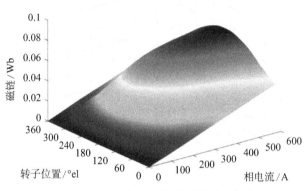

图 8-12 所提出的方法得到的磁链特性

表 8-1 SRM 样机的额定值和参数

标志	名称	SRM1	SRM2
P_n	额定功率	35kW	1kW
$n_{\max}$	最大转速	23000r/min	8000r/min
n_b	基数	6000r/min	2000r/min
N_{ph}	相数	3	3
N_s	定子数	18	12
N_r	转子数	12	8
N_w	匝数	25	119
L_{stk}	堆栈长度	120mm	81mm
D_s	定子直径	204mm	120mm
w_{sp}	定子极宽	12.79mm	8.22mm
h_{sy}	定子磁轭高度	15mm	9.5mm
D_r	转子直径	135mm	62.7mm
w_{rp}	转子极宽	15.77mm	9.26mm
h_{ry}	转子磁轭高度	11mm	8.85mm
l_g	气隙宽度	0.5mm	0.15mm
β_s	定子极弧	10.8°	15°
β_r	转子极弧	13.4°	17°

8.4 实验评估

为了验证所提出方法的可行性和准确性,应将校准结果与实验结果进行详细比较。本节对静态和动态实验结果进行了比较。

1. 静态测量评估

图8-13比较了通过提出的校准方法、FEM仿真和文献[12]中的测量方法获得的整个磁链特性。除了在未对齐位置的极高电流水平下的数据外,一般可以找到良好的一致性。这些误差可能是由文献[12]中提到的不准确测量引起的。

为了详细定量评估所提出的校准计算方法的准确性,采用了最大相对误差(MRE),其定义见文献[22]。本章将有限元仿真和标定数据作为估算数据,测量数据作为实际数据。图8-14给出了有限元仿真和建议校准方法的MRE比较结果。有限元仿真结果的准确性较差,尤其是在低电流水平下。通过校准,精度显著提高。绝大多数MRE低于5%,最大的约为6%。

$$\text{MRE} = \max_{\theta=0°\text{el}}^{180°\text{el}} \left| \frac{\psi_e - \psi_a}{\psi_a} \right| \tag{8-19}$$

式中:ψ_e和ψ_a分别为估算和实际磁链值。

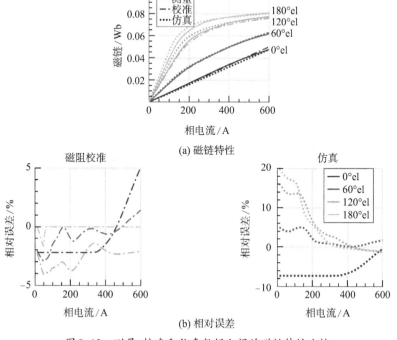

图8-13 测量、校准和仿真数据之间的磁链特性比较

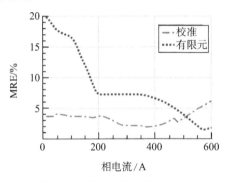

图 8-14 有限元仿真和校准数据之间的 MRE 比较

2. 动态性能评估

静态测量结果可以评估所有电流和位置水平下的磁链特性,但测量本身存在不可避免的误差,为了更全面地验证所提出的校准方法,应进一步用动态性能进行验证,图 8-15 显示了实验平台的照片。对机器在不同速度和控制策略下的三个操作点进行测量和仿真。

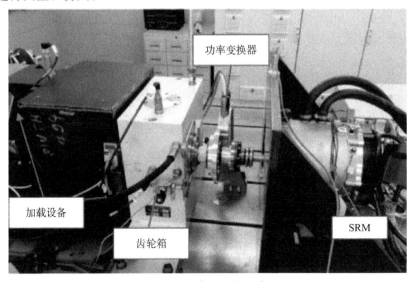

图 8-15 实验平台照片

这些仿真实验在 MATLAB/Simulink 中进行。对于每个操作点,分别使用测量、原始 FEM 仿真和校准数据进行三次仿真,相电流的相应动态波形如图 8-16 所示。图 8-16(a)—(c)在单脉冲模式下工作,图 8-16(d)在电流斩波模式下工作,与使用有限元数据的仿真相比,在所有研究速度下,使用校准数据的仿真与测量结果具有更好的一致性,这进一步验证了所提出方法的可行性和有效性。

第8章 基于磁阻校正策略的电机特性测量方案

在本章中,除了图8-16(c)中的高速外,电流误差相对较小,因此,应仔细考虑这种情况下的误差。图8-17显示了相绕组的等效电路。如图8-17所示,误差可能来自相电阻R_{Cu}、铁耗电阻R_{iron}和相电感L的变化。仿真模型中未考虑涡流损耗,因此,与测量值相比,R_{Cu}被低估了,R_{Cu}的低估将导致仿真相电流大于测量相电流。仿真模型中忽略了铁耗电阻。

图8-18中的铁耗电流可通过以下公式计算:

$$i_{iron} = \frac{u - R_{Cu}i_{tot}}{R_{iron}} \approx \frac{u}{R_{iron}} \approx \begin{cases} \dfrac{V_{dc}}{R_{iron}}, & \theta_{on} \leq \theta < \theta_{free} \\ 0, & \theta_{free} \leq \theta < \theta_{off} \\ -\dfrac{V_{dcc}}{R_{iron}}, & \theta_{off} \leq \theta < \theta_{on} + 360°el \end{cases} \quad (8-20)$$

相电阻和晶体管中的电压降被忽略,以简化分析。从这个方程可以得出结论,R_{iron}在导通期间导致出现更大的测量相电流值,在关断角之后导致出现更低的值。

仿真模型中未考虑相互耦合,由于相之间的相互耦合,多相激励模型中的磁通路径比单相激励模型中短。因此,在多相激励期间测量的电感可以大于仿真模型,这会导致较低的电流值,类似的误差也可以在文献[40]中找到。

反电动势$i\omega dL/d\theta$与磁链相对于转子位置的变化率有关,磁链的微小变化可能导致反电动势波形的显著差异。在图8-18中,比较了不同方法在驱动模式下的反电动势波形,需要注意的是,反电动势波形不能直接测量,也可以用$i\omega dL/d\theta$计算图8-18中的测量结果。从图中可以发现,所提出的方法的结果与实验之间存在很好的一致性,也优于FEM仿真结果,这进一步验证了用所提出的方法获得的磁链特性的准确性。

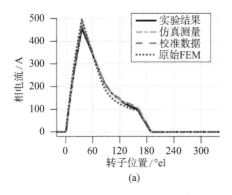
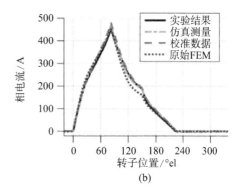

(a) P_{mech}=19.5kW, n=3500r/min, V_{dc}=345V, θ_{on}=0°el, θ_{free}=36°el, θ_{off}=160°el

(b) P_{mech}=42.9kW, n=6000r/min, V_{dc}=345V, θ_{on}=0°el, θ_{free}=82°el, θ_{off}=150°el

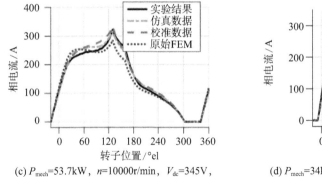
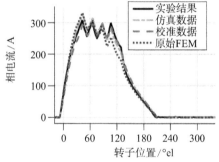

(c) P_{mech}=53.7kW, n=10000r/min, V_{dc}=345V, θ_{on}=-20°el, θ_{free}=130°el, θ_{off}=160°el

(d) P_{mech}=34kW, n=6000r/min, V_{dc}=345V, θ_{on}=-8°el, θ_{free}=110°el, θ_{off}=130°el

图 8-16 动态仿真和实验结果的相电流波形比较

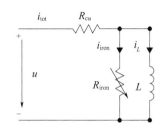

图 8-17 考虑铁耗的相绕组等效电路

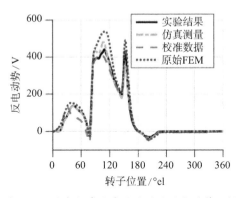

图 8-18 动态仿真和实验结果的反电动势比较

当 P_{mech}=42.9kW, n=6000r/min, V_{dc}=345V, θ_{on}=0°el, θ_{free}=82°el, θ_{off}=150°el 时

8.5 研究探讨

为了评估所提出方法的稳定性和适用性,本节讨论了材料、气隙长度、绕组布置和SRM拓扑等因素的影响。

1. 材料

如前所述,铁磁材料的电磁特性在制造过程中会发生变化。在前一节中,已初步证明所提出的方法可以校准电磁特性的变化。然而,在某些情况下,材料甚至可能是未知的。在本节中,提出的方法为进一步测试校准结果,使用了错误的材料(M330A)。如图8-19所示,校准结果也可以与测量结果很好地匹配,并且与图8-13中的校准结果仅略有不同,这表明所提出的方法对材料变化具有鲁棒性。

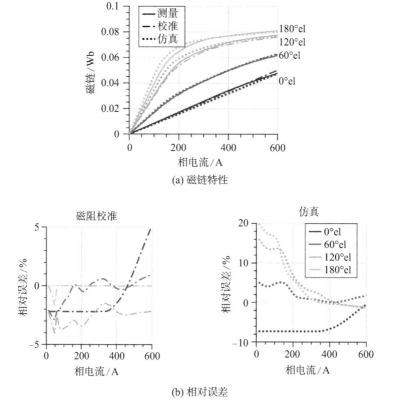

图8-19 测量、校准和FEM仿真结果的比较材料为M330A时

2. 气隙

电机电磁特性对气隙长度非常敏感,制造商提供的气隙长度为0.5mm。然而,在制造和装备过程中,往往会发生不可避免的变化。气隙的变化主要表现在对齐位置的非饱和电感上,这在图8-19中很容易观察到。从式(8-6)和式(8-7)中,我们可以得出结论,对准位置的非饱和电感与气隙成反比。因此,我们可以计算校准气隙,本章中的气隙为0.6mm。

图8-20在校准气隙(0.6mm)下将测量、校准和FEM仿真结果和MRE进行了比

较。当使用校准气隙时,有限元仿真和校准结果与测量结果吻合较好。可以得出结论,气隙变化在最终校准结果中起着重要的作用。为了获得更好的校准结果,应首先校准气隙。

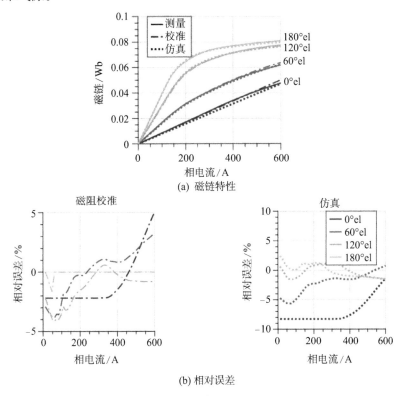

图8-20 测量、校准和FEM仿真结果的比较气隙为0.6mm时

3. 绕组布置

对于高速应用,绕组布置可能是有限元仿真中的不确定因素之一,因为槽必须在气隙中留出足够的空间以减少涡流铜耗,而且研究人员通常无法获得准确的布置信息。图8-21展示了两种不同类型的绕组布置方法：I型与气隙的距离为2.45mm,这是之前仿真中采用的距离,II型与气隙的距离为12.45mm。铜的相对磁导率略小于空气的相对磁导率,这导致II型的气隙磁阻(本章中铜的磁阻等同于气隙磁阻)小于I型的磁阻。因此,II型电机具有更大的电感和磁链。在未对齐位置可以更清楚地观察到这些影响,其中大部分磁通流经定子磁极的滑块。图8-22给出了II型校准结果。虽然绕组位置改变了磁链,但校准结果仍能与实验结果很好地匹配。

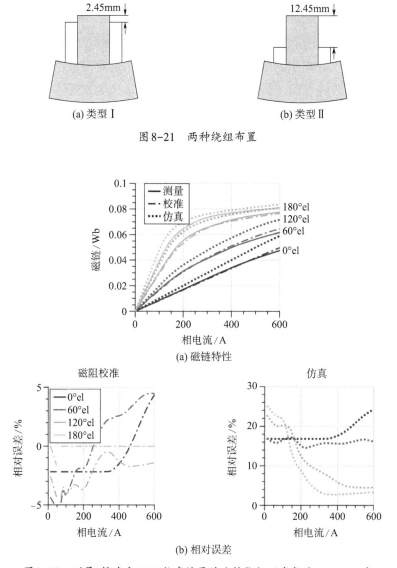

(a) 类型Ⅰ   (b) 类型Ⅱ

图 8-21 两种绕组布置

(a) 磁链特性

(b) 相对误差

图 8-22 测量、校准和 FEM 仿真结果的比较绕组距离气隙 12.45mm 时

4. SRM 拓扑

SRM 有几种拓扑结构,根据相数以及定子和转子磁极的组合进行区分。应讨论提出方法对不同 SRM 拓扑的适用性。

测量对齐和未对齐位置的磁链特性是所提出方法的基础。对于所有类型的电机,在高电流脉冲作用下转子将旋转到对齐位置。然后,用脉冲直流电压注入法测量磁链特性,通过对动态电压和电流波形的分析,估计了未对齐位置的不饱和电感。这与电机结构无关。

从理论上讲,所提出的校准方法可以减少各种机械制造过程中由于气隙、材料性能和绕组布置变化而引起的有限元仿真误差中的不确定因素。在理论推导过程中,SRM 的拓扑结构未定,图 8-23 为 1kW 三相 12/8 极 SRM 实验室样机的仿真、校准和实测磁链模型结果对比。电机数据是由厂家提供的,如表 8-1 中的 SRM2 所列。从图 8-23 可以看出,有限元法并不是总能得到很好的结果,磁链模型的 MRE 约为 30%,然而,校准后表现出良好的一致性,这进一步验证了所提方法的有效性和适用性。

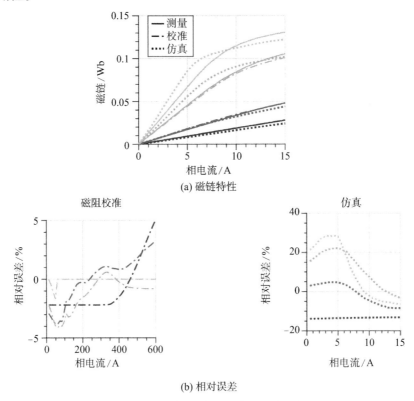

图 8-23 测量、校准和仿真数据的比较

然而,该方法并不适用于结构不对称的电机,如文献[41]中转子极不对称的两相 SRM。在这种情况下,电感曲线是不对称的,所提出的方法不能精确的描述磁阻模型。此外,对于磁通路径短、互感系数高的电机,该方法可以得到磁链特性,但对相电流的预测可能不准确。

8.6 小结

本章提出了一种新的磁阻校正方法,将有限元仿真结果与局部测量结果进行校正,该方法能够有效地在标准试验台上获得SRM的磁链特性,对仿真参数的变化具有一定的鲁棒性。除了几何尺寸外,只需要SRM在对齐和非对齐转子位置的磁链特性,这可以方便地测量到。该方法简单、快速、准确,不需要专门的测试台,降低了成本和复杂性,便于实际应用,与已有文献研究成果相比,本章所提出的方法具有以下特点:

(1) 与转子夹紧法相比,该方法消除了转子夹紧装置,有效缩短了测量平台的设计、施工和测试时间。

(2) 与仅通过测量获得整个磁链特性的方法相比,该方法只需要测量两个转子位置的磁链数据,减少了实验工作量。

(3) 与有限元仿真相比,该方法具有更好的精度和对参数变化的鲁棒性。

第9章 基于动静态测试的电机特性测量方案

9.1 引言

无须转子夹紧装置的快速测量法大致可以分为固定测试法和旋转测试法。静态测试法依赖于SRM的固有对称结构,在不使用转子夹紧装置的情况下,可以获得转矩平衡位置的电磁特性,也称为转矩平衡方法[42]。借助于分析方法,可以获得整个磁链特性。在文献[43]中,引入了支撑向量机(SVM)来描述具有少量样本的电磁特性。然而,这些方法的准确性仍然受到少数样本的限制。与固定测试法不同,旋转测试法在SRM以恒定速度运行时测量电磁特性。在文献[44]中,通过直流电流源将恒定电流施加到一个相位,并在特定电流水平下测量整个电气周期内的磁链特性。针对不同的电流水平反复进行测试,即可以获得整个磁链特性。在文献[45]中,提出了一种基于预测的电流控制器来注入恒定电流。然而,在高电流水平下,绕组中的温度升高会很明显,并且在过程测量中相电阻会发生变化,这会产生测量误差。

结合上述两种方法的优缺点,本章提出了一种无须转子夹紧装置和位置传感器的组合建模方法来获取电磁特性,该方法主要包括测量和计算两个步骤。测量步骤测量在整个电周期内四个特定位置的磁链特性和不饱和相电感特性。在分析计算阶段,根据所提出的解析表达式将测量值推导为电感特性,然后,由电感特性推导出转矩特性。将计算得到的电感和转矩特性与传统的转子夹紧方法进行了比较,发现两者结果吻合较好,验证了所提方法的有效性。

9.2 测量方案

第8章中,在得到四个位置的磁通量特性之后,可以通过将磁通量除以相应的相电流来计算电感特性。计算结果如图9-1所示。

第9章 基于动静态测试的电机特性测量方案

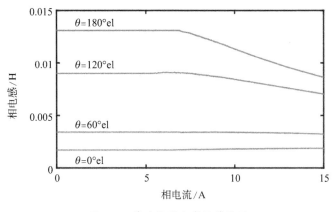

图9-1 特殊位置电感计算结果

可以通过高频脉冲注入法测量全周期的SRM不饱和电感,由于高频脉冲的注入时间非常短,因此可以认为此时的电感是恒定的,而且由于产生的感应电流非常小,此时的电感可以近似为不饱和电感。

如图9-2所示,当功率变换器开启时,电路电压方程可以写成:

$$U_{bus} - 2V_T = Ri_k + L_k \frac{di_k}{dt}\bigg|_{on} \tag{9-1}$$

当功率变换器开启时,电路电压方程可以写成:

$$-U_{bus} - 2V_D = Ri_k + L_k \frac{di_k}{dt}\bigg|_{off} \tag{9-2}$$

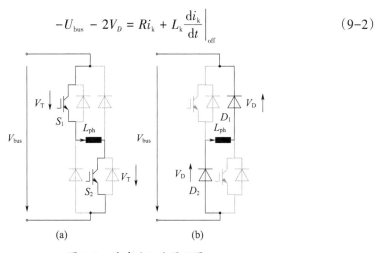

图9-2 脉冲注入法原理图

U_{bus}、V_T、V_D、L_k、i_k、R、$di_k/dt|_{on}$和$di_k/dt|_{off}$分别为母线电压、功率变换器压降和二极管压降、相电感、感应电流、相电阻、转子位置和开关时刻的电流斜率。

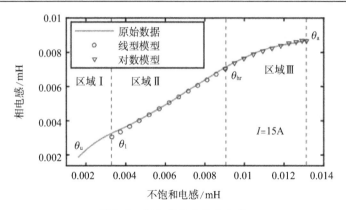

图9-3 相电感与非饱和电感

如图9-3所示为相电感与不饱和电感在三个区域内的关系波形图。进一步使用式(9-1)和式(9-2),在高频脉冲注入时刻,注入相的不饱和电感可以通过以下公式获得:

$$L_k = \frac{2U_{bus} + 2(V_D - V_T)}{di_k/dt|_{on} - di_k/dt|_{off}} \tag{9-3}$$

在区域 I ,相电感几乎等于非饱和相电感,因为在这个区域内,电磁电路的饱和效应可以忽略不计,相电感和非饱和相电感的比率为1。

$$L(\theta, i) = L_{un}(\theta) \tag{9-4}$$

在区域 II 中,相电感可以被认为是非饱和相电感的线性函数,它是给定为

$$L(\theta, i) = k(i) L_{un}(\theta) + L_0(i) \tag{9-5}$$

其系数可以通过以下公式获得:

$$\begin{cases} k(i) = \dfrac{L(60°\text{el}, i) - L(120°\text{el}, i)}{L_{un}(60°\text{el}) - L_{un}(120°\text{el})} \\ L_0(i) = L_{un}(60°\text{el}) - k(i) L(60°\text{el}, i) \end{cases} \tag{9-6}$$

在区域 III 中,非饱和相电感可以被假定为相电感的对数函数,其可通过如下公式表示:

$$L(\theta, i) = a(i) \ln(L_{un}(\theta)) + b(i) \tag{9-7}$$

边界条件为

$$\begin{cases} L(\theta_{hr}, i) = a(i) \ln(L_{un}(\theta_{hr})) + b(i) \\ L(\theta_a, i) = a(i) \ln(L_{un}(\theta_a)) + b(i) \end{cases} \tag{9-8}$$

式(9-7)、式(9-8)的系数可以通过以下方法确定:

$$a(i) = \frac{L(180°\text{el}, i) - L(120°\text{el}, i)}{\ln(L_{\text{un}}(180°\text{el})) - \ln(L_{\text{un}}(120°\text{el}))} \quad (9\text{-}9)$$

$$b(i) = L_{\text{un}}(120°\text{el}) - a(i)\ln(L(120°\text{el}, i))$$

这样便获得了全周期的 SRM 电感特性,进而其磁链特性和转矩特性可以通过以下公式获得:

$$\psi(\theta, i) = L(\theta, i)i \quad (9\text{-}10)$$

$$T(\theta, i) = \frac{\partial W_{\text{co}}(\theta, i)}{\partial \theta}\bigg|_{i=\text{const}} = \frac{\partial \left(\int_0^i \psi(\theta, i)di\right)}{\partial \theta}\bigg|_{i=\text{const}} \quad (9\text{-}11)$$

9.3 小结

本章提出了一种基于静止测量和旋转测量的 SRM 建模方法。电磁特性测试包括两步,即静止测量和旋转测量。静止测量可以用转矩平衡法测量四种特殊位置的电感特性。旋转测量可得到 SRM 的不饱和电感曲线。根据提出的相位电感与非饱和相电感之间的函数关系,利用测量的电感值可以计算出电感特性。然后,从电感特性推导出磁链特性和转矩特性。该方法具有良好的精度,且实验简单,无须附加转子夹紧装置,无须复杂的计算过程,保证了建模精度。

参考文献

[1] CHENH, YAN W, CHEN L, et al. Analytical polynomial models of nonlinear magnetic flux linkage for SRM [J]. IEEE trans appl supercond, 2018,28(3).

[2] YAO S, ZHANG W. A simple strategy for parameters identification of SRM direct instantaneous torque control [J]. IEEE trans power electron, 2018,33(4):3622-3630.

[3] LIANG X, LI G, OJEDA J, et al. Comparative study of classical and mutually coupled switched reluctance motors using multiphysics finite-element modeling [J]. IEEE transactions on industrial electronics, 2014, 61(9): 5066-5074.

[4] DOSSANTOS F L M, ANTHONIS J, NACLERIO F, et al. Multiphysics NVH modeling: simulation of a switched reluctance motor for an electric vehicle [J]. IEEE transactions on industrial electronics, 2014, 61(1): 469-476.

[5] KIYOTA K, KASHIMA T, SUGIMOTO H, et al. Comparison of the test result and 3D-FEM analysis at the knee point of a 60 kw SRM for an HEV [J]. Magnetics IEEE transactions on, 2013, 49(5):2291-2294.

[6] FRANKE M, PUNK O, BRUTSCHECK M, et al. Magnetic equivalent circuit modeling of rolling rotor switched reluctance motors [C]. Electronics Technology (ISSE), 2010 33rd International Spring Seminar on. IEEE, 2010:320 - 325.

[7] YU Q, GERLING D. Analytical modeling of a canned switched reluctance machine with multilayer structure [J]. IEEE transactions on magnetics, 2013, 49(9):5069-5082.

[8] LIN D, ZHOU P, STANTON S, et al. An analytical circuit model of switched reluctance motors [J]. IEEE transactions on magnetics, 2009, 45(12):5368-5375.

[9] FERRERO A, RACITIA, URZIC. An indirect test method for the characterization of variable reluctance motors [J]. IEEE transinstrummeas, 1993,42(6):1020-1025.

[10] LU K, RASMUSSEN P O, RITCHIE A E. Investigation of flux linkage profile measurement methods for switched-reluctance motors and permanent-magnet motors [J]. IEEE trans instrum meas, 2009, 58(9): 3191-3198.

[11] SONG S, GE L, MAS, et al. Accurate measurement and detailed evaluation of static electromagnetic characteristics of switched reluctance machines [J]. IEEE transinstrummeas, 2015, 64(3): 704-714.

[12] HOFMANN A, KLEIN-HESSLING A, RALEV I, et al. Measuring SRM profiles including radial force on a standard drives test bench [C]. Proc. IEEE Int. Elect. Mach. Drives Conf. 2015:383-390.

[13] SHEN L, WU J, YANG S, et al. Fast flux linkage measurement for switched reluctance motors excluding rotor clamping devices and position sensors [J]. IEEE transinstrum meas, 2013,62(1):185-191.

[14] SONG S, ZHANG M, GE L. A new fast method for obtaining flux linkage characteristics of SRM [J]. IEEE trans ind electron, 2015,62(7):4105-4117.

[15] SONG S, GE L, ZHANG M. Data-reconstruction-based modeling of SRM with few flux linkage samples from torque-balanced measurement[J]. IEEE trans energy convers, 2016, 31(2): 424-435.

[16] SONG S, CHEN S, LIU W. Analytical rotor position estimation for SRM based on scaling of reluctance characteristics from torque-balanced measurement[J]. IEEE trans ind electron, 2017,64(5):3524-3536.

[17] ZHANG P, CASSANI P A, WILLIAMSON S S. An accurate inductance profile measurement technique for switched reluctance machines[J]. IEEE trans ind electron, 2010,57(9):2972-2979.

[18] CHEOK D, WANG Z. DSP-based automated error-reducing flux linkage measurement method for switched reluctance motors[J]. IEEE trans instrum meas, 2007, 56(6): 2245-2253.

[19] ZHAO S W, CHEUNG N C, LEE C K, et al. Survey of modeling methods for flux linkage of switched reluctance motor[C]. Proc. 4th Int. Conf. Power Electron. Syst. Appl., 2011:1-4.

[20] PARREIRA B, RAFAEL S, PIRES A J, et al. Obtaining themagnetic characteristics of an 8/6 switched reluctance machine: from FEM analysis to the experimental tests[J]. IEEE trans ind electron, 2005, 52(6): 1635-1643.

[21] LIN D, ZHOU P, STANTON S, et al. An analytical circuit model of switched reluctance motors[J]. IEEE trans mag, 2009, 45(12): 5368-5375.

[22] MCCANN R, TRAORE W. Investigation of direct flux measurementsin switched reluctance motors[C]. Proc. IEEE Power Energy Soc. Gen.Meet.—Convers. Del. Elect. Energy 21st Century, 2008: 1-7.

[23] FERRERO A, RACITI A, URZI C. An indirect test method for the characterization of variable reluctance motors[J]. IEEE trans instrum meas, 1993,42(6):1020-1025.

[24] RADIMOV N, BEN-HAIL N, RABINOVICI R. Inductance measurementsin switched reluctance machines [J]. IEEE trans magn, 2005, 41(4): 1296-1299.

[25] LU K Y, RASMUSSEN P O, RITCHIE A E. Investigation of flux linkage profile measurement methods for switched-reluctance motors andpermanent-magnet motors[J]. IEEE trans instrum meas, 2009,58(9):3191-3198.

[26] CHEOK D, WANG Z F. DSP-based automated error-reducing flux-linkage measurement method for switched reluctance motors[J]. IEEE trans instrum meas, 2007, 56(6): 2245-2253.

[27] NASIRIAN V, KABOLI S, DAVOUDI A, et al. High-fidelity magnetic characterization and analytical model development for switched reluctance machines[J]. IEEE transmagn, 2013,49(4):1505-1515.

[28] MAO S H, TSAI T C. An analysis of the optimum operating point fora switched reluctance motor[J]. J magn magn mater, 2004, 282:53-56.

[29] XUE X D, CHENG K W E, HO S L. A self-training numerical method to calculate the magnetic characteristics for switched reluctance motor drives[J]. IEEE Trans Magn, 2004,40(2):734-737.

[30] CHI H P, LIN R L, CHEN J F. Simplified flux-linkage model for switched-reluctance motors[C]. Proc. Inst. Elect. Eng.—Elect. Power. Appl.,2005,152(3):577-583.

[31] HOFMANN, KLEIN-HESSLING A, RALEV I, et al. Measuring SRM profiles including radial force on a standard drives test bench[C]. Proc. IEEE Int. Elect. Mach. Drives Conf., 2015:383-390.

[32] SHEN L, WU J, YANG S, et al. Fast flux linkage measurementfor switched reluctance motors excluding rotor clamping devices and position sensors[J]. IEEE trans instrummeas, 2013,62(1):185-191.

[33] SONG S, ZHANG M, GE L. A new fast method for obtaining flux linkage characteristics of SRM[J]. IEEE

[34] SONG S, GE L, ZHANG M. Data-reconstruction-based modeling of SRM with few flux-linkage samples from torque-balanced measurement[J].IEEE trans energy convers, 2016,31(2):424-435.

[35] SONG S, CHEN S, LIU W. Analytical rotor position estimation forSRM based on scaling of reluctance characteristics from torque-balanced measurement[J]. IEEE TransInd Electron, 2017,64(5):3524-3536.

[36] MAO S, DORRELL D, TSAI M. Fast analytical determination of aligned and unaligned flux linkage in switched reluctance motors based on a magnetic circuit model[J]. IEEE Trans Magn, 2009,45(7):2935-2942.

[37] XIA C L, XUE M, SHI T N. A new rapid nonlinear simulation method for switched reluctance motors[J]. IEEE trans energy convers, 2009,24(3):578-586.

[38] PARREIRA B, RAFAEL S, PIRES A J, et al. Obtaining the magnetic characteristics of an 8/6 switched reluctance machine: from FEM analysis to the experimental tests[J]. IEEE Trans Ind Electron, 2005,52(6): 1635-1643.

[39] SONG S, ZHANG M, GE L. A new fast method for obtaining flux linkage characteristics of SRM[J]. IEEE trans ind electron, 2015,62(7):4105-4117.

[40] DING W, LIANG D, SUI H. Dynamic modeling and performance prediction for dual-channel switched reluctance machine considering mutual coupling[J]. IEEE trans magn, 2010, 46(9): 3652-3663.

[41] ALIAMKIN D, ANUCHIN A, LASHKEVICH M, et al. Sensorless control of two-phase switched reluctance drive in the whole speed range[C]. Proc.42nd Annu. Conf. IEEE Ind. Electron. Soc., 2016: 2917-2922.

[42] SONG S, ZHANG M, GE L. A new fast method for obtaining flux-linkage characteristics of SRM[J]. IEEE transactions on industrial electronics, 2015, 62(7): 4105-4117.

[43] SONG S, GE L,ZHANG M.Data-reconstruction-based modeling of SRM with few flux-linkage samples from torque-balanced measurement[J]. IEEE transactions on energy conversion, 2016,31(2):424-435.

[44] HOFMANN A, KLEIN-HESSLING A, RALEV I, et al. Measuring SRM profiles including radial force on a standard drives test bench[C].2015 IEEE International Electric Machines Drives Conference (IEMDC), 2015: 383-390.

[45] AHMAD S S, NARAYANAN G. Predictive control based constant current injection scheme for characterization of switched reluctance machine[J]. IEEE transactions on industry applications, 2018,54(4):3383-3392.

第四篇
开关磁阻电机无位置传感器控制策略

第10章 开关磁阻电机初始位置估计

10.1 引言

SRM以其简单坚固的结构,低廉的制造加工成本,较强的容错性以及较高的效率成为近年来研究的热点,并被认为是工业应用中传统电机如感应电机、无刷直流电机的替代者。位置信息是SRM的运行基础。一般位置信息由机械的位置传感器获得,如旋转变压器、霍尔传感器、光电编码器等。然而,这些机械位置传感器有的造价高昂如旋转变压器,有的检测精度较低如霍尔传感器,而且这些传感器的安装复杂。工业应用中灰尘、潮湿、机械振动等环境也严重影响这些传感器的可靠性。因此,研究低成本、高精度、高可靠性的无位置传感器控制方法替代机械位置传感器是非常有必要的。

为了获得开关磁阻电机的初始转子位置信息,通常采用机械对中法。即在特定相绕组上施加高占空比电流脉冲,将转子强制旋转到对齐位置。机械对中法简单易行,但是,如果负载已经连接到转子轴上,则无法确保转子位置对中的准确性。此外,机械对中还会增加启动时间,这对于电动汽车等高惯性负载的应用尤为严重。因此,必须找到一种精确的初始转子位置估计方法,以扩大增量式位置传感器的应用范围。

无位置传感器是SRM调速系统设计的趋势。经过近十年来相关领域学者的广泛研究,国内外已出现许多针对SRM的无位置传感器控制方法。从估计方法采用的数据是否来自导通相来看,无位置传感器算法可分为两大类,一类是基于导通相的各种数据进行位置和速度估计,另一类是利用空闲相的数目进行位置和速度估计,具体分类如图10-1所示。根据测量得到的励磁相的电压和电流值估计转子位置的方法被称为导通相检测法。该方法的优势在于既不产生额外的功率损耗,又不需要附加额外的硬件。常用的导通相无位置传感器控制方法主要有:查表法[1]、数学模型法[2]、观测器法[3]、智能算法[4]等。这些算法的基本思想都是根据电压平衡方程计算相电感或者相磁链,然后根据SRM相磁链或相电感与相电流、转子位置角之间的关系,通过插值查表、数学模型或智能逼近等方法来间接估计转子位置信息或换相信号,从而实现无位置传感器运行控制。然而,此类方法依赖于磁

第10章 开关磁阻电机初始位置估计

链或者相电感计算的准确性。而且由于电阻变化以及积分运算造成的误差积累,磁链的估计精度会受到一定影响,从而影响转子位置预估的精度,尤其是在对齐和非对齐位置附近,磁链特性较密,微小的磁链变化可能造成较大转子位置估计误差。此外,利用导通相的信息检测位置的方法还有相电流梯度法[5]、相间互感法[6]等。相电流梯度法的原理是在某些特殊位置(如最小电感始端位置、最小电感末端位置、最大电感始端位置等)电流的梯度会出现突变,通过检测突变可以确定这些特殊位置。文献[7]提出了相电流梯度法,定转子凸极开始重叠时的位置为最小电感末端,在角度位置控制模式下,开始重叠位置的电流将出现峰值,检测电流峰值,即可确定转子凸极开始重叠的位置。然而该类方法无法在一个电周期内进行连续的位置预估,依赖于时延,精度较低。文献[8]建立了互感电压和导通相电流到转子位置角的映射关系,通过查表估算转子位置。互感法算法设计简单,但由于互感电压较小,抗干扰性差。

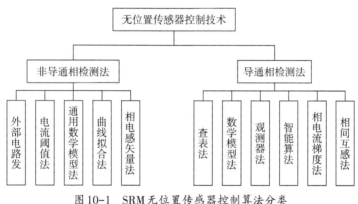

图10-1 SRM无位置传感器控制算法分类

前文介绍了大量的转子位置估计方法,但是,在静止状态下实现精确的初始位置估计仍是一项挑战。本章提出了一种基于凸函数优化的SRM位置估计方法。在该方法中,目标函数是根据测量和模拟电感的残差建立的,采用黄金分割算法找到其最小值,根据测量数据和模拟数据之间的线性关系,该最小值所处的位置即为估计的转子位置。实验结果表明,所提出的方法在所有位置都具有很高的精确度。所提出的方法在算法上较为简单,只包含基本运算,很容易在微处理器中实现。此外,它不需要任何额外的预测量,解决了传统的SRM初始位置估计方法存在的参数测量复杂以及高成本等缺陷。该方法总结为:

(1) 通过注入脉冲电压求取电感参数;
(2) 根据各相电感的大小判断转子位置所在电角度区间;
(3) 采用黄金分割法优化目标函数以获得高精度转子位置信息。

10.2 基于凸函数优化的初始位置估计方法

1. 测量法

转子初始位置的估算结果取决于 SRM 的非饱和相电感特性,其可以通过测量法或有限元法获得。为了测量估算相电感,需要在一个特定位置向一个相位注入高频脉冲信号,再根据相电流斜率差来估算相电感。转子静止时,由于转子不运动,反向电动势可以省略。此外,由于电流峰值较低,饱和效应也可忽略不计。因此,电压平衡方程可简化为式(10-1)。

$$U_k = R_k i_k + L_k \frac{di_k}{dt} \tag{10-1}$$

图 10-2 为 SRM 某相脉冲注入的示意图,如图 10-2 所示,当功率变换器开启时,电路电压方程可以写成:

$$U_{bus} - 2V_T = Ri_k + L_k \frac{di_k}{dt}\bigg|_{ON} \tag{10-2}$$

当功率变换器关闭时,电路电压方程可以写成:

$$-U_{bus} - 2V_D = Ri_k + L_k \frac{di_k}{dt}\bigg|_{OFF} \tag{10-3}$$

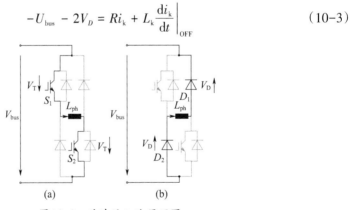

图 10-2 脉冲注入法原理图

U_{bus}、V_T、V_D、L_k、i_k、R、$di_k/dt|_{ON}$ 和 $di_k/dt|_{OFF}$ 分别为母线电压、功率变换器压降和二极管压降、相电感、感应电流、相电阻、转子位置和开关时刻的电流斜率。

利用式(10-2)和式(10-3)可以计算测量获得的 SRM 不饱和电感 $L_{mea,i}$。

$$L_{mea,i} = \frac{2V_{dc} + 2(V_D - V_T)}{\frac{di_{ph}}{dt}\bigg|_{ON} - \frac{di_{ph}}{dt}\bigg|_{OFF}} \tag{10-4}$$

式中 V_{dc}、V_D、V_T、i_{ph} 分别表示直流母线电压、二极管压降、开关管压降和相电流;

从式(10-4)可以看出,不饱和电感的计算需要获取电流的斜率,如图10-3所示。假定电流斜率在上升和下降阶段保持不变,采用在线线性最小二乘法(OLSF)即式(10-5)估计电流斜率。

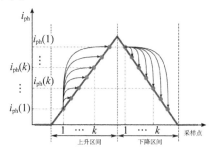

图10-3 最小二乘法(OLSF)估计电流斜率示意图

$$\frac{\mathrm{d}i_{\mathrm{ph}}}{\mathrm{d}t} = \frac{\sum_{k=1}^{N}\left[t(k) - \frac{1}{N}\sum_{k=1}^{N}t(k)\right]\left[i_{\mathrm{ph}}(k) - \frac{1}{N}\sum_{k=1}^{N}i_{\mathrm{ph}}(k)\right]}{\sum_{k=1}^{N}\left[t(k) - \frac{1}{N}\sum_{k=1}^{N}t(k)\right]^2} \quad (10-5)$$

2. 有限元法

随着计算机技术的发展,有限元法在电机的性能分析中越来越受欢迎。许多研究人员已证明有限元法是一种方便而精确的方法。但是,其结果的准确性取决于几何尺寸的精度、材料特性和绕组位置。制造商提供的这些参数并不总是准确的,而且铁磁材料的电磁特性可能在制造加工过程中发生变化,经过复杂的制作过程后,测量结果与模拟结果之间存在显著的差异。与测量法相比,有限元法是一种精确度较低但工作量较小的获取不饱和相电感特性的方法。如图10-4所示,示例电机的有限元模型由商用有限元软件Flux2D建立。由于SRM配置的对称性,仿真时只需考虑电机的四分之一。通过对所有转子位置的单独相绕组施加低电平电流,即可模拟出不饱和相电感特性。

图10-4 有限元仿真结果图

如图10-5所示,测量的非饱和电感特性与有限元计算结果进行了比较。图10-5中,测得的电感值与仿真值有一定的差异,这可能是由于制造过程中气隙参数错误造成的。虽然这两条曲线并不一致,但有限元仿真得出的电感曲线与测量结果相似,这表明测量结果与有限元仿真结果之间存在线性关系。

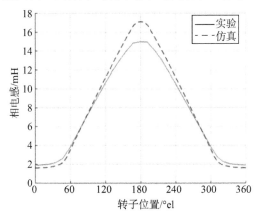

图10-5 测量与仿真电感对比图

将上文中通过有限元法获得的SRM绕组电感命名为$L_{sim,i}$;用线性回归模型建立电感计算值和有限元得到电感特性之间的关系,在一个电周期中计算得到的电感值和有限元结果的对比图如图10-5所示。

$$L_{mea} = \alpha + \beta L_{sim} + \varepsilon \tag{10-6}$$

式中:α为定子极弧;β_r为转子极弧。

式中α和β为回归模型的系数,ε是估计误差;

使用最小二乘法,通过公式求解α和β;式中N_{ph}表示SRM的相数;通过下列梯度方程求解RSS(α,β)的最小值。

$$\begin{cases} \dfrac{\partial Q}{\partial \alpha} = -2\sum_{i=1}^{n}(L_{mea,i} - \hat{\alpha} - \hat{\beta}L_{mea,i}) = 0 \\ \dfrac{\partial Q}{\partial \beta} = -2\sum_{i=1}^{n}L_{mea,i}(L_{mea,i} - \hat{\alpha} - \hat{\beta}L_{mea,i}) = 0 \end{cases} \tag{10-7}$$

此时系数α和β的计算结果如下:

$$\begin{cases} \hat{\alpha} = \bar{L}_{mea} - \hat{\beta}\bar{L}_{sim} \\ \hat{\beta} = \dfrac{\sum_{i=1}^{n}L_{sim,i}L_{mea,i} - n\bar{L}_{mea}\bar{L}_{sim}}{\sum_{i=1}^{n}L_{sim,i}^{2} - n\bar{L}_{sim}^{2}} \end{cases} \tag{10-8}$$

第10章 开关磁阻电机初始位置估计

得到回归模型的参数后建立如式(10-4)以其残差平方和作为目标函数:

$$RSS(\theta) = \sum_{i=1}^{N_{ph}}(L_{\text{mea},i} - \hat{\alpha} - \hat{\beta}L_{\text{sim},i}(\theta))^2 \quad (10\text{-}9)$$

根据计算得到的各相电感的关系,确定转子位置所在电角度区间[a,b];

定义L_A、L_B、L_C分别表示三相SRM的A、B、C三相实时电感,每个时刻可根据L_A、L_B、L_C之间的大小关系确定转子位置所处的电角度区间,以三相12/8开关磁阻电机为例,其各相电感特性曲线如图10-6所示。故一个周期电角度区间可以作如下划分:

当$L_A \leq L_B \leq L_C$时,电角度区间为$[0°,60°)$;

当$L_B \leq L_A \leq L_C$时,电角度区间为$[60°,120°)$;

当$L_B \leq L_C \leq L_A$时,电角度区间为$[120°,180°)$;

当$L_C \leq L_B \leq L_A$时,电角度区间为$[180°,240°)$;

当$L_C \leq L_A \leq L_B$时,电角度区间为$[240°,300°)$;

当$L_A \leq L_C \leq L_B$时,电角度区间为$[300°,360°)$;

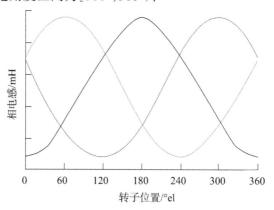

图10-6 三相开关磁阻电机各相电感特性曲线

通过下式计算检验值p和q,并将其代入目标函数$RSS(\theta) = \sum_{i=1}^{N_{ph}}(L_{\text{mea},i} - \hat{\alpha} - \hat{\beta}L_{\text{sim},i}(\theta))^2$,得到$RSS(p)$与$RSS(q)$

$$\begin{cases} p = b - 0.618(b-a) \\ q = a + 0.618(b-a) \end{cases} \quad (10\text{-}10)$$

根据$RSS(p)$和$RSS(q)$的大小关系更新检验p和q的值。

如果$RSS(p)<RSS(q)$,则$a=a,b=q$,反之$a=p,b=b$;迭代寻优过程如图10-7所示。

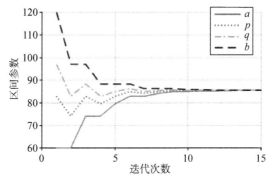

图 10-7 目标函数曲线和迭代优化过程

如果$|a-b| \leqslant \varepsilon$则进入下一步计算,反之返回式(10-9)重复运算,直到$|a-b| \leqslant \varepsilon$。结束循环后,电机转子位置估计为$\hat{\theta} = \dfrac{a+b}{2}$。

所提出的检测方法在一个电周期内转子位置估计误差如图10-8所示。

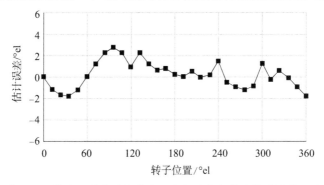

图 10-8 传统位置估计方法在一个电周期内转子位置估计误差

基于凸函数优化的转子位置估计方法相比传统方法改善了优化方法,相比于利用黄金分割法,减少了迭代的次数。

10.3 实验验证

为了验证所提出的位置估算方法的准确性和有效性,本节在三相12/8极SRM原型上进行了实验。为验证所提方法在一个电气周期内定位的准确性,通过注入PWM电压脉冲,获得每12°el的三相电流数据。母线电压为20V,电压脉冲的频率和占空比分别为1kHz和0.4。以35°el为例,测量到的电流波形和电压波形如图10-9所示。

第10章 开关磁阻电机初始位置估计

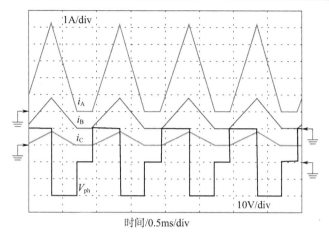

图10-9 脉冲注入电流与电压结果

如图10-10所示,a和b的初始值分别为0和60。然后,根据式(10-9)计算出p和q,再重复搜索过程,不断更新a、b、p和q的值,直到a和b之间的差值小于收敛精度e。这样,转子位置就可以通过它们的平均值估算出来,即33.69°el。

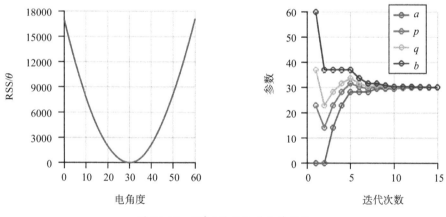

图10-10 30°el转子位置估计结果

将所提的方法与传统的基于坐标转换的方法(Coordinate-transformation-based methods,CTM)和基于通用电感模型的方法(General inductance model based methods,GIMM)方法在一整个周期内估计的转子位置的对比。

为了定量评价每种方法的精度,引入了两种误差,分别是最大绝对误差值(MAVE)和均方根误差(RMSE),如图10-11所示为三种方法的最大绝对误差值比较图。

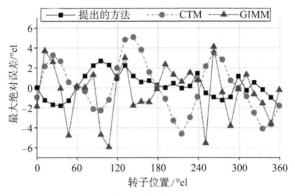

图 10-11 全周期转子位置估计对比

$$MAVE = \max_{j=1}^{m}|e_j|$$
$$RMSE = \sqrt{\frac{1}{n}\sum_{j=1}^{n}e_j^2}$$
（10-11）

表 10-1 为三种方法的对比。可以看出，所提方法的 MAVE 仅为 2.19°el（机械角为 0.27°），比 CTM 和 GIMM 小至少两倍。而所提方法的均方根误差为 0.98°el，比 CTM 和 GIMM 至少小 2.5 倍。所提方法通过有限元仿真数据得到数学模型，与 CTM 和 GIMM 中的模型相比，有限元仿真数据包含了电感模型的高阶分量，比假定的数学模型具有更好的拟合度。因此，采用所提出方法的估算结果可以达到更高精度。

表 10-1 误差对比

方法	提出的方法	CTM	GIMM
MAVE	2.19°el	5.10°el	5.94°el
RMSE	0.98°el	2.63°el	2.63°el

10.4 小结

本章介绍了一种新型的基于凸函数优化的 SRM 初始转子位置估计方法并与两种传统初始的位置预估方法进行了对比。在提出的方法中，目标函数是根据测量或有限元计算获得的电感的 RSS 建立的。再通过 GSS 方法找到最小值，由于测量数据和模拟数据之间的线性关系，该最小值对应的电机转子位置即为实际位置。所提方法将转子位置估计问题转化为凸函数寻优问题，实验也验证了其精确性和实用性。实验结果表明，所提出的方法在所有位置都具有很高的精确度，而且计算简单，只包含基本运算，很容易在微处理器中实现。此外，所提方法不需要任何额外的预测量。结果显示，对所研究的电机而言，误差小于 0.27°，对比证明了所提方法具有更高的精度，明显优于传统的初始位置估计方法。

第11章　起动及低转速下无位置传感器控制方法

11.1　引言

在SRM低速无位置传感器控制方法中,基于脉冲注入法的无位置传感器控制策略被广泛研究,该方法在SRM的低速运行状态下具有良好的性能。在电机运行过程中,通常需要将小振幅的脉冲电压注入开关磁阻电机的非励磁相,以估计其非饱和电感的动态特性。为了确定换向的时间,换向点的励磁相磁通量值减少到零的时间间隔和未励磁相电感的变化值,一个基于双电感动态阈值的方法被提出,用于估计直接启动的驱动信号。该方法通过判断两个空闲相的电感值是否达到阈值来确定启动角和关断角。有学者指出,在低速的每个斩波周期中,开关的传导时间(Δt)与相电感值呈线性变化,而相电感值只与转子位置有关,因此,转子位置可以通过测量空闲相的每个斩波周期中开关的导通时间(Δt)来估计。研究人员提出了一系列基于相位电感矢量坐标变换的位置估计方案[10],以实现对SRM的低速无传感器控制。为了减少由脉冲注入产生的感应电流引起的负转矩等问题,文献[10]提出了一种终端滑模控制方案,以在线调整脉冲电压,从而确保感应电流总是接近一个小值。文献[11]中提出了一种可靠的基于脉冲注入的无传感器控制方案,即使电机有缺相故障,其也能正常运行。为了降低对测量精度的要求,研究人员提出了一种基于电感阈值的脉冲注入策略[12],该方法在空闲阶段电感的线性区域注入高频脉冲,SRM的转子位置可以通过简单的测量和线性计算得到,但是这种方法适用于不需要高精确度的应用场合。为了提高位置估计的准确性,一些学者将SRM的饱和电感替换成非饱和电感并构建了全周期非饱和电感的线性模型。这不仅降低了电感模型的复杂性,而且还提高了位置估计的准确性和模型的适用性[13-14]。值得注意的是,现有文献中关于无位置传感器起动算法的研究还比较少,尤其是重载起动。本章因此提出了一种基于多项式曲线拟合的SRM无位置传感器重载起动算法,利用脉冲注入法以及积分计算法获取三相不饱和电感,并通过多项式曲线拟合获取电机转子的位置信息以实现无位置传感器的起动控制和低速控制,最后,经过实验验证了其精确性和实用性。

11.2 基于多项式曲线拟合的重载起动算法

如图11-1所示,根据电流阈值I_{th},整个周期的电感和电流可划分为两个区域(区域1和区域2)。

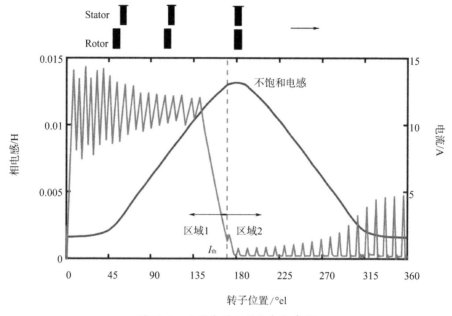

图11-1 全周期的不饱和相电感图

在区域1中,非饱和电感的计算公式如下

$$\psi(\theta, i) = \int_0^t [u - R_i] dt \tag{11-1}$$

$$L(\theta, i) = \frac{\psi(\theta, i)}{i} \tag{11-2}$$

其中u、R_i、L分别为SRM的电压、电阻、电流和电感。

值得注意的是,式(11-2)中计算出的电感可能会达到饱和,尤其是在重载情况下。为了得到非饱和电感,可使用一个简单的关系式将计算得到的电感转换为非饱和电感,下面将介绍一种饱和—非饱电感转化方法。

利用饱和—非饱和电感转化法获得非脉冲注入相的不饱和电感特性,即当转子位置在θ_1、θ_{hr}之间时通过一次函数$L_{un1}(\theta)$将非脉冲注入相的电感特性转化为不饱和电感特性,当转子位置在θ_{hr}、θ_2之间时,通过二次函数$L_{un2}(\theta)$将非脉冲注入相的电感特性转化为非饱和电感特性

$$L_{un1}(\theta) = k(i)L(\theta,i) + L_0(i)$$
$$L_{un2}(\theta) = a(i)L(\theta,i)^2 + b(i)L(\theta,i)^2 + c(i) \tag{11-3}$$

式中：$L_0(i)$ 是函数 $L_{un1}(\theta)$ 的斜率和截距；$a(i)$、$b(i)$、$c(i)$ 是 $L_{un2}(\theta)$ 的系数。通过特殊值代入的方法得到一次函数 $L_{un1}(\theta)$ 和二次函数 $L_{un2}(\theta)$ 的常系数。特殊值包括实验测量的 $L(\theta_{hr},i)$，$L_{un}(\theta_{hr})$，$L(\theta_1,i)$，$L_{un}(\theta_1)$，$L(\theta_2,i)$，$L_{un}(\theta_2)$。通过下式得到一次函数 $L_{un1}(\theta)$ 的斜率。

$$k(i) = \frac{L_{un}(\theta_{hr}) - L_{un}(\theta_1)}{L(\theta_{hr},i) - L(\theta_1,i)}$$
$$L_0(i)i = L_{un}(\theta_{hr}) - k(i)L(\theta_1,i) \tag{11-4}$$

通过下式得到二次函数的系数。

$$\begin{bmatrix} a(i) \\ b(i) \\ c(i) \end{bmatrix} = \begin{bmatrix} L(\theta_{hr},i)^2 & L(\theta_{hr},i) & 1 \\ L(\theta_a,i)^2 & L(\theta_a,i) & 1 \\ 2L(\theta_{hr},i) & 1 & 0 \end{bmatrix}^{-1} \begin{bmatrix} L_{un}(\theta_{hr}) \\ L_{un}(\theta_a) \\ k(i) \end{bmatrix} \tag{11-5}$$

利用前文介绍的饱和—非饱和电感转化法可获得非脉冲注入相的不饱和电感特性，

$$L_{un1}(\theta) = k(i)L(\theta,i) + L_0(i)$$
$$L_{un2}(\theta) = a(i)L(\theta,i)^2 + b(i)L(\theta,i)^2 + c(i) \tag{11-6}$$

对于区域 2，则通过脉冲注入获取电感值，SRM 的磁链特性和电感特性与相电流和转子位置密切相关，根据基尔霍夫电压定律，可以写出电机一相的电路方程

$$U_k = R_k i_k + \frac{\partial \psi_k}{\partial i_k}\frac{di_k}{dt} + \frac{\partial \psi_k}{\partial \theta}\frac{d\theta}{dt}$$
$$= R_k i_k + \left(L_k + i_k\frac{\partial L_k}{\partial i_k}\right)\frac{di_k}{dt} + i_k\frac{\partial L_k}{\partial \theta}\frac{d\theta}{dt} \tag{11-7}$$

式中：U_k、R_k、i_k、ψ_k、L_k、θ 分别为 SRM 的相电压、相电阻、相电流、磁链、相电感和转子位置。

由于高频脉冲的注入时间非常短，因此可以认为此时的电感是恒定的，而且由于产生的感应电流非常小，此时的电感可以近似为非饱和电感。因此，式(11-7)可以简化为

$$U_k = R_k i_k + L_k \frac{di_k}{dt} \tag{11-8}$$

因此，如图 11-2 所示，当功率变换器开启时，电路电压方程可以写成：

$$U_{bus} - 2V_T = Ri_k + L_k \frac{di_k}{dt}\bigg|_{on} \tag{11-9}$$

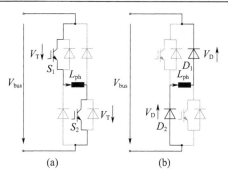

图 11-2 脉冲注入法原理图

当功率变换器关闭时,电路电压方程可以写成:

$$-U_{\text{bus}} - 2V_D = Ri_k + L_k \frac{di_k}{dt}\bigg|_{\text{off}} \quad (11\text{-}10)$$

U_{bus}、V_T、V_D、L_k、i_k、R、$di_k/dt|_{\text{on}}$ 和 $di_k/dt|_{\text{off}}$ 分别为母线电压、功率变换器压降和二极管压降、相位电感、感应电流、相位电阻、转子位置和开关时刻的电流斜率。

进一步使用式(11-9)和式(11-10),在高频脉冲注入时刻的注入相的不饱和电感可以通过下式获得。因此,区域2的不饱和电感计算方法如下

$$L_{\text{un}3} = \frac{2U_{\text{bus}} + 2(V_D - V_T)}{di_k/dt|_{\text{on}} - di_k/dt|_{\text{off}}} \quad (11\text{-}11)$$

利用式(11-4)、式(11-11)可以获得电机各项全周期的不饱和电感,为了方便阐述,命名为 L_{un}。

在求得三相不饱和电感后,可以根据三相不饱和电感数据求解转子位置信息。

(1)区间判断:根据获取的非饱和三相电感,可确定转子位置所在的电角度区间[a,b]。三相SRM的A、B和C三相的实时电感值分别记为 L_A、L_B 和 L_C。

电角度区间[a,b]的判断规则如表11-1所列。

表 11-1 位置区间判断表

电感大小关系	位置区间(电角度)
$L_A \leq L_B \leq L_C$	[0,60]
$L_B \leq L_A \leq L_C$	[60,120]
$L_B \leq L_C \leq L_A$	[120,180]
$L_C \leq L_B \leq L_A$	[180,240]
$L_C \leq L_A \leq L_B$	[240,320]
$L_A \leq L_C \leq L_B$	[320,360]

(2) 位置选择:四个转子位置角 θ_1、θ_2、θ_3、θ_4,可从确定的区间[a,b]中均匀选择。

搜索不饱和电感值:对于每个选定的转子位置角值对应的三相电感 L_A、L_B 和 L_C 可在微型数据表中获得。值得注意的是,由于区间[a,b]的长度为60°el,即需要每20°el选择一个转子位置,而且电感具有对称性,因此在整个循环中只需存储10个电感数据,从而大大减少了存储空间的占用。

(3) 残差计算:利用获得的三相不饱和电感中获得的电感数据,通过最小二乘法计算残差

$$L_{un} = \alpha + \beta L(\theta) + \varepsilon \quad (11-12)$$

式中:α 和 β 为回归模型的系数,ε 是估计误差。

用最小二乘法通过公式求解 α 和 β,式中 n 表示 SRM 的相数,通过下式梯度方程求解 $RSS(\alpha, \beta)$ 的最小值。

$$\begin{cases} \dfrac{\partial Q}{\partial \alpha} = -2\sum_{i=1}^{n}(L_{un} - \hat{\alpha} - \hat{\beta}L_{un}) = 0 \\ \dfrac{\partial Q}{\partial \beta} = -2\sum_{i=1}^{n}L_{un}(L_{un} - \hat{\alpha} - \hat{\beta}L_{un}) = 0 \end{cases} \quad (11-13)$$

得到回归模型的参数后建立式(11-13)以其残差平方和作为目标函数:

$$\mathrm{RSS}(\theta) = \sum_{i=1}^{n}(L_{un} - \hat{\alpha} - \hat{\beta}L(\theta))^2 \quad (11-14)$$

式中:$\hat{\alpha}$ 和 $\hat{\beta}$ 为估计的回归模型的系数。

(4) 多项式曲线拟合:目标函数式(11-14)可视为一条三次函数曲线,因此,所获目标函数的多项式形式可描述为

$$\mathrm{RSS}(\theta) == c_k\theta^k + c_{k-1}\theta^{k-1} + \cdots + c_1\theta + c_0 \quad (11-15)$$

式中:k 是拟合多项式的阶数(为了简便和准确,取 $k=3$);c 是拟合多项式的系数。

在确定的位置区间[a,b],我们在式(11-15)中代入 θ_1、θ_2、θ_3、θ_4,计算 $\mathrm{RSS}(\theta_1)$、$\mathrm{RSS}(\theta_2)$、$\mathrm{RSS}(\theta_3)$、$\mathrm{RSS}(\theta_4)$。之后多项式中目标函数的系数矩阵便可以用下式计算。

$$\begin{aligned} c &= (\Phi^T\Phi)^{-1}\Phi^T, \\ c &= \begin{bmatrix} c_i & c_{i-1} & \cdots & c_1 & c_0 \end{bmatrix}^T \\ y &= \begin{bmatrix} \mathrm{RSS}(\theta_1) & \mathrm{RSS}(\theta_2) & \cdots & \mathrm{RSS}(\theta_M) \end{bmatrix}^T \\ \Phi &= \begin{bmatrix} \theta_1^k & \theta_1^{k-1} & \cdots & \theta_1 & 1 \\ \theta_2^k & \theta_2^{k-1} & \cdots & \theta_2 & 1 \\ & & & \vdots & 1 \\ \theta_M^k & \theta_M^{k-1} & \cdots & \theta_M & 1 \end{bmatrix} \end{aligned} \quad (11-16)$$

如图 11-3 所示,可以得到 4 个特殊点对应的数据。此外,还可以根据式(11-16)

得到区间[a,b]内的完整残差曲线(60~120°el)。传统的方法获得残差曲线,需要遍历整个非饱和电感数据表。而现在,只需通过4个特殊点即可得到。

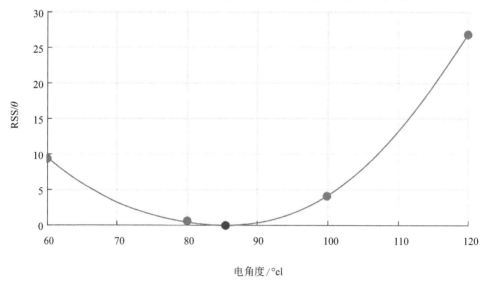

图 11-3　全周期的不饱和相电感图

(5) 快速求解 $RSS(\theta)=0$。使用求根公式可以快速求解转子位置信息

$$\theta = \frac{-c_2 \pm \sqrt{c_2^2 - 3c_3 c_1}}{3c_3} \quad (11-17)$$

位于区间[a,b]内的解就是估计的转子位置。图 11-3 所示,居中点的值为 85.1°el,表示实际转子位置为 84°el 时,该方法计算出的估计转子位置值为 85.1°el。

11.3　实验验证

通过在额定负载为 2N·m 的三相 12/8 极 SRM 驱动系统上进行实验,以验证转子位置估算的准确性。该系统的额定负载为 2N·m,使用 dSPACE 1202 平台作为控制器来实现控制策略。

如图 11-4 所示,在没有位置传感器的情况下,进行了两倍额定负载的重载起动控制实验。所提出的方法实现了起动过程中的初始位置估算、起动过程中的位置估算以及升速阶段的估计,估计误差在±3%以内。如图 11-5 为转速切换时的转子位置估计结果,其证明系统具有很强的动态响应能力。实验证明,所提出的方法能有效解决低速和重负载时的速度切换问题。

第11章 起动及低转速下无位置传感器控制方法

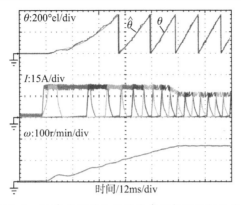

图 11-4　4N 负载下的无位置传感器起动控制结果图

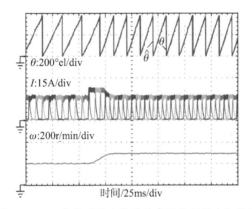

图 11-5　4N 负载下的无位置传感器控制转速切换图

通过上述通用的无传感器启动方案,可以实现 SRM 的无位置传感器起动以及低速控制,该方案具有多个优点。首先,提出的方法不需要任何滤波器,因此在实际应用中很容易实现。其次,它完全依赖于电感特性曲线的形状,这一特点增强了系统的鲁棒性,其能适应因运行变化而导致的电机参数变化。因此,提出的方法具有很强的通用性,可有效地应用于各种情况。通过进一步整合高速无位置传感器算法,可实现全速无传感器运行。

11.4　小结

本章介绍了一种能够重载起动的 SRM 低速无位置传感器控制算法,该方法包括脉冲注入法,即通过高频脉冲电压注入获得检测相的非饱和电感,同时,其他两相的电感也通过积分计算以及公式转化获取。进一步通过多项式拟合算法计算获转子位置信息。实验结果证明,所提出的方法不仅不需要额外的测量硬件和复杂的数据表格,还能够在电机负载为额定负载两倍的情况下实现无位置传感器重载起动,并具有较低的位置估计误差。当电机转速发生改变时,提出的方法表现出优秀的动态特性,能够应对起动控制中的转速突变,该方法可结合第12章的中高速无位置传感器控制算法实现全速段无位置传感器转子位置估计。

第12章　中高转速下无位置传感器控制方法

12.1　引言

在电机中高速运转时,相电流的尾部会延伸到电感下降区域,影响脉冲注入空间,导致基于脉冲注入的无位置传感器控制策略在SRM中高速运行时的性能表现较差。所以国内外的研究者提出了许多基于磁通模型的方法,来实现SRM中高速运行时的调速控制。基于磁链/电流数据表的无位置传感器控制策略已被提出,并与直接瞬时转矩控制方法相结合,表现出了优越的性能。然而,这种方法有一个很大的缺点,需要测量和储存复杂的非线性电磁特性先验数据,这占用了大量的存储空间[15]。为了减少存储空间的占用,Sun等提出了一种基于简化磁通模型的无传感器控制方法。通过建立固定换向位置的磁链/电流查找表,检查磁链/电流查找表是否达到换向值并进行换向控制[16]。但它只能应用于一些精度不高的地方,而且这种方法只适用于高速电机运行。

有学者指出使用各相电感的磁通曲线的线性部分来估计转子位置,这种方法只需要存储曲线的线性部分,减少了对存储器的的要求,并且精度也比较高[17]。为了提高转子位置估计的准确性和中高速的无位置传感器控制策略的鲁棒性。在建立了转子位置与磁通的关系方程后,利用傅里叶变换将转子特征位置矢量最终分解为基波矢量和谐波矢量[18],根据提出的NSO算法消除谐波,转子位置估计的精度得到了很大的提高。W.Miyauch等利用励磁相的电压和电流数据,分别用两种方法计算磁通,再用牛顿法估计误差,最后得到了合适的位置估计值[19]。

许多观测器模型被用来估计中高速运行的SRM的转子位置,这些模型具有较高的精度和较强的鲁棒性。根据SRM的磁链特性可以设计一个状态观测器,其通过计算并状态观测器的最佳增益[7]实现高转速下的转子位置估计。基于滑模观测器的算法提供了简单而稳健的架构,一些基于磁通量的滑模观测器(Sliding-Mode Observer,SMO)模型需要预先存储磁数据,当电机处于中高速时,其对转子位置的估计具有很低的误差[20,21]。通过假设相电感是测量所得的相电流和估计转子位置的函数来实现基于电流模型的SMO,由于不需要预先存储磁特性数据,其对存储的需求减少[22,23]。

应该注意的是，无论在低速、中速还是高速 SRM 中，铁耗和涡流等损耗以及线圈间的互感对转子位置的估计都有比较大的影响。Sun 等指出，铁耗和铝涡流以不同的振幅出现在磁通曲线的低谷处[24]。他们在揭示了损耗对磁特性的影响后，提出了一种基于非饱和磁通联动模型的新位置估计方法[25]。Zhang 等提出了一种考虑到线圈互感的交错脉冲注入法的位置估计方法减少了由绕组间互感引起的位置估计误差[26]。

本章提出一种基于滑模观测器法和非线性电感转化法两种适用于中高速的 SRM 位置预估方法。以第二篇测量的磁链特性为基础，给出基于滑模观测器法和非线性电感转化法的中高速的 SRM 无位置传感器控制策略，并给出相应的仿真和实验结果以验证所给出的方法的可行性。

12.2 滑模观测器法

滑模控制的原理就是按照实际控制对象所需的动态特性设计出整个控制系统的开关超平面（简称滑模面），并利用控制器使系统状态从滑模面外向滑模面收敛（图 12-1）。只要系统收敛到滑模面，控制器即可控制系统沿着滑模面波动运行，这种沿滑模面向系统原点滑行的过程就被称为滑模控制。而且由于滑模面的设计是独立于控制对象本身的参数和外部扰动的，因此 SMC 具有很好的适用性和鲁棒性。

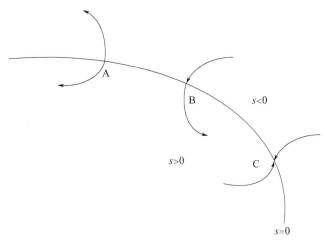

图 12-1 滑模控制示意图

从以上论述可以看出，滑模控制可以不受系统不确定性的影响，对干扰和未用于建模的系统动态参数也不敏感，非常适用于非线性系统的控制。并且由于 SMC

算法简单,对存储器的要求低、控制速度快,反应灵敏,其在电气控制领域得到了广泛的应用,也有学者将SMC应用于工业机器人控制和航空控制。本章在学习相关文献并参考了SMC的各种实际应用的基础上,提出了采用滑模控制来实现SRM无位置传感器控制的策略。

在本章中对于滑模控制的设计过程。包含了以下两个方面:

(1) 确定切换函数(滑模面)。滑模面代表了系统的理想动态特性,当系统到达滑模面时,表示系统能够实现稳定的控制,系统在滑模面附近进行"开关切换",表明系统处于动态稳定之中。

(2) 滑动模式观测器(控制器)的设计。滑模观测器也被称为状态重构器。通过前文讨论可知它是一类非线性动态系统,根据系统的外部变量(输入和输出变量)的测量值可以获得状态变量的估计值。滑模观测器不仅为状态反馈的技术实现提供了实际可能性,而且在控制工程的许多方面也有实际应用,如模拟扰动以实现对系统内外扰动的完全补偿,对许多无法测量的参数进行在线预估和辨识等。

滑模观测器可以通过测量实际系统的输入和输出来获得对某一系统内部状态的估计。滑模观测器使用非线性高增益反馈来迫使估计的系统状态接近超平面,使估计输出等于测量输出,因此可以满足达到滑模平面的条件,使收敛运动(非滑模)在有限时间内达到滑模平面。而且当滑模观测器的增益参数设置的合理时,其在收敛过程中的速度将会很快快,抖振也很小。

SRM的相绕组电压平衡方程可以从电路的基本规律中得到:

$$\frac{\mathrm{d}\psi_k}{\mathrm{d}t} = U_k - R_k i_k \tag{12-1}$$

式中: k 为相的数目; ψ_k 为第 k 相绕组的磁链; R_k 为第 k 相绕组的相电阻; i_k 是第 k 相绕组的相电流。

根据力学定律,可以得到SRM的运动方程为

$$\frac{\mathrm{d}\hat{\omega}}{\mathrm{d}t} = \frac{1}{J}[(T_e - T_L) - B\omega] \tag{12-2}$$

$$\frac{\mathrm{d}\theta}{\mathrm{d}t} = \omega \tag{12-3}$$

其中 T_e、T_L、J 分别是电磁转矩、负载转矩、SRM的转动惯量。

为了建立SRM模型,其电感—电流—位置数据应被事先确定和计算。

SMO的关键就是滑模面的设计,对于SRM调速控制系统,其滑动模式平面可以设置为

$$\begin{aligned} e_\theta &= \theta - \hat{\theta} \\ e_\omega &= \omega - \hat{\omega} \end{aligned} \tag{12-4}$$

为了实现对 SRM 的速度和位置的估计,根据式(12-3)和式(12-4)设计滑模观测器。

$$\frac{\mathrm{d}\hat{\omega}}{\mathrm{d}t} = k_\omega \, \mathrm{sgn}(e_\omega) + \frac{1}{J}[(T_e - T_L) - B\hat{\omega}] \quad (12-5)$$

$$\frac{\mathrm{d}\hat{\theta}(k)}{\mathrm{d}t} = \hat{\omega}(k) + k_\theta \, \mathrm{sgn}(e_\theta) \quad (12-6)$$

上述式子比较复杂烦琐,在实际应用中需要大量的实验数据,并且对处理器性能的要求也很高,因此需要对其进行简化。在绝大多数情况下,B/J 和净转矩 $(T_e - T_L)/J$ 的大小与 k_ω 相比很小,所以其可以被省略。因此,滑模观测器模型公式可以被简化为

$$\frac{\mathrm{d}\hat{\omega}(k)}{\mathrm{d}t} = k_\omega \, \mathrm{sgn}(e_\omega) \quad (12-7)$$

$$\frac{\mathrm{d}\hat{\theta}(k)}{\mathrm{d}t} = \hat{\omega}(k) + k_\theta \, \mathrm{sgn}(e_\theta) \quad (12-8)$$

然而,我们很难知道电机的实际速度和转子位置,所以 e_ω 和 e_θ 的值是未知的。本文为此给出了新的滑模面为:

$$e_f = (i_k - \hat{i}_k)\sin(\hat{\theta}) \quad (12-9)$$

这不仅保证了任何时候 $\mathrm{sgn}(e_f)$ 的值总是等于 $\mathrm{sgn}(e_\theta)$ 和 $\mathrm{sgn}(e_\omega)$ 的值,而且 SRM 相电流值也非常容易确定即 e_f 的值很容易得到。其中 cos 函数是为了保证误差函数值始终向 0 滑动。因此,滑模观测器最终被简化为

$$\begin{aligned}\frac{\mathrm{d}\hat{\omega}(k)}{\mathrm{d}t} &= k_\omega \, \mathrm{sgn}(e_f) \\ \frac{\mathrm{d}\hat{\theta}(k)}{\mathrm{d}t} &= \hat{\omega}(k) + k_\theta \, \mathrm{sgn}(e_f)\end{aligned} \quad (12-10)$$

利用式(12-10),即可搭建基于滑模观测器的 SRM 无位置传感器调速控制系统。

根据上述讨论,系统的李雅普诺夫方程可以写为

$$V = \frac{1}{2}e_\theta^2 \quad (12-11)$$

对式(12-11)进行求导可以得到:

$$\dot{V} = \dot{e}_\theta e_\theta = e_\theta[e_\omega - k_\theta \, \mathrm{sgn}(e_\theta)] \quad (12-12)$$

在上述讨论中可以得知 e_θ 的值可以被 e_f 的值取代,因此只要满足 $\dot{V} = \dot{e}_\theta e_\theta > 0$ 的条件,唯一的滑模面 $e_\theta = 0$ 就一定可以达到。

综合前文讨论,一个二阶滑模观测器即可被设计出来。其系统原理框图如图 12-2 所示。

第12章 中高转速下无位置传感器控制方法

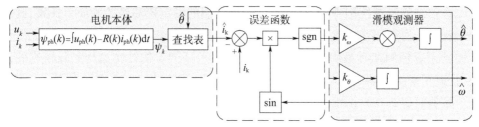

图 12-2 滑模控制系统原理框图

基于滑模的无位置传感器控制系统与其他非连续系统类似,均有开关特性,因此导致了系统抖动和振动问题的产生。在实际应用中,整个系统是具有惯性的,而且在切换过程中,切换开关必然存在时间和空间的滞后性,这就使得抖动问题不可避免。总而言之,抖动形成的原因是,当控制系统的轨迹运动到滑模面(也可以说是开关面)的时候,运动点的速度在很大程度上受到限制,惯性使其越过开关面,从而形成抖动,整个系统在理想滑模面上"波动运行"。系统抖振影响了控制的精度,但是其也使控制能够抵抗外部干扰。

需要指出的是,可以通过一些方法减弱抖动,但不能彻底消除抖动,因为消除了抖动,也就消除了SMO的抗干扰能力。国内外许多学者提出了减少滑模抖振的方法主要包括:收敛法、滤波器法、准滑模法、观测器法、开关增益法等。这些方法均有较好的效果,但也都有各自的局限性,比如成本过高、实际应用困难等因素,需要根据实际情况来进行取舍。

滑模增益值与滑模控制系统的抖振密切相关,适当的滑模增益值可以在减少系统抖振的同时提高系统的稳定性和跟随性。因此合适的滑模增益值对于整个滑模控制系统来说非常重要。

对于前文设计的一个滑模观测器设计的关键是滑模增益的设计即k_θ和k_ω的值的设计,如果k_θ和k_ω值的取值恰当,将大大减少系统调试的工作量。滑模观测器中的k_θ类似于PID控制中的比例调节系数,其作用是按照比例关系对输入偏差进行调节,k_θ主要是影响系统的快速性,其在滑模观测器中起到较大的调节作用,k_θ使整个滑模系统快速滑动至滑模面附近。但如果k_θ过大会使系统发生较大抖振,甚至导致系统不稳定;但是k_θ的值也不能设置得过小,过小的k_θ会导致系统耗费较长的时间到达滑模面,并且使系统不能对各种干扰快速响应,这就违背了高鲁棒性控制的设计初衷。滑模观测器中的k_ω类似于PID调节中的积分调节部分,k_ω的主要影响地是系统的稳态误差,合适的k_ω可以减少系统抖振,理想情况下,其可消除稳态误差,实现系统的无静差调节。

为了避免复杂、反复的实验,本章将利用所学的自动控制原理相关的知识,通过伯德图的绘制,确定出大致的滑模增益值的范围。

在传统的滑模控制中,滑模观测器的增益值的设定依靠经验和简单计算,其在控制精度上存在不足。而基于遗传和BP神经网络算法滑模观测器的SRM无位置传感器调速控制拥有最优的滑模增益值,其大大降低了估计转速与实际转速的误差,提高了系统的响应时间,对提高SRM适用性和调速性能有着重要作用。

根据式(12-12),滑模观测器的开环传递函数可以写成以下形式。

$$G(s) = \frac{\hat{\theta}}{e_f} = \frac{k_\theta s + k_\omega}{s^2} \tag{12-13}$$

k_θ和k_ω的值影响着系统的稳定性、准确性和快速性,所以选择合适的k_θ和k_ω值是非常重要的。伯德图是线性非时变系统的传递函数对频率的半对数坐标图,其横轴频率以对数尺度(log scale)表示,纵坐标幅值或相角采用线性分度,利用伯德图可以看出系统的频率响应。在本章中,我们通过分析系统的波德图来确定k_θ和k_ω的取值范围,然后通过优化算法找到k_θ和k_ω的最佳值。

从图12-3可以看出,系统的穿越频率主要受k_θ值的影响,穿越频率越大,系统的带宽就越大,系统的响应速度就越快,因此,增大k_θ值可以使系统调节控制SRM的速度更快地稳定在设定速度附近,但过大的穿越频率会使系统对高频噪声更加敏感,甚至降低系统的稳定性引起振荡,因此,经过初步分析,k_θ的值应设定在1000~3000。而系统的低频段主要受k_ω的影响,系统在低频段的增益越大,系统的稳态误差越小,所以较大的k_ω值可以使SRM的速度和位置的估计值更加准确,实现系统的无静差调节。因此,经过初步分析,k_ω值应设置在70000~300000。从图12-1中还可以发现,k_θ和k_ω的取值大小共同影响系统在中频段的增益值。合适的k_θ和k_ω的值可以使系统在5Hz时有几十分贝的增益,这可以保证系统对设定速度的跟随性。

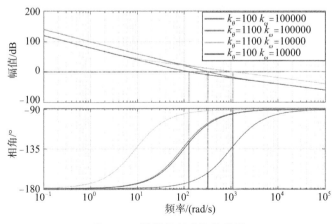

图12-3 滑模控制系统伯德图

第12章 中高转速下无位置传感器控制方法

通过伯德图分析,本章给出了滑模观测器的两个增益 k_θ 和 k_ω 值的取值范围,下面本章将在给出的限定范围内,寻找到最优的 SMO 增益值。

基于上述讨论,结合 SRM 的电磁特性,本章对 SRM 和滑模观测器进行建模并搭建仿真。

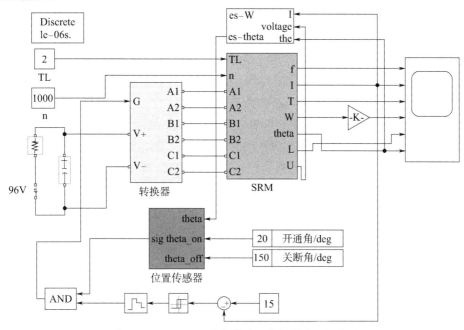

图 12-4 SRM 无位置传感器调速控制系统仿真图

SIMULINK 是 MATLAB 软件中的仿真工具模块,其具有强大的在线仿真功能,并且在 SIMULINK 中集中了许多模块库,用户在仿真时,可以直接从其中调用,这样便省去了大量的建模时间,并且使仿真建模变得简单且易操作,此外,MATLAB/SIMULINK 为使用者提供了很好的视图和监控功能。例如,在仿真中,可以通过添加一些示波器模块来观察模型中各种变量的变化,从而对仿真系统进行动态分析。

其中,对于 SRM 模型,采用双闭环(电流环、转速环)反馈调速系统,用于进行 SRM 的无静差调速,以方便进行后续的电机动态调速验证。滑模观测器模型用于进行 SRM 转速和位置的估计,其输出的转子位置用于进行 SRM 的调速控制。此外,滑模观测器还可输出 SRM 的估计转速。

神经网络又称人工神经网络,作为一种智能算法,在视觉处理、预测控制、非线性控制、工业生产等领域受到广泛应用。随着对神经网络理论研究的不断深入,对网络模型的不断优化,尤其在控制领域,神经网络具有的数据自适应性、非线性模拟能力、抗干扰能力等特点,使其在智能控制中发挥出独特的优势。神经网络按照其拓扑结构、运算规律、学习方法等类型可分为无数种,且各种网络结构及学习方式都有其自身特点及适用对象,但其构成原理与算法结构都是自单神经元算法原理的组合与演变[23],同时神经网络对于复杂的非线性系统,仍能表现出强大的映射能力,非常适用于拟合非线性函数关系。

随着人工智能领域的不断发展及各行各业学者的不断研究,BP神经网络已经成为十分成熟的前沿技术,其具有系统全面的理论基础。并且大量的实际应用考验证明,BP(Back-propagation)神经网络算法的适用范围极广,即使对复杂的非线性系统,该算法也有强大的拟合能力和良好的泛化性,BP算法已经成为目前许多领域(尤其是控制领域)应用最广泛的人工神经网络[26]。

神经网络的算法流程,就是训练神经元学习、适应某种规则的过程,这样的好处是,尽可能减少了复杂的数学函数关系参与其中。采用误差反向传播算法的BP神经网络是理论最为成熟、应用最为广泛的神经网络。它是一种多层前馈神经网络。其具体的算法称为BP算法。其通过误差的反向传播,实现误差的梯度下降,尽可能地输出与期望输出值相同的值。

本章采用的BP神经网络原理如图12-5所示。

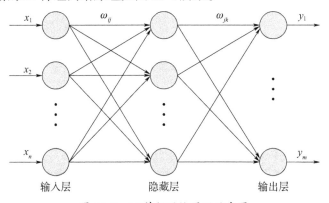

图12-5 BP神经网络原理示意图

如图所示,BP神经网络一般有输入、隐藏、输出三层,分别用x_i、m_j、y_k表示,从左到右为信号传递顺序,两层神经元间的节点的权值分别设为w_{ij}和w_{jk}。在本章中,输出层的输出用y_k^*来表示,进一步,BP神经网络的输出公式可以用如下公式来表述:

隐藏神经元的输出

$$m_j = f\left(\sum_i w_{ij} x_i - T_j\right) \qquad (12\text{-}14)$$

输出神经元的输出

第12章　中高转速下无位置传感器控制方法

$$y_k = f\left(\sum_j w_{jk} y_j - T_k\right) \tag{12-15}$$

输出误差

$$E = \frac{1}{2}\sum_k (y_k^* - y_k)^2 \tag{12-16}$$

神经网络可以说是一种智能的数据拟合、处理系统,神经网络的核心就是算法。一般来说,主流的神经网络算法有两个方向相反的通道,或者说是有两个方向相反的过程,正向通道是从输入到输出,反向通道则是从输出到输入。输入信号沿着正向通道向前传播、各个神经元的权重和阈值调整(误差)则沿着反向通道向后传播。在信号的传播过程中也同时进行着误差计算。输入信号在正向传播的过程中,通过神经元的作用,经历各种变化,便可得到输出信号。

神经网络得到的输出信号不一定是准确的,当实际的输出值出现较大的偏差后,误差将沿着反向通道向后传播,同时各层神经元的权重和阈值将被调整,由于各层神经元接受的误差信号不同,其权重和阈值的调整幅度也不同。直至系统输出最合适的输出值,此时停止神经网络的训练。本章将利用BP神经网络算法拟合经过仿真得到的实验样本,来获得滑模增益与电机速度估计误差和电机位置估计误差的函数关系。

遗传算法(Genetic Algorithm,GA)是根据生物进化中的遗传原理所演绎出的拟生法,主要模仿遗传进化的逻辑,通过基因进化中染色体的复制、交叉、变异的模拟,实现进化中的竞争实现对问题最佳解决方案的自我适应探索。它在解决问题上的基本想法流程是:通过一定的法则进行编码,将某个解编译成模拟个体(染色体),对优化的目标以适应度的形式表现,以遗传规则的模拟方式进化成算法的3种算子:选择、交叉、变异。首先,随机生成与一定数量的问题要求一致的解,通过编码操作编译到个体(染色体)上,形成初始种群,种群内的个体各自具有不同的适应性,选择适应性数值更高的保存下来。然后,通过与预先设定的不同法则模拟的交叉变异形成新的种类组。反复以上的步骤,直到最终收敛到适应性最高的个体为止,对问题的解进行解码[24]。

GA遗传算法把是生物学与现代计算数学相结合的一种智能算法,它将遗传进化的逻辑映射到计算机算法中,利用计算机算法模拟自然选择,通过淘汰其他个体,得到最优的期望解。由于其不依赖传统的复杂计算,在处理较为复杂的非线性优化时,可快速、准确地寻找最优值。

遗传算法源自生物进化论,而不是源自传统数学算法,其不包括传统梯度信息或其他数学知识,只需事先给定线性规划条件或优化目标函数,所以遗传算法可以说是一种进行目标优化的通用工具,其对目标的种类不敏感,适用范围很大。

在本章中,将利用遗传算法,来寻找经神经网络拟合的函数的最小值,即寻找最小的速度估计误差和最小的系统上升时间对应的滑模增益值,以达到优化滑模增益的目的。

在本节中,我们使用BP神经网络算法来拟合实验数据,并与遗传优化算法相结合,找到最佳的滑模增益值。

本章提出的遗传优化的BP神经网络算法如图12-6所示。

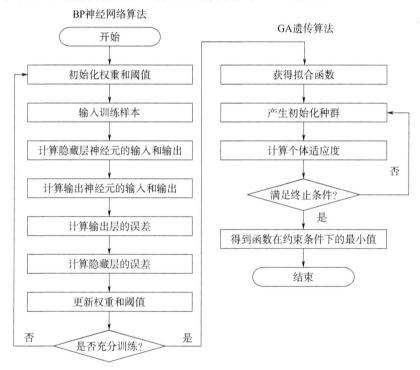

图12-6 遗传优化神经网络算法流程图

BP神经网络是一种多层前馈神经网络,传统上由输入层、隐藏层和输出层组成。本章采用的是两层前馈网络,隐藏层神经元为sigmoid神经元,输出神经元为线性神经元,其可以很好地适应多维映射问题,对于滑模观测器来说就是找到最佳的k_θ和k_ω值,以保证系统估计值的准确性和系统对设定速度的跟随性,对于BP网络算法来说,k_θ和k_ω值是输入,速度平均误差δ_ω被选为输出层的节点,隐藏层的节点数为10。

采用BP神经网络对现有的实验数据样本进行训练,得到了转速的平均误差与滑模观测器的两个增益之间的函数。

第12章 中高转速下无位置传感器控制方法

神经网络将用贝叶斯正则化算法(Bayesian Regularization Algorithm)进行训练。这种算法通常需要更多的时间,但对于困难的、小的或嘈杂的数据集,可以产生良好的泛化效果,并能够在自适应权重最小时训练停止。

利用BP神经网络对现有的实验数据样本进行训练,得到了转速的平均误差与滑模观测器的两个增益之间的函数。

该网络将用贝叶斯正则化算法进行训练。这种算法通常需要更多的时间,但对于困难的、小的或嘈杂的数据集,可以产生良好的泛化效果。训练根据自适应权重最小化停止。图12-7显示经过366次迭代,拟合误差已经非常小,可以忽略不记,即BP神经网络算法可以很好地拟合转速的平均误差与滑模观测器的两个增益之间的函数关系。

遗传算法基于概率原则,没有确定的规则,这使其寻优策略灵活多变,对参数的敏感性也较小。本章将遗传算法用于优化已经得到的速度误差、转子位置误差和系统增益的函数,以找到对应于最小速度误差和上升时间的增益值。

笔者在搭建了仿真模型后,通过不断更改SMO的增益值,并进行多次仿真,记录数据,得到了SMO的两个增益值,以及其对应电机转子位置误差和电机转速误差的相关数据样本。

采用BP神经网络算法对仿真所得到的实验数据样本进行拟合,获得电机转子位置估计误差δ_θ与滑模增益k_θ和k_ω的函数关系$\delta_\theta = f(k_\omega, k_\theta)$和转速估计误差$\delta_\omega$与滑模增益$k_\theta$和$k_\omega$的函数关系$\delta_\omega = f(k_\omega, k_\theta)$。

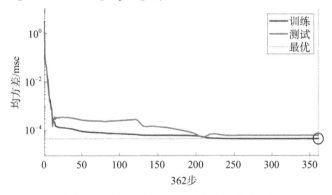

图12-7 神经网络训练过程中的误差变化图

图12-8展示了BP神经网络进行训练时训练样本与测试样本的误差,可以看出,经过361次迭代后,训练样本和测试样本的误差均极小并趋于相同,说明BP神经网络很好地拟合了电机转子位置估计误差δ_θ与滑模增益k_θ和k_ω的函数关系$\delta_\theta = f(k_\omega, k_\theta)$和转速估计误差$\delta_\omega$与滑模增益$k_\theta$和$k_\omega$的函数关系$\delta_\omega = f(k_\omega, k_\theta)$,拟合的函

数具有很好的泛化效果。

采用多目标GA遗传算法对进行多目标优化,目标为$f=[\delta_\omega,\delta_\theta]$,以获得$f_{min}$并获得其对应的$k_\theta$和$k_\omega$值即找到最佳的滑模观测器的增益值。得到的帕累托最优解集图如图12-8所示,从图中可以看出,各个解较为均匀分布,说明该图包含了大部分最优解情况,全局性优,适用性强。

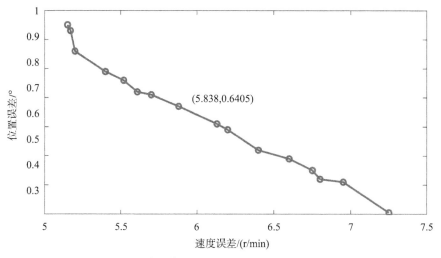

图12-8 遗传算法寻找到的帕累托最优解分布图

多目标优化得到的最优解有多个,本章对转子位置估计误差A和转速估计误差B各设置0.5的权重,使用满足δ_{min}的最优解。

综上所述,通过本章提出的遗传优化的BP神经网络算法,可以非常好地拟合转速的平均误差与滑模观测器的两个增益之间的函数关系并寻找出其在给定条件下的最小值,即寻找到最小的转速平均误差所对应的滑模观测器的增益值。通过仿真实验,本章发现在k_θ为2640,k_ω为125652时,转速平均误差最小。

12.3 仿真与实验验证

实验采用额定功率为1kW的三相12/8极SRM样机与负载。电气部分主要由驱动模块、控制核心模块和电源传感器模块组成。

在上测试实验平台完成软件的设置及实物的搭建后,进行实验测试,测试的结果在示波器中显示,将示波器中的实验数据存储后在Matlab中完成绘图。

仿真则是利用样机的各项参数在SIMULINK中搭建控制模型进行仿真验证。

图12-9显示了未进行增益优化时,在1000r/min时的转子位置估计的仿真结

果,由于实际过程中SRM启动时的加速是非常快的,所以在仿真过程中,SRM先独自起动,待其在1000r/min稳定运行时,再接入SMO。从图12-9可以看出,在未进行增益优化时,转子位置估计误差在5°左右。

图12-10显示了增益优化后转子位置估计的仿真结果,可以看出经过增益优化后的转子位置估计精度有了显著提高。

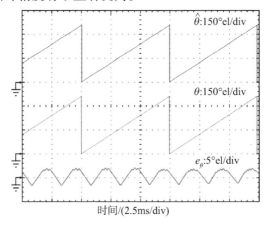

图12-9 增益优化前SMO输出的转子位置图

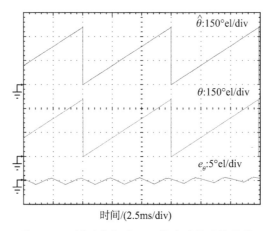

图12-10 增益优化后SMO输出的转子位置图

在实际电机运行时,电机的转速不可能是一直不变的,因此需要对电机进行动态调速以适应不同场合的要求,所以仅仅对电机稳态运行时进行仿真实验是不能满足系统鲁棒性的要求,还需进行电机的动态调速验证。

本章对在实验中中电机进行了从1000r/min到1200r/min的动态调速,同时记录了各项实验数据。

图12-11显示了当转子转速从1000r/min到1200r/min时,电机的实际转速与滑模控制系统输出的估计转速对比图。从图中可以看出,电机的实际转速曲线和滑模控制系统输出的估计转速曲线基本重合,这说明即使电机转速发生较大动态变化,本章提出的SMO仍能准确的跟随,实时输出精确的电机转速估计值。这证明了本章提出的基于遗传和BP神经网络算法优化滑模观测器增益的开关磁阻电机无位置传感器调速控制系统具有很高的稳定性、快速性、准确性、跟随性和鲁棒性。

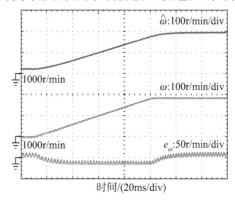

图12-11 转子转速从1000r/min到1200r/min时电机实际转速与估计转速对比图

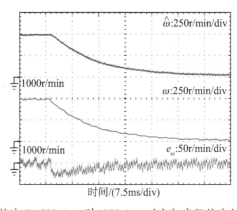

图12-12 转子转速从1500r/min到1000r/min时电机实际转速与估计转速对比图

图12-12展示了从电机转速从1500r/min下降到1000r/min的动态调速图,图中也包含电机在1500r/min和1000r/min的稳态运行情况。中可以看出,无论是在电机稳态运行期间还是在电机动态调速时,本章提出的方法均有良好的效果。

实验中SMO输出的估计转速与实际转速的误差很小,并且SMO具有很好的跟随性,即使在动态调速的过程中,SMO输出的估计转速也能始终稳定在实际转速附近。

第12章 中高转速下无位置传感器控制方法

图 12-13 展示了空载实验中 SMO 估计的转子位置和实际转子位置对比图,可以看出,实验条件下,SMO 输出的转子位置误差极小,系统精确度高。

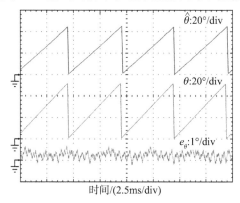

图 12-13 实验中电机转子实际位置与估计位置对比图

图 12-14 展示了实验中带额定负载时的估计转子位置、时间转子位置、估计误差、电机电感、电流数据图,图中实际转子位置的图像和 SMO 输出的估计转子位置的图像几乎重合,由此可以看出,即使在实际复杂条件下,本章所研究的增益优化的 SMO 输出的位置误差极小,在其控制下,电机的各项参数正常,说明本章所研究的方法有很高的精确性和实用性。

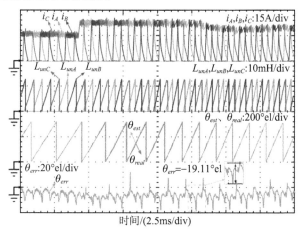

图 12-14 实验中电机参数图

根据实验结果,本章介绍的方法可以在可接受的误差范围内估计转子位置和转子速度。该策略具有很好的准确性、快速性、跟随性、鲁棒性可用于包括航空用电机在内的许多复杂情况下的 SRM 无位置传感器控制。

12.4 非线性电感转化法

图12-15给出了三相12/8极SRM样机的相电感随转子位置的变化曲线。忽略测量引起的误差,此轮廓是从有限元模拟得到的。

如图所示,电感与相电流和转子位置高度非线性。随着相电流的增大,电感会因磁饱和而减小。尽管如此,根据电感曲线在所有电流水平下都有一个线性区域。该区域从位置θ_1开始,其中转子极和定子极开始重叠到位置θ_{hr},其中转子极前缘与定子极轴线对齐,可以表示为

$$\begin{cases} \theta_1 = \theta_a - \dfrac{\beta_r + \beta_s}{2} N_r \\ \theta_{hr} = \theta_a - \dfrac{\beta_r}{2} N_r \end{cases} \quad (12\text{-}17)$$

其中β_s和β_r分别为定子极弧和转子极弧。由式(12-17)可知,线性区的长度为β_s,通常小于$2\pi N_{ph}$。因此,无法获得连续的转子位置。虽然可以通过基于估计区间的积分推导出空白区间,但计算误差会累积。当应用于低惯性条件下时,它会相当大。为了避免累积误差,需要采用连续的位置估计方法。

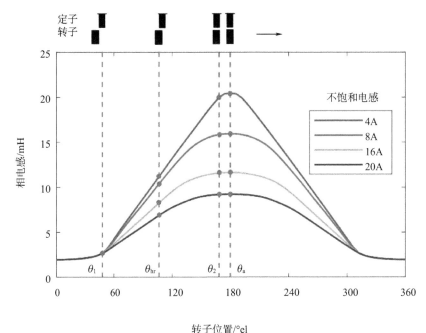

图12-15 三相12/8极SRM样机的相电感曲线

第12章 中高转速下无位置传感器控制方法

从图12-15还可以观察到,低电流水平下的电感曲线比从θ_1到θ_2的高电感曲线具有更宽的线性区域,其中转子极前缘开始与定子极前缘重叠。这主要是因为在高电流水平下,磁路的部分饱和现象会变得更加显著。非饱和电感剖面的线性区域可以表示为

$$\begin{cases} \theta_1 = \theta_a - \dfrac{\beta_r + \beta_s}{2} N_r \\ \theta_2 = \theta_a - \dfrac{\beta_r - \beta_s}{2} N_r \end{cases} \quad (12\text{-}18)$$

饱和—非饱和电感转化法在第11章有所涉及,本章以利用饱和—非饱和电感转化法作为基础获得非线性电感数据,进一步实现高速状态下的开关磁阻电机无位置传感器控制。

首先利用饱和—非饱和电感转化法获得非脉冲注入相的不饱和电感特性,即当转子位置在θ_1、θ_{hr}之间时通过一次函数$L_{un1}(\theta)$将非脉冲注入相的电感特性转化为不饱和电感特性,当转子位置在θ_{hr}、θ_2之间时,通过二次函数$L_{un2}(\theta)$将非脉冲注入相的电感特性转化为不饱和电感特性

$$\begin{aligned} L_{un1}(\theta) &= k(i)L(\theta,i) + L_0(i) \\ L_{un2}(\theta) &= a(i)L(\theta,i)^2 + b(i)L(\theta,i)^2 + c(i) \end{aligned} \quad (12\text{-}19)$$

式中:$L_0(i)$为函数$L_{un1}(\theta)$的斜率和截距;$a(i)$、$b(i)$、$c(i)$为$L_{un2}(\theta)$的系数。通过特殊值代入的方法得到一次函数$L_{un1}(\theta)$和二次函数$L_{un2}(\theta)$的常系数。特殊值包括实验测量的$L(\theta_{hr},i)$、$L_{un}(\theta_{hr})$、$L(\theta_1,i)$、$L_{un}(\theta_1)$、$L(\theta_2,i)$、$L_{un}(\theta_2)$。通过

$$\begin{aligned} k(i) &= \frac{L_{un}(\theta_{hr}) - L_{un}(\theta_1)}{L(\theta_{hr},i) - L(\theta_1,i)} \\ L_0(i)i &= L_{un}(\theta_{hr}) - k(i)L(\theta_1,i) \end{aligned} \quad (12\text{-}20)$$

得到一次函数$L_{un1}(\theta)$的斜率,通过

$$\begin{bmatrix} a(i) \\ b(i) \\ c(i) \end{bmatrix} = \begin{bmatrix} L(\theta_{hr},i)^2 & L(\theta_{hr},i) & 1 \\ L(\theta_a,i)^2 & L(\theta_a,i) & 1 \\ 2L(\theta_{hr},i) & 1 & 0 \end{bmatrix}^{-1} \begin{bmatrix} L_{un}(\theta_{hr}) \\ L_{un}(\theta_a) \\ k(i) \end{bmatrix} \quad (12\text{-}21)$$

得到二次函数的系数。

图12-16给出了在一定电流水平下非饱和相电感随相电感的变化曲线。运行时测量中的相电感可以通过相磁链$\psi_{ph}(k)$除以相电流$i_{ph}(k)$得到,即

$$\psi_{ph}(k) = \int \left(u_{ph}(k) - i_{ph}(k)R \right) \mathrm{d}t \quad (12\text{-}22)$$

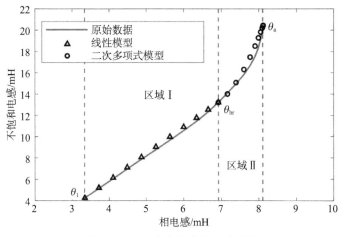

图 12-16 不饱和电感转化结果图

至此,使用获得的三相不饱和线性电感,即可构建全周期的电感区间,如图 12-17 所示,区间内的各向电感与转子位置信息一一对应且为线性关系。通过获取某一相的不饱和电感值,即可获取唯一的转子位置信息,而该转子位置信息即为估计的转子位置。

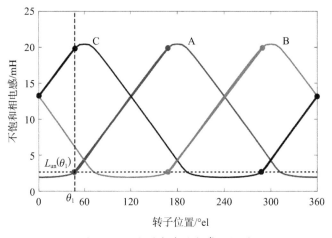

图 12-17 全周期线性电感区间图

12.5 实验验证

本节通过实验结果进一步验证了所提方法的准确性。这里仍采用上述三相 12/8 极 SRM。其中无刷直流(BLDC)电机作为 SRM 的负载机器。

采用 250r/min 的滞环斩波控制和 1500r/min 的单脉冲控制。位置估计结果,包

第12章 中高转速下无位置传感器控制方法

括相电流、变换的非饱和电感、估计的和真实的转子位置及其误差,如图12-18和图12-19所示。直流母线电压为48V,开通角和关断角分别为0°和144°。可以看出,估计的转子位置与真实的转子位置具有较好的一致性。图12-18和图12-19表明,本章方法的最大绝对估计误差分别为14.97°和13.35°(1.87°和1.67°机械角度),验证了其准确性和有效性。

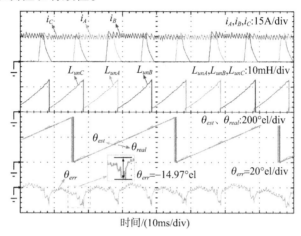

图12-18　ω=250r/min滞环电流控制下的位置估计结果图

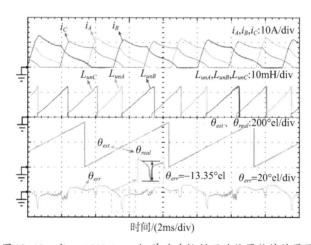

图12-19　当ω=1500r/min时,单脉冲控制下的位置估计结果图

本章所提出的方法对速度快速变化时的瞬态响应如图12-20所示。采用PI控制器,通过调节参考电流值来改变转速。如图12-20示,当转速从500r/min变化到750r/min时,转速迅速跟随参考值,证实了所提方法对瞬态变化具有良好的鲁棒性。估计的转子转速与机械编码器得到的转速完全吻合,最大转速估计误差为

12.13r/min,能够满足转速控制的精度要求。该暂态过程中的位置估计结果如图 12-20 所示。最大绝对转子位置估计误差为 19.11°el,说明所提方法在暂态过程中具有良好的精度。SRM 既可以作为电动机工作,也可以作为发电机工作。因此,发电模式下也应该进行验证实验。图 12-21 给出了所使用的 SRM 工作在发电模式时的位置估计结果。turn-ON 和 turn-OFF 角度分别为 160°和 288°。转速为 1000r/min。可以明显看出,图 12-21 中位置估计的最大绝对误差小于 9°el,进一步验证了本章方法在发电模式上也具有优异的精度。

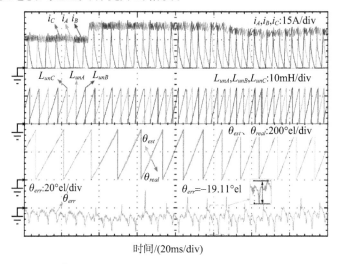

图 12-20 转速在 500~750r/min 变化时,滞环电流控制下的位置估计结果图

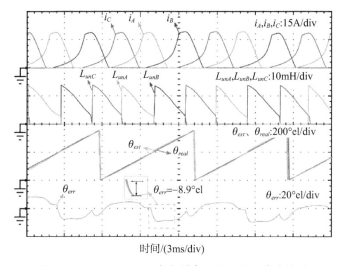

图 12-21 ω=1000r/min 发电模式下的位置估计结果图

第12章 中高转速下无位置传感器控制方法

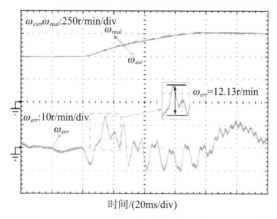

图12-22 转速在500~750r/min变化时,滞环电流控制下的转速估计结果图

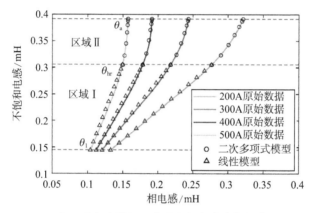

图12-23 SRM在不同电流等级下非饱和相电感随相电感的变化曲线图

为了验证所提出方法的适用性,在一台小型电动汽车用35kW三相16/12极SRM上进行了实验。图12-23显示了原始和变换后的非饱和相电感与所提方法的比较。从图中可以看出,本章提供的方法具有很好的拟合效果,其可用于具有不同功率等级和配置的机器。

12.6 小结

本章提出了用于中高转速下无位置传感器控制的滑模观测器法和非线性电感转化法,由于磁饱和效应饱和效应,相电感特性有一个狭窄的线性区域,这增加了其分析表达的难度。为了减少分析表达的复杂性,不饱和电感特性由相电感特性转化而来,然后,提出一个线性模型来明确地描述了转子位置和非饱和相电感之间的关系,并进行了实验验证,以验证所提方法的有效性和准确性。所提出的方法可以作为一种低能耗的方法来提供准确的转子位置,适用于中、高速范围内的工业应用,在高速范围内提供准确的转子位置。同时本章对滑模观测器以及滑模控制做了系统的介绍,并且给出了滑模观测器的数学建模公式,同时结合开关磁阻电机的运行特性、机电特性以及滑模控制的特性,本章提出了一种基于滑模观测器的开关磁阻电机调速控制系统,即通过建立滑模控制方程来实现对开关磁阻电机转子位置和电机转速的预估,本章提出的滑模控制方程不需要预先储存复杂的电机的磁链数据,仅采用非常容易测量的电机相电压值和相电流值,在大大降低系统对存储器要求的情况下仍能保持系统的控制精度,系统鲁棒性高,适合多种复杂的情况,实现对开关磁阻电机的调速控制。

本章内容结合第10、第11章的内容,可实现全速段的开关磁阻电机无位置传感器控制。

参考文献

[1] AL-BAHADLY I H. Examination of a sensorless rotor-position-measurement method for switched reluctance drive[J]. IEEE transactions on industrial electronics, 2008, 55(1): 288-295.

[2] DING W, SONG K. Position sensorless control of switched reluctance motors using reference and virtual flux linkage with one-phase current sensor in medium and high speed[J]. IEEE transactions on industrial electronics, 2020, 67(4): 2595-2606.

[3] KHALIL A, UNDERWOOD S, HUSAIN I, et al. Four-quadrant pulse injection and sliding-mode-observer-based sensorless operation of a switched reluctance machine over entire speed range including zero speed[J]. IEEE transactions on industry applications, 2007, 43(3): 714-723.

[4] ECHENIQUE E, DIXON J, CÁRDENAS R, et al. Sensorless control for a switched reluctance wind generator, based on current slopes and neural networks[J]. IEEE transactions on industrial electronics, 2009, 56(3): 817-825.

[5] BATEMAN C J, MECROW B C, CLOTHIER A C, et al.Sensorless operation of an ultra-high-speed switched reluctance machine[J]. IEEE transactions on industry applications, 2010, 46(6):2329-2337.

[6] HUSAIN I, EHSANIM. Rotor position sensing in switched reluctance motor drives by measuring mutually induced voltages. IEEE transactions on industry applications: 1994.

[7] CHEN H, NIE R, GU J, et al. Efficiency optimization strategy for switched reluctance generator system with position sensorless control[J]. IEEE/ASME transactions on mechatronics, 2021,26(1):469-479.

[8] CAI J, DENG Z. Initial rotor position estimation and sensorless control of SRM based on coordinate transformation[J].IEEE transactions on instrumentation and measurement, 2015, 64(4): 1004-1018.

[9] XIAO D X, YE J, FANG G L, et al. Induced current reduction in position-sensorless SRM drives using pulse injection[J]. IEEE transactions on industrial electronics, 2022, doi: 10.1109/TIE.2022.3183275.

[10] CAI J, YAN Y, ZHANG W, et al. A reliable sensorless starting scheme for SRM with lowered pulse injection current influences[J].IEEE transactions on instrumentation and measurement, 2021,70 :1-9.

[11] SONG S, ZHONG J, GE L, et al. Sensorless control of switched reluctance machines based on active phase inductance threshold[C]. 2021 24th International Conference on Electrical Machines and Systems (ICEMS), 2021:132-135.

[12] GE L, ZHONG J, BAO C, et al. Continuous rotor position estimation for SRM based on transformed unsaturated inductance characteristic[J].IEEE Transactions on Power Electronics, 2022, 374(1): 37-41.

[13] CAI J, LIU Z. An unsaturated inductance reconstruction based universal sensorless starting control scheme for SRM drives[J].IEEE transactions on industrial electronics, 2020, 67(11): 9083-9092.

[14] WANG S, HU Z, CUI X. High-precision sensorless control based on magnetic flux/current method for SRM starting/generating system[C]. IECON 2020 The 46th Annual Conference of the IEEE Industrial Electronics

Society,2020.
- [15] SUN B, GAO J, HUO W. Position sensorless control of switched reluctance motor based on simplified flux method[C]. 2020 Asia-Pacific Conference on Image Processing, Electronics and Computers (IPEC), 2020.
- [16] ZHOU D, CHEN H. Four-quadrant position sensorless operation of switched reluctance machine for electric vehicles over a wide speed range[J]. IEEE transactions on transportation electrification, 2021, 7(4): 2835-2847.
- [17] XIAO D, YE J, FANG G, et al. Improved feature-position-based sensorless control scheme for SRM drives based on nonlinear state observer at medium and high speeds[J]. IEEE transactions on power electronics, 2021, 36(5): 5710-5723.
- [18] MIYAUCHI W, GOTO H, YOSHIZAWA H. A novel sensorless drive method of SRM based on nonlinear flux model using fourier series[C]. 2020 23rd International Conference on Electrical Machines and Systems (ICEMS),2020.
- [19] NAKAZAWA Y, MATSUNAGA S, Study on observer gain in position sensorless control of switched reluctance motor using state observer[C]. 2020 23rd International Conference on Electrical Machines and Systems (ICEMS),2020.
- [20] LI X, GE L, ZHONG J, et al. Sensorless control of switched reluctance motor based on the flux-linkage characteristics from finite element method[C]. 2021 24th International Conference on Electrical Machines and Systems (ICEMS),2021.
- [21] YALAVARTHI, SINGH B. Sensorless SRM driven solar irrigation pump with grid-support using vienna rectifier[C]. 2020 3rd International Conference on Energy, Power and Environment: Towards Clean Energy Technologies, 2021.
- [22] YALAVARTHI A, SINGH B. SMO-based position sensorless SRM drive for battery supported PV submersible pumps[J]. IEEE journal of emerging and selected topics in power electronics,2021.
- [23] YE J, BILGIN B, EMADI A. Elimination of mutual flux effect on rotor position estimation of switched reluctance motor drives[J]. IEEE transactions on power electronics, 2015, 30(3): 1499-1512.
- [24] SUN J D,CAO G Z, HUANG S D, et al. Bipolar-voltage-injection-based position estimation method of planar switched reluctance motors using improved flux linkage model[J]. IEEE transactions on magnetics, 2021, 57 (2): 10-15.
- [25] ZHANG L, LIU C. A sensorless techniques for switched reluctance motor considering mutual inductances [C]. 2020 IEEE 5th Information Technology and Mechatronics Engineering Conference (ITOEC), 2020.
- [26] 唐广雪. 基于滑模控制的SR电机简介位置检测技术研究[D]. 南京:南京航空航天大学,2011.

第五篇
开关磁阻电机先进控制策略

第13章　基于磁链模型的转矩脉动抑制策略

13.1　引言

在过去的几十年里,飞机上许多以前由液压、机械和气动装置驱动的系统已经部分或全部地被电气驱动装置取代[1],已经有许多研究表明飞机的电气系统正朝着多电方向发展。其中,起动发电机一体化(ISG)技术[2]是最关键的技术之一。SRM具有结构简单、耐高温、调速范围宽、容错能力强等优点,是ISG[3-5]的强力候选。然而,SRM的高转矩脉动可能会损坏轴,引起飞机叶片的共振,对ISG系统的安全造成威胁。

为了提高ISG系统的可靠性,近年来已经报道了多种抑制转矩脉动的方法,可分为电流波形调节法[6-8]、转矩分配函数法(TSF)[9-11]、直接转矩控制法(DTC)[12-14]、直接瞬时转矩控制(DITC)法[15-17]和模型预测转矩控制(MPTC)法[18-26]。

电流波形调节法是通过优化相电流波形的轮廓来减小转矩脉动。在文献[6]中,将控制器优化与电机设计相结合,以实现低转矩脉动。在文献[7]中,从谐波电流注入法发展出一种新的电流波形调节方法,并将电流波形进一步改进为单极波形,以减小转矩脉动。在文献[8]中,通过自适应模糊控制在SRM的参考电流中注入分段谐波电流,调节相电流波形,在较宽的转速和负载范围内抑制转矩脉动。

TSF法将所需的总转矩分成相转矩,并将相转矩控制分为离线和在线控制法。离线TSF法采用一个简单的解析函数生成相转矩参考值,根据转矩特性[9]将相转矩参考值转化为相电流参考值。但是,相电流在高速下无法跟踪给定。在文献[10]中提出了一种优化的TSF来减小电流跟踪误差。为了实现高速下低脉动转矩控制,在文献[11]中提出了一种在线转矩跟踪算法,采用比例积分控制器补偿高速时的转矩跟踪误差。

DTC方法将开关状态转化为电压矢量,以响应不同扇区的转矩和磁链的滞环信号。然而,这种磁链滞环控制不可避免地会产生负转矩[12]。在文献[13]中提出了一种改进的直接转矩控制方法,通过取消磁链滞环控制和改进空间电压矢量表来减小负转矩。为了提高DTC方法的速度响应和抗干扰能力,在文献[14]中提出了线性自抗扰控制和混合优化算法。

第13章 基于磁链模型的转矩脉动抑制策略

DITC方法通过转矩滞环[15]调节开关状态,为减小转矩脉动提供了一种直接的方法。在传统的DITC方法中,开通角是固定的,导致效率低下。文献[16]中提出一种自适应动态换流策略,通过开发转矩误差调节器和相电流端点检测器来提高效率。在文献[17]中,DITC的外环采用了自适应终端滑模控制以减少转矩脉动,同时增强了SRM的抗干扰能力。

近年来,MPTC方法因其简单且与其他优化指标之间可以产生良好的权衡性而受到越来越多的关注[18]。文献[19]提出了一种基于状态估计器模型识别单元和在线电感表面估计器的综合模型预测和电流控制的方法。文献[20]中提出了一种基于状态估计器模型辨识单元和在线电感面估计器的SRM综合模型预测电流控制方法。文献[21]通过离散时间预测器,采用基于模型预测控制器的延时补偿方法,解决了智能建筑设备网络中通信时差导致的性能下降问题。在文献[22]中,提出了一种基于Hermite插值和TSF的MPTC方案。与其他建模方法相比,该方法使用更少的先验知识建立更精确的预测模型,并结合新的TSF来补偿建模误差。在文献[23]中,提出了一种基于虚拟磁链的有限控制集模型预测控制(FCS-MPC)来实现相电流的间接跟踪。在文献[24]中利用模型预测控制实现了SRM直接转矩控制的良好磁链跟踪性能,有效降低了转矩脉动。在文献[25]中,MPTC方法与零差拍控制相结合,达到良好的高动态四象限运行。为抑制转矩脉动,在文献[26]中提出了一种连续控制集模型预测转矩控制方法,并采用了简化的等效线性SRM模型。文献[23]的MPTC方法依赖于一个精确而简单的模型来描述SRM的电磁特性。然而,现有的电磁特性建模研究往往过于简化,导致控制性能不佳或过于复杂,阻碍了其工业应用。此外,电流采样和反馈的精度容易受到电流传感器自身误差、信号转换电阻误差、解调电路误差和滤波器延迟的影响,从而产生偏移和校准误差文献[27]。在模型预测转矩控制中,这些误差会引起转矩预测值的偏差,从而严重影响控制性能。

文献[28]提出了一种基于转矩平衡法测量的SRM磁链四阶傅立叶级数模型,以减电磁特性的测量工作量。此外,采用基于磁链的转矩估计,省去了电流估计的步骤,减少了计算量。但是,文献[28]中的方法需要一些查找表,这会占用大量存储空间。为了解决这一问题,本章提出了一个多项式—傅立叶级数模型来取代查找表,以减少存储空间。本章详细比较了滞环电流控制(HCC)方法、传统MPTC方法、文献[28]中提出的MPTC方法以及本章提出的MPTC法在不同转速和负载下的性能;详细分析了延迟误差和模型误差,并讨论了抑制这些误差的措施;研究了成本函数、权重系数对电机效率和转矩脉动的影响,并介绍了权重系数的选取原则。

13.2 MPTC控制策略

13.2.1 转矩平衡测量法

由于SRM的对称结构,它具有一些转矩平衡位置,这些位置的总转矩等于0。对于三相12/8极SRM,引入转矩平衡方法获得四个转矩平衡位置的磁链,即$0°$el、$60°$el、$120°$el和$180°$el。图13-1显示了转矩平衡法和传统转子夹紧法之间的比较,由图可知这两种方法的结果有很好的一致性。

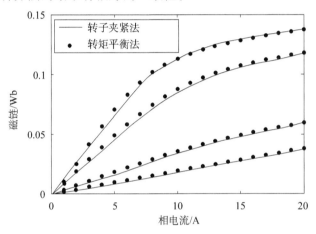

图13-1 在转矩平衡位置由转矩平衡法和转子夹紧法获取的磁链特性对比

13.2.2 转矩估算

获得磁链特性后,转矩特性可以通过磁共能的空间导数得到,如下所示:

$$T_{\mathrm{ph}}\left(\theta_{\mathrm{ph}}, i_{\mathrm{ph}}\right) = \left.\frac{\partial W_{\mathrm{co}}\left(\theta_{\mathrm{ph}}, i_{\mathrm{ph}}\right)}{\partial \theta_{\mathrm{ph}}}\right|_{i_{\mathrm{ph}} = \mathrm{const}} \\
= \left.\frac{\partial \left(\int_{0}^{i_{\mathrm{ph}}} \psi_{\mathrm{ph}}\left(\theta_{\mathrm{ph}}, i_{\mathrm{ph}}\right) \mathrm{d} i_{\mathrm{ph}}\right)}{\partial \theta_{\mathrm{ph}}}\right|_{i_{\mathrm{ph}} = \mathrm{const}} \quad (13-1)$$

式中:T_{ph}为相转矩;θ_{ph}为转子位置;i_{ph}为相电流;ψ_{ph}为相磁链;W_{co}为磁共能。

然而,由这个方法只获得了四个位置的磁链特性,这在求磁共能对转子位置的空间导数时是不够的。因此,必须扩展磁链数据,以获得所有位置的磁链特性。本

第13章 基于磁链模型的转矩脉动抑制策略

章提出了一个四阶傅里叶级数模型来描述整个磁链特性,如下所示:

$$\psi_{\mathrm{ph}}(\theta_{\mathrm{ph}}, i_{\mathrm{ph}}) = a_0(i_{\mathrm{ph}}) + a_1(i_{\mathrm{ph}})\cos(\theta_{\mathrm{ph}}) + a_2(i_{\mathrm{ph}})\cos(2\theta_{\mathrm{ph}}) + a_3(i_{\mathrm{ph}})\cos(3\theta_{\mathrm{ph}}) + a_4(i_{\mathrm{ph}})\cos(4\theta_{\mathrm{ph}}) \quad (13-2)$$

式中: a_0、a_1、a_2、a_3 和 a_4 是傅立叶级数系数。

中点处的磁链与 $60°\mathrm{el}$ 和 $120°\mathrm{el}$ 和的关系可以通过以下公式计算:

$$\psi_{\mathrm{ph}}(90°\mathrm{el}, i_{\mathrm{ph}}) = \frac{\psi_{\mathrm{ph}}(60°\mathrm{el}, i_{\mathrm{ph}}) + \psi_{\mathrm{ph}}(120°\mathrm{el}, i_{\mathrm{ph}})}{2} \quad (13-3)$$

在一定的电流水平下,五个不同位置($0°\mathrm{el}$、$60°\mathrm{el}$、$90°\mathrm{el}$、$120°\mathrm{el}$ 和 $180°\mathrm{el}$)的磁链是已知的。式(13-2)中的系数可以通过代入已知位置的磁链值来求解,其给出如下:

$$\begin{bmatrix} 1 & 1 & 1 & 1 & 1 \\ 1 & 0.5 & -0.5 & -1 & -0.5 \\ 1 & 0 & -1 & 0 & 1 \\ 1 & -0.5 & -0.5 & 1 & -0.5 \\ 1 & -1 & 1 & -1 & 1 \end{bmatrix} \begin{bmatrix} a_0(i_{\mathrm{ph}}) \\ a_1(i_{\mathrm{ph}}) \\ a_2(i_{\mathrm{ph}}) \\ a_3(i_{\mathrm{ph}}) \\ a_4(i_{\mathrm{ph}}) \end{bmatrix} = \begin{bmatrix} \psi_u(i_{\mathrm{ph}}) \\ \psi_1(i_{\mathrm{ph}}) \\ \psi_m(i_{\mathrm{ph}}) \\ \psi_2(i_{\mathrm{ph}}) \\ \psi_a(i_{\mathrm{ph}}) \end{bmatrix} \quad (13-4)$$

使用式(13-4),可以计算傅里叶级数系数,如下所示:

$$\begin{bmatrix} a_0(i_{\mathrm{ph}}) \\ a_1(i_{\mathrm{ph}}) \\ a_2(i_{\mathrm{ph}}) \\ a_3(i_{\mathrm{ph}}) \\ a_4(i_{\mathrm{ph}}) \end{bmatrix} = \begin{bmatrix} \frac{1}{6} & \frac{1}{3} & 0 & \frac{1}{3} & \frac{1}{6} \\ \frac{1}{3} & \frac{1}{3} & 0 & -\frac{1}{3} & -\frac{1}{3} \\ \frac{1}{4} & 0 & -\frac{1}{2} & 0 & \frac{1}{4} \\ \frac{1}{6} & -\frac{1}{3} & 0 & \frac{1}{3} & -\frac{1}{6} \\ \frac{1}{12} & -\frac{1}{3} & \frac{1}{2} & -\frac{1}{3} & \frac{1}{12} \end{bmatrix} \begin{bmatrix} \psi_u(i_{\mathrm{ph}}) \\ \psi_1(i_{\mathrm{ph}}) \\ \psi_m(i_{\mathrm{ph}}) \\ \psi_2(i_{\mathrm{ph}}) \\ \psi_a(i_{\mathrm{ph}}) \end{bmatrix} \quad (13-5)$$

对于某一电流,傅里叶级数模型的系数可以通过式(13-5)获得。然后,可以通过式(13-2)计算整个电周期的磁链值。通过对不同电流重复此过程,可以获得整个磁链特性。

为了验证所提出模型的有效性和准确性,将计算的磁链特性与图13-2中转子夹紧法获取的磁链特性进行了比较,并给出了它们之间的误差。在图13-2中,转子位置从 $0°\mathrm{el}$ 变化至 $180°\mathrm{el}$,步长为 $10°\mathrm{el}$。磁链的均方根误差(RMSE)为 0.0023Wb。这验证了所提出方法的有效性和准确性。

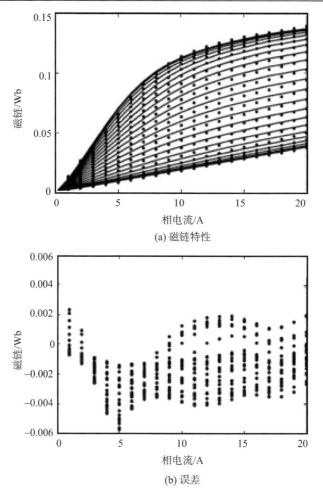

图 13-2 转矩平衡法和转子夹紧法得到的磁链特性对比

根据傅里叶级数模型的磁链特性,可以通过式(13-1)和式(13-2)来获得相转矩,如下所示:

$$\begin{aligned} T_{ph}(\theta_{ph}, i_{ph}) =\ & T_1(i_{ph})\sin(\theta_{ph}) + T_2(i_{ph})\sin(2\theta_{ph}) \\ & + T_3(i_{ph})\sin(3\theta_{ph}) + T_4(i_{ph})\sin(4\theta_{ph}) \end{aligned} \quad (13\text{-}6)$$

为了构建转矩查找表 $T_{ph}(\theta_{ph}, \psi_{ph})$,使用了分段三次艾米特插值多项式(PCHIP)方法构建基于磁链的转矩查找表。该方法可以总结如下:

(1) 设置电流矩阵,并分别通过式(13-2)和式(13-6)在特定位置计算磁链和转矩。

(2) 然后,基于计算的磁链和转矩,设置磁链矩阵,通过分段三次艾米特插值多项式获得相应的转矩特性。

(3)增加一段角度,以计算下一位置的转矩特性。

(4)重复上述步骤以获得整个转矩特性。

PCHIP方法是准确的,但转矩表占用了大量的存储空间。转子位置从0°el变化至180°el,并且磁链的范围在0Wb和0.138Wb之间,假设用间隔为1°el来表示位置,间隔为0.001Wb表示磁链,需要181×138=24978个存储单元来存储转矩表。除了转矩表$T_{ph}(\theta_{ph}, \psi_{ph})$外,MPTC方法还需要电流表$i_{ph}(\theta_{ph}, \psi_{ph})$。因此,存储单元的总数将增加一倍。大型存储单元限制了MPTC方法的实际工业应用。为了解决这个问题,本章提出了多项式傅里叶级数模型来描述非线性关系。相转矩模型可以表示为

$$T_{ph}(\theta_{ph}, \psi_{ph}) = \sum_{i=0}^{M}\sum_{j=0}^{N} a_{ij} \theta_{ph}^{j} \sin(i\psi_{ph}) \tag{13-7}$$

式中:M为傅里叶级数,本章中$M=4$;N为多项式阶数,本章中$N=4$;a_{ij}为转矩模型系数。

类似地,相电流也可以用多项式傅里叶级数模型来描述,其给出如下:

$$i_{ph}(\theta_{ph}, \psi_{ph}) = \sum_{i=0}^{M}\sum_{j=0}^{N} b_{ij} \theta_{ph}^{j} \sin(i\psi_{ph}) \tag{13-8}$$

式中:M为傅里叶级数,$M=4$;N为多项式阶数,$N=4$;b_{ij}为相电流模型系数。

系数a_{ij}和b_{ij}可通过MATLAB中的曲线拟合工具获得,曲线拟合结果如图13-3所示。转矩模型和电流模型的RMSE误差分别为0.03N·m和0.0745A。曲线拟合结果与原始数据非常吻合,这验证了所提出的多项式傅里叶级数模型的有效性。

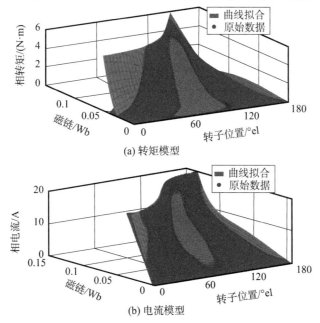

(a) 转矩模型

(b) 电流模型

图13-3 多项式傅里叶级数模型拟合曲线

13.2.3 模型预测控制

模型预测控制（MPC）是一种直接控制过程，通过控制目标的有限水平预测构造成本函数来优化功率变换器的开关状态。在本章中，引入MPC通过控制瞬时转矩来抑制SRM的转矩脉动。

基于电压平衡方程，相磁链可以预测为

$$\psi_{ph}(k+1) = \psi_{ph}(k) + T_s\big(u_{ph}(k) - R_{ph}i_{ph}(k)\big) \tag{13-9}$$

式中：$u_{ph}(k)$为第k个采样点的相电压；$i_{ph}(k)$为第k个采样点的相电流；$\psi_{ph}(k)$为第k个采样点的相磁链。

第(k+1)个采样点的转子位置θ为

$$\theta_{ph}(k+1) = \theta_{ph}(k) + \omega(k)T_s \tag{13-10}$$

式中：$\theta_{ph}(k)$为第k个采样点的转子位置，由位置传感器测得；$\omega(k)$为转速，由位置传感器测得。

获取磁链$\psi_{ph}(k+1)$和$\theta_{ph}(k+1)$后，第k+1个采样点的相电流$i_{ph}(k+1)$可以通过式(13-8)来计算。与式(13-9)类似，第k+2个采样点处的相磁链可以计算为

$$\psi_{ph}(k+2) = \psi_{ph}(k+1) + T_s\big(u_{ph}(k+1) - R_{ph}i_{ph}(k+1)\big) \tag{13-11}$$

已经计算了$\psi_{ph}(k+1)$和$i_{ph}(k+1)$，只需要确定相电压$u_{ph}(k+1)$，这取决于第(k+1)时刻的开关状态。对于不对称半桥变换器，每相有三种开关状态，定义为

$$s = \begin{cases} 1 & \text{开关管都为开通状态,} \\ 0 & \text{一个开关管关断,} \\ -1 & \text{开关管都为关断状态} \end{cases} \tag{13-12}$$

相应地，可以基于开关状态确定$u_{ph}(k+1)$，其给出如下：

$$u_{ph} = \begin{cases} V_{bus} - 2V_T & s_{ph} = 1 \\ -V_T - V_D & s_{ph} = 0 \\ -V_{bus} - 2V_D & s_{ph} = -1 \end{cases} \tag{13-13}$$

式中：V_{bus}为总线电压；V_T为电源开关管的压降；V_D为二极管的压降。

假设电机速度ω在两个相邻采样周期内是恒定的，则可以通过线性计算推导第k+2个采样周期的转子位置$\theta_{ph}(k+2)$的预测。

$$\theta_{ph}(k+2) = 2\theta_{ph}(k+1) - \theta_{ph}(k) \tag{13-14}$$

在预测磁链$\psi_{ph}(k+2)$和转子位置$\theta_{ph}(k+2)$之后，可以分别通过式(13-7)和式(13-8)获得k+2个采样周期的相转矩$T_{ph}(k+1)$和相电流$i_{ph}(k+2)$。

本章的控制目标是在抑制转矩脉动的同时降低铜耗。所以根据转矩和电流的二阶预测来构建成本函数。成本函数J设计为

$$J = \sum_{\mathrm{ph}=1}^{N_{\mathrm{ph}}} \Big(w_{\mathrm{T}} \big(T_{\mathrm{ph}}(k+2) - T_{\mathrm{ph,ref}}\big)^2 + w_{\mathrm{i}} i_{\mathrm{ph}}(k+2)^2 \Big) \quad (13\text{-}15)$$

式中：w_{T} 为转矩的权重系数；w_{i} 为电流的权重系数；$T_{\mathrm{ph,ref}}$ 为相转矩的参考值。

引入转矩分配函数（TSF），将总转矩 T_{ref} 的参考值分解为相参考转矩 $T_{\mathrm{ph,ref}}$ 的参考是：

$$f(\theta_{\mathrm{ph}}) = \begin{cases} 0 & (0 \leqslant \theta_{\mathrm{ph}} \leqslant \theta_{\mathrm{on}}) \\ f_{\mathrm{up}}(\theta_{\mathrm{ph}}) & (\theta_{\mathrm{on}} \leqslant \theta_{\mathrm{ph}} \leqslant \theta_{\mathrm{on}} + \theta_{\mathrm{ov}}) \\ 1 & (\theta_{\mathrm{on}} + \theta_{\mathrm{ov}} \leqslant \theta_{\mathrm{ph}} \leqslant \theta_{\mathrm{off}}) \\ f_{\mathrm{dn}}(\theta_{\mathrm{ph}}) & (\theta_{\mathrm{off}} \leqslant \theta_{\mathrm{ph}} \leqslant \theta_{\mathrm{off}} + \theta_{\mathrm{ov}}) \\ 0 & (\theta_{\mathrm{off}} + \theta_{\mathrm{ov}} \leqslant \theta_{\mathrm{ph}} \leqslant \theta_{\mathrm{p}}) \end{cases} \quad (13\text{-}16)$$

式中：θ_{on} 为开启角；θ_{off} 为关闭角；θ_{ov} 为重叠角；θ_{p} 为转子周期；$f_{\mathrm{up}}(\theta_{\mathrm{ph}})$ 为 TSF 的上升部分；$f_{\mathrm{dn}}(\theta_{\mathrm{ph}})$ 为 TSF 的下降部分。

所用 TSF 的轮廓如图 13-4 所示。该图采用正弦 TSF，TSF 的上升部分 $f_{\mathrm{up}}(\theta_{\mathrm{ph}})$ 和下降部分 $f_{\mathrm{dn}}(\theta_{\mathrm{ph}})$ 可由下式给出：

$$\begin{cases} f_{\mathrm{up}}(\theta_{\mathrm{ph}}) = 0.5 - 0.5 \cos \dfrac{\pi}{\theta_{\mathrm{ov}}} (\theta_{\mathrm{ph}} - \theta_{\mathrm{on}}) \\ f_{\mathrm{dn}}(\theta_{\mathrm{ph}}) = 0.5 + 0.5 \cos \dfrac{\pi}{\theta_{\mathrm{ov}}} (\theta_{\mathrm{ph}} - \theta_{\mathrm{on}}) \end{cases} \quad (13\text{-}17)$$

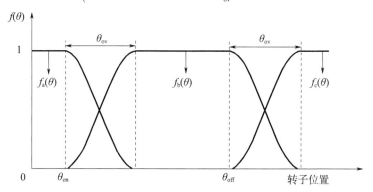

图 13-4 所用 TSF 的概况

MPTC 方法的流程图如图 13-5 所示。总结为以下步骤：

（1）基于傅里叶的模型，将四个特殊位置的 $\psi_{\mathrm{ph}}(\theta_{\mathrm{ph}}, i_{\mathrm{ph}})$ 扩展到所有位置。然后基于磁共能求导的方法计算转矩特性 $T_{\mathrm{ph}}(\theta_{\mathrm{ph}}, i_{\mathrm{ph}})$。提出了一种多项式傅里叶级数模型来描述转矩模型 $T_{\mathrm{ph}}(\theta_{\mathrm{ph}}, \psi_{\mathrm{ph}})$。

(2)测量转子位置$\theta_{ph}(k)$、相电流$i_{ph}(k)$和速度$w_{ph}(k)$,根据电压平衡方程预测下一时刻的转子位置$\theta_{ph}(k+1)$和磁链$\psi_{ph}(k+1)$。然后,进一步预测了所有可能的开关状态下的$\theta_{ph}(k+2)$和$\psi_{ph}(k+2)$。

(3)相转矩$T_{ph}(k+2)$和相电流$i_{ph}(k+2)$分别由式(13-7)和式(13-8)计算。然后,利用式(13-15)基于参考相转矩值和预测相电流来构造成本函数。

(4)通过最小化成本函数值,可以找到最佳开关状态,并进一步应用于功率变换器。重复步骤(2)~(4),直到接收到终止命令。

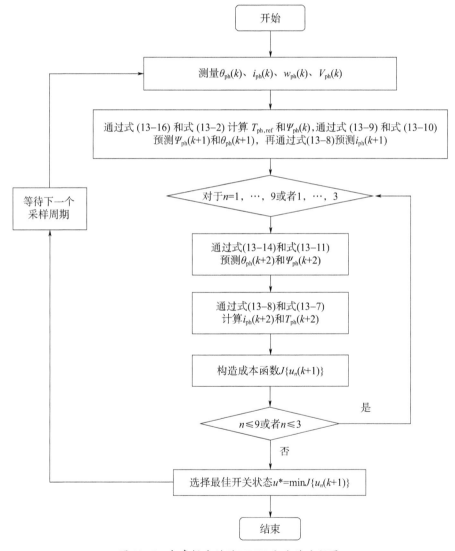

图13-5 本章提出的的MPTC方法的流程图

13.3 实验验证

在本章中,通过SRM驱动系统验证了所提出的模型预测控制技术的可行性,如图13-6所示。同时,在不同的操作条件下进行了详细的实验结果比较。

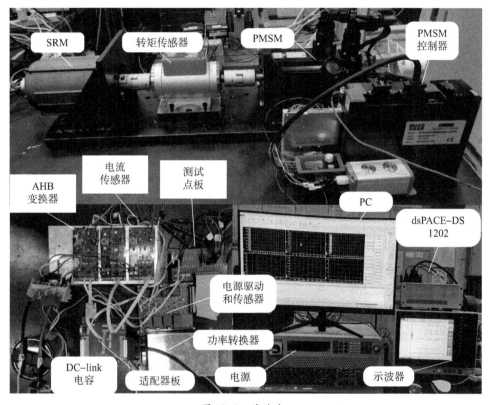

图13-6 试验台

所采用的驱动系统主要由机械和电气部件组成。机械部分包括SRM原型、转矩传感器和负载电机(永磁同步电机(PMSM))。SRM具有三相12/8极配置,所考虑SRM的规格如表13-1所列。转矩传感器安装在SRM和PMSM之间,其满量程额定值为10N·m。永磁同步电机用作负载电机,其额定转矩为5N·m。电气部分主要包括一个dSPACE-DS1202平台、一个不对称半桥(AHB)功率变换器、一个电源驱动和传感器、一个电容器和一个多通道高速示波器。该试验台采用的元件如表13-2所列。dSPACE-DS1202平台用于实施控制策略,包括滞环电流控制(HCC)、传统MPTC、文献[28]中的MPTC方法和本章提出的MPTC法。

表13-1 SRM模型的规格

参数	符号	值
额定功率	P_n	1kW
相数	N_{ph}	3
定子极对数	N_s	12
转子极对数	N_r	8
定子外直径	D_s	120mm
转子外直径	D_r	62.7mm
轴长	L_{stk}	81mm
气隙宽度	g	0.15mm
每极绕组圈数	N	119

表13-2 试验台采用的元件

组件	型号	组件	型号
试验台	dSPACE-DS1202	MOSFET	IRFP4668
电源	IT6018C	电流传感器	LA55-P
二极管	DSE1120	电压传感器	LV25-P

总线电压为48V，控制频率设置为10kHz。包括相电流、相转矩和总转矩在内的实验结果如图13-7和图13-8所示。图13-7显示了电机以500r/min运行并且负载转矩设置为2N·m时不同控制方法下的实验波形。图13-7(a)显示了HCC方法的波形，其中相电流的滞环宽度为1A。在换向区域，进相电感的变化率较低，导致给定相电流的转矩产生能力不足，并进一步产生较大的转矩脉动。图13-7(b)是用传统的MPTC方法获得的，其中开通角、重叠角和关断角分别为0°、6.5°和15°，在式(13-15)中的成本函数中，转矩和电流的权重系数分别设置为1和0.0014。通过转矩调节，图13-7(b)中总转矩的转矩脉动与图13-7相比有所改善。

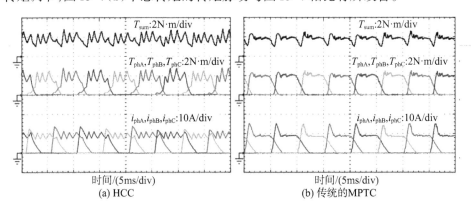

(a) HCC　　　　　　　　　　(b) 传统的MPTC

第13章 基于磁链模型的转矩脉动抑制策略

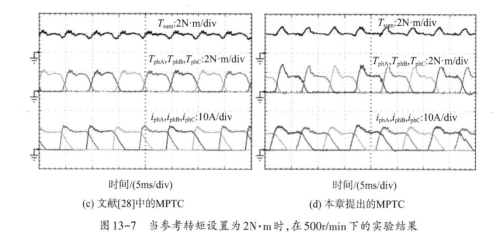

(c) 文献[28]中的MPTC   (d) 本章提出的MPTC

图13-7 当参考转矩设置为2N·m时,在500r/min下的实验结果

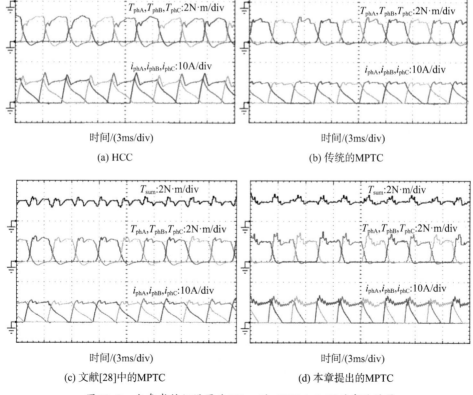

(a) HCC   (b) 传统的MPTC

(c) 文献[28]中的MPTC   (d) 本章提出的MPTC

图13-8 当参考转矩设置为2N·m时,1000r/min下的实验结果

文献[28]中的 MPTC 和本章提出的 MPTC 分别在图 13-7(c)和图 13-7(d)中展示。与图 13-7(a)相比,(c)和(d)的转矩脉动得到进一步抑制。与传统的 MPTC 方法相比,采用基于磁链的转矩估计方法,减小了滤波器延迟引起的相电流误差。因此,该方法具有更好的转矩跟踪能力。但因为曲线拟合带来了一些精度误差,所提出的方法的转矩脉动略高于文献[28]中的方法。

图 13-8 展示了当电机以 1000r/min 运行且负载转矩也设置为 2N·m 时,不同控制方法的实验波形。图 13-8(a)显示了 HCC 方法的波形,其中相电流的滞后宽度也设置为 1A。比较图 13-7(a)和图 13-8(a),图 13-8(a)中的转矩脉动较小。速度越高,反电动势越大,导通角的周期越长。输出阶段中产生的转矩补偿了输入阶段中不足的转矩产生能力。因此,转矩脉动减小。然而,负转矩也变得更大,这会导致效率降低。图 13-8(b)是用传统的 MPTC 方法获得的,其中开通角、重叠角和关断角也设置为 0°、6.5°和 15°,在式(13-15)中的成本函数中,转矩和电流的权重系数也分别设置为 1 和 0.0014。图 13-8(b)中总转矩的转矩脉动仍小于图 13-8(a)中的转矩脉动。图 13-8(c)和图 13-8(d)显示了基于磁链的转矩估计方法的实验结果,这两种方法之间的转矩脉动相当,均低于传统方法。

为了验证本章提出的方法对磁饱和区的适用性,图 13-10 给出了 500r/min、2N·m 和 1000r/min、2N·m 实验条件下的磁链/电流轨迹。从这张图中可以看出,它们都在磁饱和区运行。为了进一步验证所提出的方法在深度饱和区域的性能,在 1500r/min 和 4N·m 的负载下进行了额外的实验,实验结果如图 13-9 所示。磁链和电流的轨迹也如图 13-10 所示。实验结果表明,所提出的方法也可以抑制转矩脉动,这表明该方法也适用于深度饱和区域。为了定量评估不同控制方法下的 SRM 性能,转矩脉动定义如下:

$$T_{\text{ripple}} = \frac{T_{\max} - T_{\min}}{T_{\text{avg}}} \qquad (13-18)$$

式中:$T_{\max}$ 为总转矩的最大值;$T_{\min}$ 为总转矩的最小值;T_{avg} 为总转矩的平均值。

表 13-3 总结了 HCC、传统 MPTC、文献[28]中的 MPTC 和本章提出的 MPTC 方法的平均转矩、输入功率、输出功率、损耗、效率和转矩脉动的详细比较。可以发现,MPTC 方法在转矩脉动和效率方面优于 HCC 方法。通过曲线拟合获得的系数下,所提出的 MPTC 方法可以获得与文献[28]中的 MPTC 相当的良好性能,并优于传统 MPTC 方法的性能。

图 13-11 分别给出了速度和负载变化时的实验波形,包括速度、总转矩和相电流。图 13-11(a)显示了当电机转速从 500r/min 变化到 1000r/min 时的瞬态过程。速度闭环控制由 PI 控制器实现,其输出为参考转矩。可以看出,速度显示出良好的跟踪能力,动态过程在大约 0.2 秒后恢复稳定。

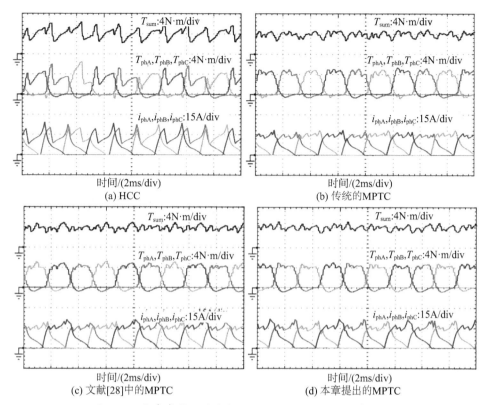

图 13-9　当参考转矩设置为 4N·m 时,1500r/min 下的实验结果

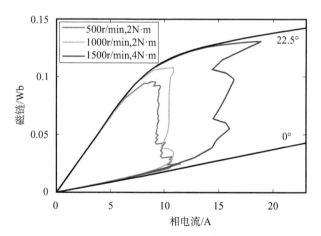

图 13-10　用所提出的 MPTC 方法计算磁链/电流轨迹

表13-3 HCC、传统MPTC、文献[28]中的MPTC和本章提出的的MPTC方法的平均转矩、输入功率、输出功率、损耗、效率和转矩脉动

方法	HCC			传统MPTC			文献[28]中的MPTC			本书提出的MPTC		
速度/r/min	500	1000	1500	500	1000	1500	500	1000	1500	500	1000	1500
平均转矩/N·m	1.79	1.87	3.87	1.8	1.8	3.92	1.8	1.95	3.90	2.06	2.03	3.90
输入功率/W	140	251	770	133	243.2	760.5	133.5	254.19	751.8	144.3	269.2	751.4
输出功率/W	93.7	195.8	607.8	95.2	196.8	615.7	94.7	204.19	612.5	107.8	212.5	612.5
损耗/W	46.6	55.4	169.7	37.7	46.36	141.8	38.82	50.0	139.2	36.5	56.7	138.8
效率/%	66.8	77.9	78.2	71.6	80.94	80.9	70.94	80.33	81.48	74.7	78.9	81.5
转矩脉动/%	110.3	93.7	152.3	77.6	79.8	82.7	58.48	61.75	66.90	63.1	66.6	62.2

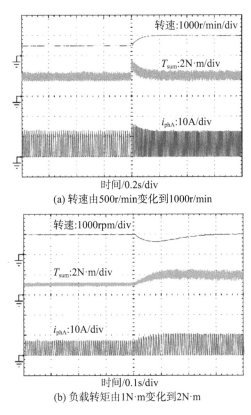

(a) 转速由500r/min变化到1000r/min

(b) 负载转矩由1N·m变化到2N·m

图13-11 速度和负载变化的实验波形

图13-11(b)展示出了当负载从1N·m变化到2N·m时在1000r/min下的动态波形。可以观察到,转矩脉动随着负载转矩的增加而增加,因为需要更高的电流来提供更大的负载转矩,会导致磁路饱和,从而防止电磁转矩的产生。特别是在换向期间,不足的转矩会导致较大的转矩脉动。此外,还可以看出,使用所提出的MPTC方法,可以根据动态变化调整电机速度,在负载变化下表现出优异的稳定性。因此,所提出的MPTC方法在负载和速度变化条件下都表现出很强的鲁棒性。

13.4 研究探讨

13.4.1 误差分析

所提出的MPTC方法的误差来自计算时间和模型参数的延迟误差。为了减少计算时间的延迟误差,采用了二阶预测模型。使用第k个采样周期的测量值$\theta_{ph}(k)$、$i_{ph}(k)$,$w(k)$和$V_{ph}(k)$来估计第$(k+1)$个采样周期时的预测值$\psi_{ph}(k+1)$、θ_{ph}。然后,在第$(k+2)$采样周期构造成本函数,以确定第$(k+1)$采样周期的最佳开关操作。第$(k+1)$次采样的预测值从计算时间中排除了延迟误差,因为它们是在第k个采样周期中计算的。图13-12说明对延迟误差的补偿,如图13-12(a)所示,在没有前向预测的情况下,开关操作发生在计算之后,并且在测量电流的瞬间和应用新开关状态的瞬间之间存在显著的延迟。如图13-12(b)所示,当使用二阶预测模型时,避免了计算延迟。图中,T_s是采样周期;T_k是相电压;T_k、T_{k+1}和T_{k+2}是采样时间;T_{ph}^*、T_{ph}^p和T_{ph}是相转矩的参考值、相转矩的预测值和相转矩测量值。

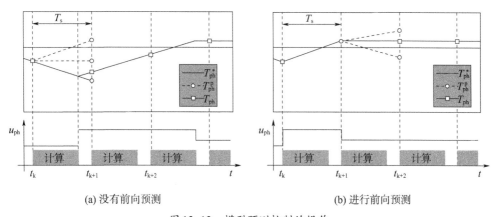

(a) 没有前向预测　　　　　　(b) 进行前向预测

图13-12 模型预测控制的操作

电流和转矩模型对于MPTC方法来说是必不可少的,因为MPTC方法肯定存在模型误差。在传统的MPTC方法中,相转矩由转矩电流位置表$T(\theta,i)$预测。相电流具有较高的动态变化率,滤波器延迟引起的采样误差将影响转矩估计的准确性。与相电流相比,磁链鲁棒性更好,动态变化率更低。采用基于磁链的转矩方法将减小模型误差。

13.4.2 成本函数的权重系数

成本函数中有两个权重系数。它们之间的比率将影响SRM的性能。权重系数设置为1,电流权重对效率和转矩脉动的影响如图13-13所示。随着w_i的增加,效率提高,转矩脉动加大。为了找到合适的折中方案,多目标优化程序可用于对应的Nadir和UTopia值,对初始解集中的每个参数进行归一化。

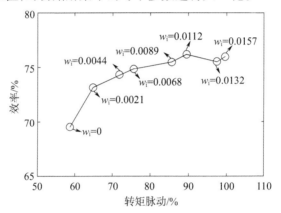

图13-13 转矩脉动和效率随权重系数的变化而变化

13.5 小结

本章提出了一种新的MPTC方法来减小转矩脉动,测量工作量小,存储空间小。在不同转速和负载下的实验结果表明,该方法有效地抑制了转矩脉动,提高了效率。主要成果可归纳为以下几个方面:

(1) 该方法只需要转矩平衡位置的测量结果,可以有效地降低MPTC方法的成本。

(2) 与现有MPTC方法中基于电流的转矩估计方法不同,本章所提出的MPTC方法采用基于磁链的转矩估计方法,可以消除电流传感器的采样和滤波误差。

(3) 本章所提出的多项式傅里叶级数模型显著减少了存储空间。传统的MPTC方法需要消耗数万个存储单元,本章所提出的方法仅占用32个存储单元来描述转矩和电流模型。

第13章 基于磁链模型的转矩脉动抑制策略

（4）详细分析了延迟误差和模型误差。引入了前向预测来减少延迟误差,并通过基于磁链的转矩估计来抑制模型误差。

（5）成本函数的权重系数决定了SRM的效率和转矩脉动,采用了多重优化程序来实现良好的权衡。

第14章 基于磁链轨迹优化的转矩脉动抑制策略

14.1 引言

SRM由于其具有双凸极结构,磁路高度饱和,电磁特性呈高度非线性,再加上SRM各相独立导通,这使输出转矩存在严重转矩脉动,大大限制了它在工业上的应用。为了促进SRM更好的发展,抑制其转矩脉动已经成为热门研究领域之一。通常来说抑制转矩脉动的方法主要包括两类:一类是通过优化电机本体参数来降低转矩脉动,如改变电机极数[29-30],改变电机结构参数来降低转矩脉动[31],但改变电机结构来减小转矩脉动的方法效果不够好,且过程十分复杂;还有一类是通过更先进的控制方法来提高SRM输出转矩的平滑程度,其中转矩分配函数控制方法是常见的转矩控制方法之一。

TSF方法由于其灵活性和良好的性能而受到关注[32]。目前已经有很多TSF的形状被提出,例如线性、立方形、正弦和指数TSF。TSF方法具有多个控制参数,还可用于进一步优化。这四种转矩分配函数在文献[33]中进行了详细的比较;在这四种方法中,指数型拥有最小的磁链变化率,同时上述四种方法的相电流有效值近似。在文献[34]中,不仅对四个传统的TSF进行了调查和评估,还利用遗传算法对开通角和重叠角进行优化,并在四种传统的TSF中选出最优的一种。这些形状的TSF虽然对转矩脉动有一定的优化效果,但没有将电机的特性考虑进去,只是和转矩的形状类似,所以转矩脉动依然较大。

已经有一些新型的TSF被提出。在文献[35]中,提出了分段线性和三次函数,增加了TSF的自由度。文献[36]所提出的TSF的目标函数直接将相电流的平方和磁链的变化率与优化因子相结合。TSF作为优化问题的等式约束,利用拉格朗日乘子法,推导出具有不同优化因子的TSF的解析表达式。这种方法的TSF的形状是灵活的,并且不限于特定的类型,但运算相对较为麻烦。文献[37]通过直接求解优化问题来推导当前参考转矩。将铜耗和磁链变化率作为优化目标,但没有对开关角提出优化。文献[38]、[39]提出了评价标准来比较不同的TSF,并且为优化次要目标(如铜耗和

第14章 基于磁链轨迹优化的转矩脉动抑制策略

速度范围)而修改传统TSF做了进一步尝试。在线修改的TSF也已经被提出,文献[40]提出了一种改进的余弦型转矩分配函数控制方法。将换相区分为两部分,在前一部分对退磁相进行在线正补偿,后一部分对励磁相进行在线负补偿,来抑制换相区造成的转矩脉动。文献[18]提出了基于神经网络的TSF在线补偿方法。人工神经网络可以用来代替PI控制器,以获得更快和更好的性能。

在基于TSF的控制方法中,特别是在较高的速度下,可以观察到在每个相位的退磁区间,实际相电流无法跟踪由TSF控制器施加的参考电流[41]。相电流在关断角到达时依旧没有降为0是产生负转矩的主要原因[42-43]。此外,铜耗与电流的平方成正比,所以如果给定了总参考转矩,为了获得理想的铜耗,也应评估各相中的电流分配。

文献[44]提出了一种离线TSF,该TSF从有限元分析或实验中获得的电机磁链特性来确定最佳电流分布。所提出的TSF的目标函数仅使用一个权重参数,使用遗传算法优化该权重参数。补偿输出相的电流,以实现铜耗最小化和负转矩减小之间的适当平衡,并帮助提高速度范围。然而,惩罚通过所有转子区域的输出相的电流可能导致铜耗没有适当优化。文献[45]在文献[46]的基础上进行进一步优化,根据开关磁阻电机的转矩产生机理和进出相电感特性,将换相区域分为两个区域。根据电感相对于转子位置的变化率在换向阶段重新分配电流,在每个区域中,电感变化率较低的相被分配以较小的电流,降低产生相同转矩所需的总电流平方,从而降低了铜耗。在文献[47]中,开关角被自动更新,以改善SRM的电流跟踪性能。文献[48]对传统的TSF提出改进,结合在线补偿算法进一步减小SRM的转矩脉动。退磁期间由电流跟踪误差引起的转矩脉动可以通过在线补偿技术来改善,有效降低转矩脉动和噪声,但是没有考虑相电流的优化。

本章提出了一种转矩分配函数在线修正的直接瞬时转矩控制方案,基于引力搜索算法根据多目标优化要求寻找最优开通角,并根据开通角的变化在线调整转矩分配函数使转矩脉动抑制效果达到最佳。为了验证方案的可行性,本章以一台1000W、三相12/8极开关磁阻电机为控制对象进行仿真和实验。首先固定间隔为1°改变开通角进行抽样,并相对应修改关断角使换向区对称。对于每个开通角,都要在线修改TSF。当开通角改变,规划开通角到换向重叠角之间的磁链曲线,利用磁链和转子位置的关系通过插值查表法得到转矩与位置的对应关系,利用多项式拟合的方式描述他们的函数关系并实时更新TSF。然后利用四阶傅里叶模型描述目标函数与开通角之间的关系。最后利用引力搜索法对开通角最优值进行寻优,并通过实验验证优化效果。

14.2 转矩分配函数

开关磁阻电机的转矩脉动主要由其非线性电磁转矩引起。在一般的控制方法中,由于进相的转矩增量通常不等于出相的转矩减小量,转矩脉动主要发生在换相过程中。TSF 被提出来解决这个问题,TSF 定义了每个相产生的相转矩,总转矩参考值来自 PI 控制器的输出,其输入是给定速度和实际速度之间的差值。然后通过 TSF 将总转矩分配给每个相。传统的转矩分配函数如线性、正弦、指数和立方,都只是和相转矩的形状类似,并没有考虑电机的特性,导致转矩总是不能很好地跟随给定。

图 14-1 为传统正弦型 TSF,该 TSF 曲线与相转矩的形状类似,但是在实际情况中,如区间 1,刚进入磁通的后一相绕组电感变化率相对较低,转矩的产生能力不足,无法精确跟踪其参考转矩,因此会导致总转矩偏小,从而引起转矩脉动。而在区间 2,由于前一相转子处于向定转子对齐位置接近的末尾阶段,此时相电感的变化率较大,因此前一相转矩无法及时下降到所设定的参考转矩,会造成总合成转矩偏大,从而引起转矩脉动。本章提出的 TSF 是以查表插值为原理生成的,更接近相转矩本身的特性,可以完成更好的规划从而使实现相转矩更好的跟随给定达到降低转矩脉动的目的。不仅如此,对于不同的开通角和关断角,TSF 会在线调整,从而贴合每种控制角度下的实际情况。由于换向重叠角 θ_{ov} 是由电机参数计算的,如式(14-1),所以设定换向重叠角不变。

$$\theta_{ov} = \frac{\tau_r - \beta_s - \beta_r}{2} \quad (14-1)$$

式中:τ_r 为开关磁阻电机转子极距;β_s 为定子极弧;β_r 为转子极弧。

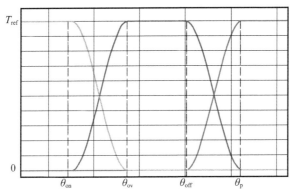

图 14-1 传统正弦型 TSF

当开通角 θ_{on} 改变时,即 $\theta_{on} \sim \theta_{ov}$ 为开关磁阻电机重叠导通区域发生变化,规划开关磁阻电机换相导通区内励磁相磁链 φ_{up} 关于位置的函数:

$$\varphi_{up} = k\theta_{ph} \tag{14-2}$$

式中:k 为磁链函数斜率,计算公式为

$$k = \frac{\varphi_{ref}}{\theta_{ov} - \theta_{on}} \tag{14-3}$$

根据计算得到换相导通区内相磁链轨迹函数,使用开关磁阻电机模型预测转矩控制进行单步控制,选取最佳电压矢量。具体步骤为:通过磁链、转矩和位置二维查找表得到励磁相转矩 T_{up} 关于位置的函数:

$$T_{up} = f(\theta_{ph}) \tag{14-4}$$

退磁相转矩函数为

$$T_{down} = T_{ref} - f(\theta_{ph}) \tag{14-5}$$

根据得到的励磁相与退磁相转矩函数构建开关磁阻电机转矩预测控制的 TSF:

$$T(\theta_{ph}) = \begin{cases} 0 & (\theta_{ph} < \theta_{on}) \\ T_{up} = f(\theta_{ph}) & (\theta_{on} \leq \theta_{ph} < \theta_{on} + \theta_{ov}) \\ T_{ref} & (\theta_{on} + \theta_{ov} \leq \theta_{ph} < \theta_{off}) \\ T_{down} = T_{ref} - f(\theta_{ph}) & (\theta_{off} \leq \theta_{ph} < \theta_{off} + \theta_{ov}) \\ 0 & (\theta_{off} + \theta_{ov} \leq \theta_{ph} < \theta_{p}) \end{cases} \tag{14-6}$$

式中:θ_{on} 为开关磁阻电机开通角;θ_{off} 为开关磁阻电机关断角;θ_{p} 为开关磁阻电机转子周期角。

当 θ_{on} 为 $0°$,$\theta_{off}=15°$,$\theta_{p}=22.5°$ 时转矩分配函数的仿真图如图 14-2 所示。

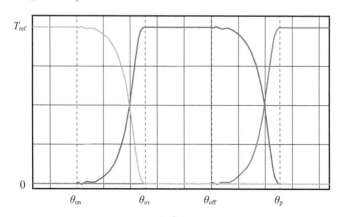

图 14-2 本章提出的 TSF

14.3 转矩预测控制原理

通过电机模型、状态方程和采样参数,预测了不同开关状态下的输出转矩。通过比较不同开关状态下的成本函数值,选择与成本函数最小值对应的开关状态。最后开关状态被应用到功率变换器以控制电机(图14-3)。

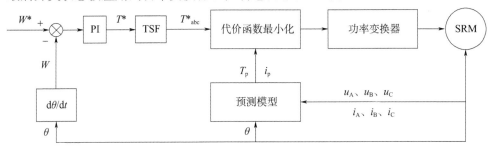

图 14-3 模型预测流程框图

在采样周期内,电压方程和速度表达式离散化,i_k、u_k 和 $k\theta$ 分别表示 k 时刻的电流、电压和角度,可通过传感器测量得到。为了避免累积误差,通过检查磁链电流位置表 $\psi(i,\theta)$ 获得当前时刻的相磁链 $\psi_{ph}(k)$。通过式(14-7)计算母线电压 $u_{bus}(k)$,通过式(14-8)计算电容器电流 $i_{cap}(k)$:

$$u_{bus}(k) = u_{ph}(k)\big|_{s_{ph}(k)=-1} + 2V_D \tag{14-7}$$

$$i_{cap}(k) = \frac{U_{dc} - u_{bus}(k)}{R_{dc}} - \sum_{ph=1}^{N_{ph}} s_{ph}(k) i_{ph}(k) \tag{14-8}$$

相电压 $u_{ph}(k+1)$ 由开关状态确定,开关状态为 s_{ph}、$u_{ph}(k+1)$ 可由式(14-10)预测得到,相磁链 $\psi_{ph}(k+1)$ 可由式(14-11)预测,转子位置可由式(14-12)计算,相电流 $i(k+1)$ 可由查表得到。

$$u_{bus}(k+1) = u_{bus}(k) + \frac{T_s}{C_{dc}} i_{cap}(k) \tag{14-9}$$

$$u_{ph}(k+1) = \begin{cases} u_{bus}(k+1) - 2V_T & s_{ph}(k+1) = 1 \\ -V_T - V_D & s_{ph}(k+1) = 0 \\ -u_{bus}(k+1) - 2V_D & s_{ph}(k+1) = -1 \end{cases} \tag{14-10}$$

$$\psi_{ph}(k+1) = \psi_{ph}(k) + T_s\big(u_{ph}(k) - R_{ph} i_{ph}(k)\big) \tag{14-11}$$

$$\theta_{ph}(k+1) = 2\theta_{ph}(k) - \theta_{ph}(k-1) \tag{14-12}$$

在 $(k+2)$ 时刻中,相磁链 $\psi_{ph}(k+2)$ 可由式(14-13)预测,转子位置可由式(14-14)预测。

第14章 基于磁链轨迹优化的转矩脉动抑制策略

$$\psi_{ph}(k+2) = \psi_{ph}(k+1) + T_s\big(u_{ph}(k+1) - R_{ph}i_{ph}(k+1)\big) \quad (14\text{-}13)$$

$$\theta_{ph}(k+2) = 2\theta_{ph}(k+1) - \theta_{ph}(k) \quad (14\text{-}14)$$

将$(k+2)$时刻的预测值带入成本函数,评估所有可能开关状态的成本函数,通过最小化成本函数,确定最佳开关状态。

$$J = w_i i_p^2 + w_T T_p^2 \quad (14\text{-}15)$$

$$T_p = \left| \sum_{ph=1}^{N_{ph}} T_{ph}(k+2) - T_{ref} \right| \quad (14\text{-}16)$$

$$i_p = \left| i_{inv}(k+2) \right| = \left| \sum_{ph=1}^{N_{ph}} s_{ph}(k+2) \cdot i_{ph}(k+2) \right| \quad (14\text{-}17)$$

模型预测控制流程如图14-4所示。

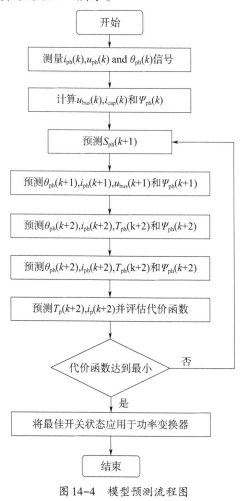

图14-4 模型预测流程图

14.4 最优开通角的寻找

在寻优区间内,固定间隔为1°调整开通角θ_{on}在实验电机上进行实验。每次调整开通角后都要对应修改关断角θ_{off}使换向区间对称。并且每次修改开通角后都要在线调整TSF使转矩分配函数更贴合当下控制角度下的电机特性,从而使转矩脉动的抑制效果达到最佳。

本章以一台1000W,500r/min,三相12/8极的电机为例展示优化过程。针对每一组控制角度组合,调研电机转矩脉动和相电流,并使用四阶傅里叶级数拟合成曲线,拟合效果如图14-5和图14-6所示。

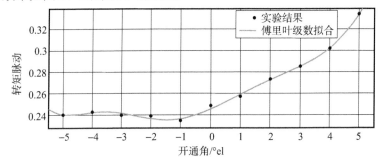

图14-5 转矩脉动随开通角变化

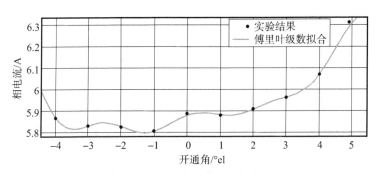

图14-6 转矩脉动随开通角变化

由图可知,相电流和转矩脉动随开通角的变化趋势并不是单峰值曲线,本章选取启发式优化算法,利用引力搜索法寻找最优值。

引力搜索法的原理是对物理学中的万有引力进行模拟产生的群智能优化算法,可以针对本章的较为复杂的目标函数进行优化。该算法的主要机制是具有不同质量的个体在解空间中相互吸引,个体的性能由其自身具有的质量决定。个体之间通过引力作用相互吸引,且都朝着质量大的个体运动,通过不断地循环迭代最终得到优化问题的最优解。

在该算法中,个体的初始位置是随机产生的,某一时刻,个体i和个体j之间的万有引力大小为

$$F_{ij}^d = G(t)\frac{M_{pi}(t)M_{aj}(t)}{R_{ij}(t)+\varepsilon}\left(x_j^d(t)-x_i^d(t)\right) \quad (14\text{-}18)$$

式中:$M_{aj}(T)$和$M_{pi}(T)$分别表示个体j的主动引力质量和个体i的被动引力质量;ε是一个很小的常量,防止分母为0;$G(T)$表示T时刻的引力常数;$R_{ij}(t)$表示个体i和个体j之间的欧式常量。

引力常数$G(T)$是由某个初始值随着时间的推移不断减小的函数,其计算公式为

$$G(t) = G_{0e}^{-\alpha\frac{t}{T}} \quad (14\text{-}19)$$

式中:G_0和α均为常数;T为最大迭代次数;$G(T)$影响引力搜索法全局搜索能力和局部搜索能力的平衡。

欧式距离$R_{ij}(T)$的计算公式为

$$R_{ij}(t) = \left\|x_i(t),x_j(t)\right\|_2 \quad (14\text{-}20)$$

引力质量和惯性质量是根据优化问题的目标函数计算得到的,这里假设引力质量和惯性质量相等,则根据目标函数值的大小并根据以下公式计算每个个体的惯性质量$M_i(T)$:

$$M_{ai} = M_{pi} = M_i, i = 1, 2, \cdots, N \quad (14\text{-}21)$$

$$m_i(t) = \frac{\text{fitness}_i(t)-\text{worst}(t)}{\text{best}(t)-\text{worst}(t)} \quad (14\text{-}22)$$

$$M_i(t) = \frac{m_i(t)}{\sum_{j=1}^{N}m_j(t)}, i = 1, 2, \cdots, N \quad (14\text{-}23)$$

式中:$M_i(T)$是个体i在T时刻的目标函数值;而$\text{best}(T)$和$\text{worst}(T)$分别表示在T时刻所有个体中最优的解与最差的解。

在d维空间中,个体i所受来自其他所有个体的作用力的总和$F_i^d(T)$:

$$F_i^d(t) = \sum_{j \in \text{kbest}, j \neq i} \text{rand}_j F_{ij}^d(t) \quad (14\text{-}24)$$

在T时刻,个体i在d维空间上的加速度$a_i^d(T)$定义为

$$a_i^d(t) = \frac{F_i^d(t)}{M_i(t)} \quad (14\text{-}25)$$

根据加速度更新个体的速度和位置,更新公式为

$$V_i^d(t+1) = \text{rand}_i \times V_i^d(t) + a_i^d(t) \quad (14\text{-}26)$$

$$X_i^d(t+1) = X_i^d(t) + V_i^d(t+1) \tag{14-27}$$

优化流程图如图14-7。首先针对转矩脉动和相电流进行单目标优化,这部分的优化函数只包括一个目标,通过不同的函数来获得最小的转矩脉动和相电流值,目标函数分别为

$$f_{T_{\text{ripple}}}(\theta_{\text{on}}) = \min\{T_{\text{ripple}}\} \tag{14-28}$$

$$f_{i_{\text{rms}}}(\theta_{\text{on}}) = \min\{i_{\text{rms}}\} \tag{14-29}$$

式中:T_{ripple}为转矩脉动;i_{rms}为相电流。

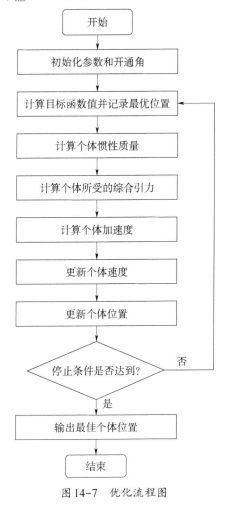

图14-7 优化流程图

图14-8为转矩脉动优化结果,当开通角为-1.6°时,转矩脉动最小,为22.02%,图14-9为相电流优化结果,当开通角为-1.3°时,相电流最小,为5.797A。

第14章 基于磁链轨迹优化的转矩脉动抑制策略

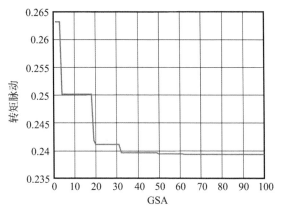

图14-8 转矩脉动优化效果

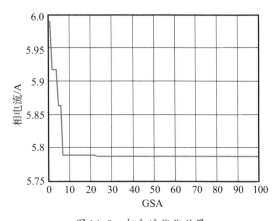

图14-9 相电流优化效果

本章的优化目标是实现低转矩脉动和低相电流,为了实现两个优化目标的平衡,给出一种较为简单的多目标优化函数。

$$f_{\text{obj}}(\theta_{\text{on}}) = \min\left\{ e^{\left(k_\alpha \frac{i_{\text{rms}}}{i_{\text{rms,min}}} + k_\beta \frac{T_{\text{ripple}}}{T_{\text{ripple,min}}} \right)} \right\} \quad (14\text{-}30)$$

$$k_\alpha + k_\beta = 1 \quad (14\text{-}31)$$

式中:f_{obj}为多目标优化函数;k_α为输出功率权重系数;k_β为系统效率权重系数;$i_{\text{rms,min}}$为单目标优化时得到的相电流最小值;$T_{\text{ripple,min}}$为单目标优化时得到的转矩脉动最小值。

各优化目标的权重系数应根据优化目标的侧重点合理分配。本章以降低转矩脉动为主要目标,降低相电流为次要目标,转矩脉动的权重系数为0.8,相电流的权重系数为0.2。如图14-10,当开通角为-1.5°时,f_{obj}取得最小值。

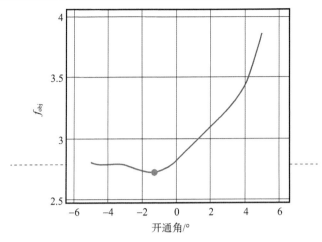

图 14-10 多目标优化效果

14.5 实验验证

在本章中,在三相 12/8 极 SRM 上进行模拟来评估本章的多目标优化结果,使用传统余弦 TSF 作为对照验证优化效果。实验元件模型见表 14-1。

表 14-1 实验元件选型

组件	型号
控制器	dSPACE-1202
电源	IT6018C-300
MOSFET	IRFP4468
二极管	DSEI1120-06A
电流传感器	LA55-P
电压传感器	LV25-P
电力分解器	TS2620N21E11

图 14-11 和图 14-12 展示了给定转矩为 2N·m,电机速度分别为 500r/min 和 900r/min 时,传统正弦 TSF 方法与本章提出的方法控制下相转矩跟随给定情况以及总转矩和相电流的测量结果。图 14-13 和图 14-14 展示了电机速度为 700r/min,给定转矩分别为 2N·m 和 1N·m 时,传统正弦 TSF 方法与本章提出的方法控制下相转矩跟随给定情况以及总转矩和相电流的测量结果。从结果可以看出,当下相刚

第14章 基于磁链轨迹优化的转矩脉动抑制策略

开始励磁时,转矩的产生能力较低。所提出的TSF将较少的转矩分配给输入相,而将更多的转矩分配给输出相,因为输出相具有更好的转矩产生能力,以补偿转矩脉动。因此,所提出的方法在励磁阶段可以较好地跟随给定。同时,由于所提出的TSF更符合电机特性,转矩更接近换相区域的转矩实际情况,总转矩更平滑,转矩脉动较小。与传统的控制方法相比,该方法还能更平稳地控制相电流,使电机损耗更小,从而提高电机效率。

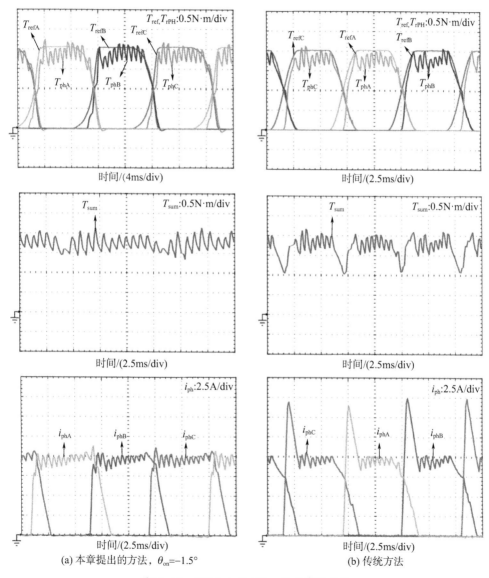

图14-11　500r/min和2N·m时的实验结果

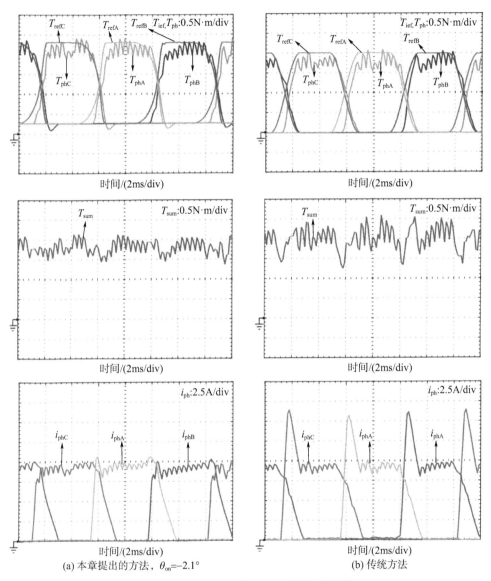

(a) 本章提出的方法，$\theta_{on}=-2.1°$ (b) 传统方法

图 14-12　900r/min 和 2N·m 时的实验结果

第14章 基于磁链轨迹优化的转矩脉动抑制策略

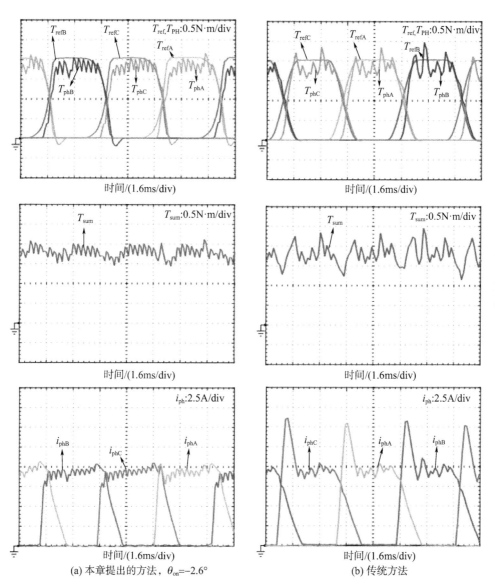

(a) 本章提出的方法，$\theta_{on}=-2.6°$ (b) 传统方法

图 14-13 700r/min 和 2N·m 时的实验结果

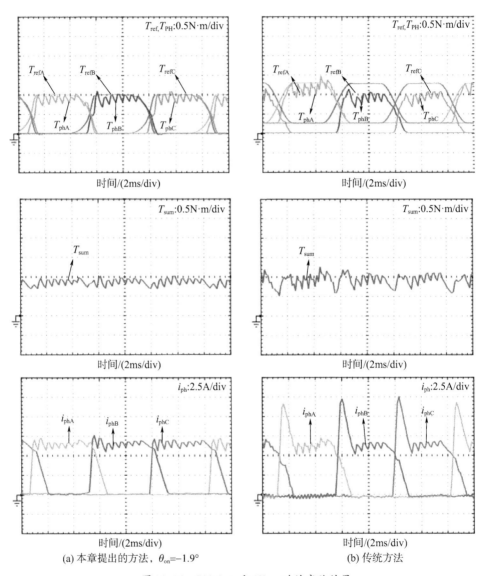

图 14-14 700r/min 和 1N·m 时的实验结果

第14章 基于磁链轨迹优化的转矩脉动抑制策略

对于励磁相,所提方法的转矩上升更平滑,转矩预测控制需要较小的电压斩波占空比,因此电流不会上升过快。对于传统的TSF,励磁相转矩上升较快,需要功率变换器在开通状态下工作更长时间,因此电流上升更快,峰值也更高,存在安全隐患。

14.6 研究探讨

本章提出了一种转矩分配函数在线修正的直接瞬时转矩控制方案,基于引力搜索算法根据多目标优化函数寻找最优开通角,并根据开通角的变化在线调整转矩分配函数使转矩脉动抑制效果达到最佳。

该方法的主要优点如下:

(1) 与传统TSF相比,本章提出的方法将电机特性考虑在内,利用引力搜索法对开通角进行寻优,基于换向区域的磁链规划在线调整TSF,产生的TSF曲线更贴近电机运行实际情况,可以有效降低转矩脉动。

(2) 其他在线TSF方法大多数都是基于补偿,本章提出的TSF与基于补偿的TSF法相比,仅需完成在线拟合,不需要测量补偿,所以本章提出的TSF调整的速度更快。

(3) 建立多目标优化函数优化开通角,可以同时降低电机转矩脉动和相电流有效值。

14.7 小结

本章提出了一种转矩分配函数在线修正的直接瞬时转矩控制方案,基于引力搜索算法根据多目标优化要求寻找最优开通角,并根据开通角的变化在线调整转矩分配函数使转矩脉动抑制效果达到最佳。本章的贡献总结为以下两个方面:

(1) 提出了一种可在线修改的TSF,基于电机特性和控制角度的变化在线修改TSF从而使系统抑制转矩脉动的效果达到最佳。

(2) 构建多目标优化函数,利用引力搜索法寻找最优开通角,同时降低转矩脉动和相电流有效值。实验结果表明,与传统控制方法相比,本章提出的方法能够提供更好的性能。

第15章　基于多电平功率变换器的模型预测转矩控制策略

15.1　引言

目前的开关磁阻电机功率变换器研究可以分为两类：低成本功率变换器设计和满足不同功能需求的功能型功率变换器设计。功率变换器可分为三电平功率变换器和多电平功率变换器。

文献[49]利用六开关IGBT模块的转换电路降低了功率变换器的体积和成本。文献[50]采用的变换器由两组IGBT模块和六组IGBT模块构成，从一定程度上降低了驱动系统的体积、成本和复杂性。但其不允许交叠导通，有一定的区域无法使用，导致转矩脉动大、平均转矩小。

对于传统电容储能变换器，其器件的承受电压要达到输入电压的2倍，极大地限制了器件的选型。为此，文献[51]设计了一种改进的电容储能变换器，解决了传统电容储能变换器的器件承受电压为2倍输入电压的缺点，降低了成本。

文献[52]设计了一种单开关管功率变换器，每相仅需一个开关管，简化了电路，进一步降低了成本。单开关管实现四象限工作的可行性在文献[53]中得到了验证。文献[54]提出了一种双电源每相单管开关磁阻电机功率变换器。文献[55]提出了一种单电流传感器的双晶体管工作新技术，允许两相同时激励。

文献[56]和[57]分别提出了一个四电平和准三电平变换器，用于提升绕组的端电压以实现相电流的快速励磁和退磁。文献[58]设计了一种准三电平非对称中性点二极管箝位(NPC)变换器，该变换器减少了一半的开关管数量，使得总成本减少一半。文献[59]中提出了一种不对称三电平T型变换器结构，降低了成本。文献[60]还提出一种I字型三电平逆变器，同样可降低成本。

文献[61]将三电平功率因数校正器与不对称半桥型功率变换器结合，降低了交流输入电的谐波总畸变率，改善了电能质量。文献[62]设计了一种二极管箝位式三电平变换器，降低了系统噪声和电流纹波。文献[63]提出了一种三电平电容中性点二极管箝位型变换器，降低了噪声和电流纹波。文献[64]提出了一种准Z源集成多

第15章 基于多电平功率变换器的模型预测转矩控制策略

端口变换器(ZIMPC),其通过降低直流链路电容的方法达到了宽速度范围运行的效果。文献[65]提到一种无缘升压逆变器(三电平),得到更高的反向电压。一般SRM都是三相的,而文献[66]则通过六开关变换器实现了对四相SRM的驱动。

与三电平类似,也将多电平分为四电平,五电平以及八电平,并根据其快速励磁退磁,改善结构和质量等进行二次分类。

文献[67]设计了一种四电平变换器,加快了电流积累,实现了适当的退磁。文献[68]设计了一种准Z源(qZS)变换器,实现了五电平。文献[69]设计了一种多兆瓦中压的变换器,提高了效率。文献[70]设计了一种模块化变换器拓扑结构,将半桥式开关模块替换为三电平开关模块,实现了多电平。文献[71]设计了一种电动汽车用功率变换器,实现了五电平。文献[72]设计了一种多电平功率变换器,加快励磁、去磁速度的同时减小了转矩波动。文献[73]针对插电式混合动力电动汽车系统提出了一种多电平功率变换器,实现了能量的高效灵活转换。文献[74]设计了一种二极管箝位多电平变换器,减少了箝位二极管的个数同时提高了波形质量。文献[75]提出了一种基于模块化多电平变换器的混合动力电动汽车SRM驱动系统。文献[76]在非对称桥式逆变器中加入前级电路,改变相绕组实际电平数,得到了一种新型功率变换器,提高了转矩、拓宽了恒转矩区。文献[77]提出一种半桥级联型多电平拓扑结构,通过两个子模块进行级联获得任意电平数$N(N>2)$,可以通过简单的拓扑图子模块实现任意多电平的切换与设计。

SRM的双凸极结构使其磁链具有非线性的特点,从而使其仿真模型不像其他电机一样便于构建,转矩脉动大、噪声大限制了其应用范围。电机结构、电机参数和控制方法是影响SRM转矩脉动因素主要方面。针对这三个因素,不同国家的研究人员提出的解决方案可以总结为以下几个方面:(1)通过改变或优化电机的结构设计来降低转矩脉动;(2)通过改善或优化电机的变量,如电流、电感等来降低转矩脉动;(3)通过尝试不同的调速控制方法降低转矩脉动。目前的研究表明,降低SRM转矩波动的方法有:直接瞬时转矩控制法、滑模控制、转矩分配函数法、智能控制方法。这些控制方法对SRM转矩波动的抑制有着良好的效果,但这些方法有的需要完整的电机转矩特性。而模型预测控制因其具有实时滚动的优点,有着良好的应用前景,与其他方法的结合也并不少见。

文献[78]提出了一种直接转矩控制与模型预测控制相结合的新方法,该方法克服了SRM的非线性电磁特性,并能在较大的速度范围内抑制转矩脉动。文献[79]提出了一种新的SRM转矩预测模型,选取0°、12.5°、17.5°、22.5°四个位置的磁链特性,通过最小二乘法和傅里叶级数拟合出磁链特性的最佳解析解,并通过多重测定系数验证了拟合能力。此方法虽然在一定程度上抑制了转矩脉动,但是需要特定的四个位置的磁链特性,大大增加了计算和实现的难度。文献[80]提出了一种基于Hermite插值的磁阻电机相电流和转矩的估计方法。该方法不再需要四个特定位置,只需要对齐和未对齐转子位置的磁链特性,同时提出了一种新转矩分配函数来抑制转矩脉动。文献[81]将转矩分配函数和模型预测控制相结合来抑制转矩脉动,去掉了电流滞环,提高了控制精度,但代价函数的参数选择及控制过程较为复杂。文献[82]用模型预测控制方法对SRM进行转矩脉动抑制,以电机转矩为控制目标,以当前电流、转子位置为输入量,下一时刻电压为状态量,从一定程度上抑制了转矩脉动,但因为只预测了下一时刻,导致有一定时间的延迟,无法最优化。文献[83]使用直接转矩控制扇区划分的原理对换相区进行判断,结合MPC抑制转矩脉动,但因为增加了扇区数,导致矢量选择变得困难。文献[84]将自抗扰技术与改进型模型预测直接转矩相结合。同样通过扩展扇区、增加电压矢量来减小SRM转矩脉动。文献[85]针对非对称中点钳位型逆变电路进行模型预测控制,该方法也是针对扇区重新划分,减少备选状态。文献[86]针对相电流波动较大的问题,优化了电流波形并进行无差拍的预测控制,实现了SRM转矩脉动的抑制。文献[87]提出了一种用于SRM高动态速度控制的四象限运行策略,该策略的核心是基于PWM的在线自适应相位激励预测控制方法。利用所提出的控制方法,将预测控制的适用范围扩展到制动力矩区域,实现了SRM的四象限运行,用于高速动态调速。

本章针对混动汽车领域的基于多电平功率变换器SRM模型预测转矩控制展开了研究,为应对多样性的要求,根据SRM驱动系统不对称半桥传统功率变换器提出了一种新的五电平功率变换器,在可实现五电平调整的前提下,提出了一种改进的模型预测控制方法来降低转矩脉动。同时根据SRM转矩特性的特点,结合转矩分配方法,提出了一种换相区域的转矩分配补偿函数,对转矩进行模拟,也在一定程度上辅助实现了转矩脉动的抑制。在Matlab2021a/Simulink中搭建了数学仿真模型,对所提出的方法进行了仿真验证,并搭建了SRM半物理仿真实验平台,验证了所提方法的有效性。

15.2 多电平功率变换器

15.2.1 五电平功率变换器电路图

基于传统不对称半桥的拓扑结构,本章提出一种新的五电平功率变换器拓扑结构,其一相的电路图如图15-1所示(S_1、S_2、S_3、S_4为开关管,D_1、D_2、D_3、D_4、D_5、D_6、D_7、D_8为二极管,U_{DC}为母线电压,C_1、C_2为直流电容,L_{ph}为相绕组)。

第15章 基于多电平功率变换器的模型预测转矩控制策略

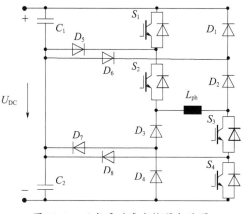

图 15-1 五电平功率变换器电路图

五电平功率变换器的输出电压有+1、+0.5、0、-0.5、-1五个电平状态。针其中一相桥臂的五种开关状态示意图如图 15-2、图 15-3、图 15-4 所示。(黑线箭头为电流流向)其中 S_1、S_2、S_3、S_4 为开关管,D_1、D_2、D_3、D_4、D_5、D_6、D_7、D_8 为二极管,U_{DC} 为母线电压,C_1、C_2 为直流电容,L_{ph} 为相绕组。

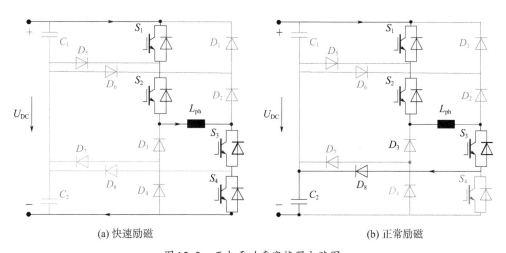

(a) 快速励磁　　　　　　　　　　　　　(b) 正常励磁

图 15-2 五电平功率变换器电路图

基于五电平功率变换器各个状态的电路图,可以看到有 1、0.5、0、-0.5、-1 五个电平,其开关状态与各个电平的对应关系如表 15-1 所列。其中 S_1、S_2、S_3、S_4 为开关管,D_1、D_2、D_3、D_4、D_5、D_6、D_7、D_8 为二极管,U_{ph} 为每相桥臂两端输出电压与母线电压的比值。On 表示开关管导通,Off 表示开关管关断,×表示该状态不存在。

269

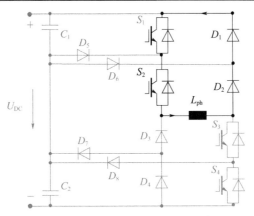

图 15-3 五电平功率变换器零压续流状态电路图

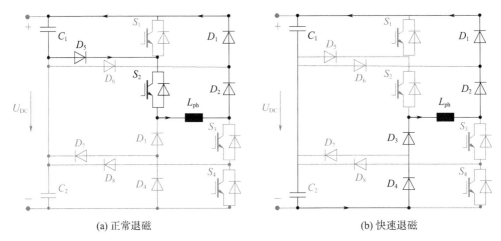

(a) 正常退磁　　　　　　　　　　　　　　(b) 快速退磁

图 15-4 五电平功率变换器电路图

表 15-1 五电平功率变换器开关状态表

Mode	S_1	S_2	S_3	S_4	U_{ph}
0	Off	Off	Off	Off	−1
1	On	Off	Off	Off	×
2	Off	On	Off	Off	−0.5
3	On	On	Off	Off	0
4	Off	Off	On	Off	−0.5
5	On	Off	On	Off	×
6	Off	On	On	Off	0
7	On	On	On	Off	0.5

续表

Mode	S_1	S_2	S_3	S_4	U_{ph}
8	Off	Off	Off	On	×
9	On	Off	Off	On	×
10	Off	On	Off	On	×
11	On	On	Off	On	×
12	Off	Off	On	On	0
13	On	Off	On	On	×
14	Off	On	On	On	0.5
15	On	On	On	On	1

15.2.2 五电平功率变换器工作原理

该SRM五电平功率变换器由以下几个模块构成：储能电容、每相开关管模块、每相二极管模块以及横向二极管模块。电源模块连接两个纵向连接的储能电容模块，然后储能电容通过与每一相的开关管模块以及二极管模块的两端连接，两个储能电容连接的中点与纵向的二极管模块连接。纵向的二极管模块的另一端则与每一相两个桥臂的两个开关管连接中点或是两个二极管连接中点相连接。

储能电容包括两个串联的电容C_1、C_2，两个电容的两端分别连接在每一相的桥臂两端，与每相的开关管模块与二极管模块串联。同时两个串联电容的中点与纵向的二极管模块连接，分别连接到每相两个桥臂的开关管模块以及二极管模块的中点。

每个桥臂都包含一个开关管模块以及一个二极管模块，每个开关管模块包括两个串联的IGBT，每个二极管模块也包括两个串联的二极管。两个电容C_1、C_2串联后连接到直流电源的正负两端，开关管S_1的集电极与电源正极连接，发射极与开关管S_2的集电极连接，开关管S_2的发射极与二极管D_3的阴极连接，二极管D_3的阳极与二极管D_4的阴极连接，二极管D_4的阳极与电源负极连接。在另一个桥臂中，二极管D_1的阴极与电源正极连接，二极管D_1的阳极与二极管D_2的阴极连接，二极管D_2的阳极与开关管S_3的集电极连接，开关管S_3的发射极与开关管S_4的集电极连接，开关管S_4的发射极与电源负极连接。同时两个电容的中点与二极管D_5、D_6的阳极以及二极管D_7、D_8的阴极连接，而二极管D_5、D_6的阴极则分别与开关管S_1的发射极、二极管D_1的阳极连接，二极管D_7、D_8的阳极则分别与二极管D_3的阳极、开关管S_3的发射极连接。上述结构仅是针对一相，而对于A、B、C三相来说的结构是一样的。

15.3 新模型预测转矩控制策略

15.3.1 转矩分配函数

本章在综合考量了较多的转矩分配函数后选择一种余弦函数作为SRM的转矩模拟,该函数在换相区域较好地拟合了转矩,但是由于余弦本身拟合的问题,实际转矩仍无法很好地跟随给定转矩。

15.3.2 模型预测控制理论分析

在模型预测控制方法中,可以根据不同的目标参数,对最后的控制目标进行改变。在本章中,主要的控制目标为转矩脉动,而其他的控制目标如效率,相电流等只是次要目标。如图15-5所示,将k时刻作为参考点,得到系统此时的输出量测量值$y(k)$,对于系统模型来讲,需要预测系统未来的动态性能,以状态空间的形式列出,可以将系统的模型表示为

$$\begin{cases} x(k+1) = f(x(k), u(k)), x(0) = x_0 \\ y(k) = h(x(k), u(k)) \end{cases} \quad (15-1)$$

式中:$x(k) \in R^n$为k时刻系统的状态量;$u(k) \in R^l$为k时刻系统的输入;$y(k) \in R^q$为k时刻系统的输出。

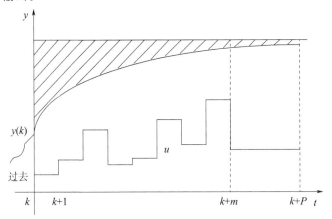

图15-5 模型预测方法的原理

可以由以上公式推测出系统当前时刻后的一段时间内的输出值$y(k)$的大小,该值可由一个序列来表示:

$$\{ y_p(k+1/k), y_p(k+2/k), \cdots, y_p(k+P/k) \} \quad (15-2)$$

式中:P为预测时域;$k+1/k$为基于采样时刻k计算出的$k+1$时刻的系统输出。

以此类推,基于采样时刻k所获得的$k+P$时刻的系统输出可以表示为$k+P/k$。上述预测方法见图15-5。

预测时域内每一步的独立变量可表示为

$$U_k^{def} = \{u(k/k), u(k+1,k), \cdots, u(k+P-1/k)\} \tag{15-3}$$

式中:U_k为预测时域内每一步控制输入。

整个控制系统的目标是使得系统的输出跟随系统的期望输出值,如果系统的参考输入值用$r(k)$来表示,则对于预测时域内每一步的系统参考输入,可以表示为

$$\{r(k+1), r(k+2), \cdots, r(k+P)\} \tag{15-4}$$

系统的控制目标是找到系统的最佳输入使得系统的输出可以很好地跟随系统的期望输入,使两者之间的误差越小越好,为了衡量这个控制目标,需要定义一个优化目标函数,通常采用累积误差的方法来表示期望输出和系统的预测输出之间的误差情况,通过寻找使累积误差最小的方法,来找到可以使系统在预测时域内输出误差最小的预测输出,此时图15-5中所对应的阴影部分面积最小,此函数可称为代价函数。代价函数可以用下式表示:

$$J(y(k), U(k)) = \sum_{i=k+1}^{k+P}(r(i) - y_p(i/k))^2 \tag{15-5}$$

式中:J为代价函数输出。

对于控制系统的"最佳寻优"问题,用公式的形式可以表示为

$$\min_{U_k} J(y(k), U_k) \tag{15-6}$$

该公式表示的是系统的动态优化过程,基于系统的状态空间来实现在线寻优,控制目标和约束条件都是基于系统的动态轨迹来寻优的,这个寻优的过程称为MPC的优化问题。通过该方法找出的最优解可以表示为

$$U_k^* = \{u^*(k/k), u^*(k+1/k), \cdots, u^*(k+P-1/k)\} \tag{15-7}$$

在寻得k时刻的最优解之后,将第一个分量$u^*(k/k)$应用在实际的控制过程中,下个时刻重复此过程,并将找到的第一个分量应用于系统,如此反复,实现系统的控制。从模型预测控制的过程来看,其控制过程可以分为三步:

(1) 系统未来一定时刻内的动态预测;

(2) 利用目标函数对系统进行在线寻优的过程;

(3) 将找到的最优输入的第一个元素应用在控制系统上。

在任何时刻,根据采样时刻得到的测量值,对任何的系统模型来说,预测过程都是一样的,重复以上过程即可实现系统的控制。

15.3.3　换相算法

在模型预测转矩控制中,需要给出下一时刻的开关信号作为系统的一个输入量,而开关状态对应的则是每相的输出电压大小。对于传统三电平模型预测控制来说,每相开关的导通与关断会使得输出电压呈现1、0、-1三个状态,故三相共有27个状态。而对于五电平功率变换器来说,每相开关的导通与关断会使得输出电压呈现1、0.5、0、-0.5、-1五个状态,总共125个状态。如果我们将所有的状态都进行下一步预测,计算量将大大增加,于是我们需要对算法进行优化,对时间进行区域分化,将其分为单相导通区和换相区。单相导通区即为三相中只有一相导通,其他两相关断,而换相区则是每两相之间进行励磁退磁换相的区域[88]。

在单相导通区,只计算当前导通相的矢量状态。由于产生负转矩,为了简化计算量,我们将其余相预测状态看做是-1。这时在单相导通区只预测5种矢量状态。

在换相区,只预测正在换相的两相矢量状态。由于产生负转矩,所以其余相预测状态为-1。即在换相区预测时会预测25种矢量状态。矢量状态表如下表15-2所列。

表15-2　矢量状态表

		A相	B相	C相
A	单相导通	1/0.5/0/-0.5/-1	-1	-1
	换相	1/0.5/0/-0.5/-1	1/0.5/0/-0.5/-1	-1
B	单相导通	-1	1/0.5/0/-0.5/-1	-1
	换相	-1	1/0.5/0/-0.5/-1	1/0.5/0/-0.5/-1
C	单相导通	-1	-1	1/0.5/0/-0.5/-1
	换相	1/0.5/0/-0.5/-1	-1	1/0.5/0/-0.5/-1

15.3.4　矢量优化

在所述基础之上,预测25种矢量状态依旧计算量巨大,为改善此类问题,我们可以根据理论上使得转矩脉动较小的矢量状态,对其进行一个初步的筛选。矢量的优化选择按照以下原则进行:

在换相区内,励磁相电压应该始终大于或等于零,不得为负电压。因为当励磁相为正是可以迅速建立所需的相电流,保证在单相导通区提供足够的转矩;退磁相的电压不得大于励磁相电压,避免因为相电流进入负转矩区而产生负转矩,影响电机整体效率。

第15章 基于多电平功率变换器的模型预测转矩控制策略

筛选后的矢量选择图如图15-6、图15-7所示,黑色为选取最后留下的矢量,红色为依据上述原则删除的矢量。对于励磁相来说,负状态会影响它的相电流以及励磁状态,所以励磁相不选择负状态。而当退磁相状态大于励磁相时就会产生负转矩,也是根据现有环境不希望出现的状态,故退磁相状态不得大于励磁相状态。

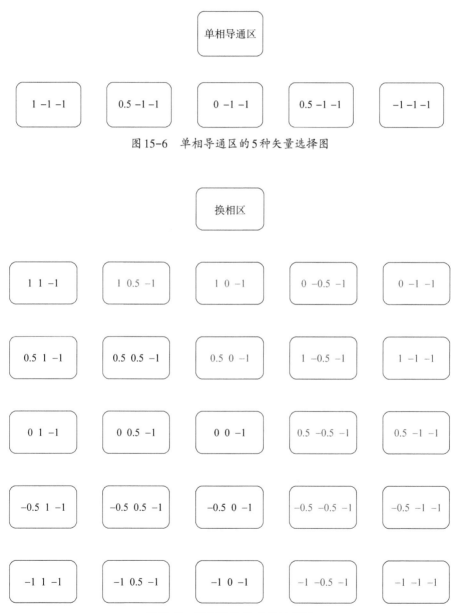

图15-6 单相导通区的5种矢量选择图

图15-7 换相区的12矢量选择图

经过上述简化,预测控制的计算量会进一步减小。k 时刻的预测流程图如图 15-8 所示。在 k 时刻,系统将会通过当前时刻的开关信号进行电流和转矩估计,率先得到 $k+1$ 时刻的转矩值和电流值;之后将会通过 $k+1$ 时刻有可能出现的不同开关信号,对 $k+2$ 时刻的不同开关状态下的电流和转矩进行预测,并且通过代价函数进行计算,并将代价函数值 J 最小的开关信号应用到 $k+1$ 时刻当中,完成模型预测转矩控制。

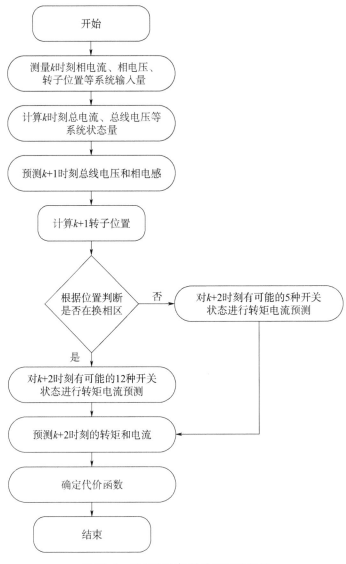

图 15-8 模型预测控制的预测流程图

15.3.5 模型预测控制算法

开关磁阻电机的模型预测控制,预测对象为输出转矩,因此在模型预测转矩控制中,将相电流、转子位置作为状态量,根据输入量开关信号,通过预估模型得到输出量电磁转矩。则根据式(15-8),可得状态量包括三相电流和转子位置:

$$x(k) = [\; i_1(k) \quad i_2(k) \quad i_3(k) \quad \theta(k)\;]^T \tag{15-8}$$

输出量为

$$y(k) = T_e(k) \tag{15-9}$$

输入量代表了每一相的开关状态:

$$u(k) = [(u_1(k), u_2(k), u_3(k))]^T \in \{-1, -0.5, 0, 0.5, 1\}^3 \tag{15-10}$$

在预测控制过程中,预测行为发生在对电流和转子位置的预测,通过预测的电流和转子位置对下一时刻的各种状态进行进一步预估。由于要预测下一时刻的各种状态,还需要基于当前时刻的各状态量对接下来时刻的电流和位置进行预测。由此绘制出模型预测控制的预测流程图如图15-9所示。

步骤1:给定参考转矩 T_{ref},参考转矩是实际需要电机稳定达到的一个给定值。在闭环系统中,T_{ref}可由转矩分配函数得到,转矩分配函数能够帮助模型预测控制在换相区进行换向,一般会采用余弦函数作为转矩分配函数。其退磁相参考转矩 T_{dref} 和励磁相 T_{eref} 可由参考转矩 T_{ref} 表示为

$$T_{\text{eref}} = T_{\text{ref}} * (0.5 - 0.5 * \cos(pi*(\theta - \theta_{\text{on}})/\theta_{\text{ov}})) \tag{15-11}$$

$$T_{\text{dref}} = T_{\text{ref}} * (0.5 + 0.5 * \cos(pi*(\theta - \theta_{\text{off}})/\theta_{\text{ov}})) \tag{15-12}$$

式中:θ 为当前角度;θ_{on} 为开通角;θ_{off} 为关断角;θ_{ov} 为过度角;ψ_{ph} 为开关磁阻电机相磁链;T_{ph} 为相转矩;I_{ph} 为相电流;θ_{ph} 为转子位置。

通过转子固定夹持法来获取开关磁阻电机电感特性、磁链特性和转矩特性,并根据以上特性构建数据表 $i_{\text{ph}}(\psi_{\text{ph}}, \theta_{\text{ph}})$、$T_{\text{ph}}(i_{\text{ph}}, \theta_{\text{ph}})$。

步骤2:采集电机在 k 时刻的转子位置 $\theta(k)$、相电流 $i_{\text{ph}}(k)$、转速 $\omega(k)$ 以及相电压 $V_{\text{ph}}(k)$ 和磁链 $\psi_{\text{ph}}(k+1)$ 的值;

步骤3:根据步骤2得到的测量数据,预测 $k+1$ 时刻的转子位置 $\theta(k+1)$、磁链 $\psi_{\text{ph}}(k+1)$。通过查表法获得相电流 $i_{\text{ph}}(k+1)$;

$$\theta(k+1) = \theta(k) + \omega(k) T_s \tag{15-13}$$

$$\psi_{\text{ph}}(k+1) = [V_{\text{ph}}(k) - i_{\text{ph}}(k) R] T_s + \psi_{\text{ph}}(k) \tag{15-14}$$

式中:R 为负载电阻;T_s 为采样频率;$\omega(k)$ 为 k 时刻的转速;$\theta(k)$ 为 k 时刻的位置;$i_{\text{ph}}(k)$ 为 k 时刻的电流;$V_{\text{ph}}(k)$ 为 k 时刻的电压;$\theta(k+1)$ 为 $k+1$ 时刻的转子位置;$i_{\text{ph}}(k+1)$ 为 $k+1$ 时刻的相电流值。

步骤4：预测 $k+2$ 时刻转子位置 $\theta(k+2)$ 并判定电机运行状态；

$$\theta(k+2) = 2\theta(k+1) - \theta(k) \tag{15-15}$$

式中：$\theta(k)$ 为 k 时刻的转子位置；$\theta(k+1)$ 为 $k+1$ 时刻的转子位置；$\theta(k+2)$ 为 $k+2$ 时刻的转子位置。

然后结合预测的开关状态，对应的输出电压大小也就是相电压大小，就可以得到 $k+1$ 时刻的预测相电压，预测 $k+2$ 时刻磁链 $\psi_{\mathrm{ph}}(k+2)$，然后通过查表法获得相电流 $i_{\mathrm{ph}}(k+2)$ 以及相转矩 $T_{\mathrm{ph}}(k+2)$；

$$\psi_{\mathrm{ph}}(k+2) = \left[V_{\mathrm{ph}}(k+1) - i_{\mathrm{ph}}(k+1)R\right]T_{\mathrm{s}} + \psi_{\mathrm{ph}}(k+1) \tag{15-16}$$

式中：R 为负载电阻；T_{s} 为采样频率；$\theta(k+1)$ 为 $k+1$ 时刻的位置；$i_{\mathrm{ph}}(k+1)$ 为 $k+1$ 时刻的电流；$V_{\mathrm{ph}}(k+1)$ 为 $k+1$ 时刻的电压；$\theta(k+2)$ 为 $k+2$ 时刻的转子位置；$I_{\mathrm{ph}}(k+2)$ 为 $k+2$ 时刻的相电流值。

步骤5：结合 $k+2$ 时刻的相电流和转子位置信息，通过查表 $T_{\mathrm{ph}}(i_{\mathrm{ph}},\theta)$ 预测 $k+2$ 时刻的转矩，求出总转矩；

$$T(k+2) = \sum_{\mathrm{ph}=1}^{N_{\mathrm{ph}}} T_{\mathrm{ph}}(k+2) \tag{15-17}$$

式中：N_{ph} 为开关磁阻电机相数；ph 为相数数值；$T_{\mathrm{ph}}(k+2)$ 为 $k+2$ 时刻的相转矩；$T(k+2)$ 为开关磁阻电机总转矩。

步骤6：根据步骤5预测出 $k+2$ 时刻的总转矩，求出代价函数最优解；代价函数如下：

$$J = q_{\mathrm{t}}*\left(\left|T_{\mathrm{a}} - T_{\mathrm{aref}}\right|^2 + \left|T_{\mathrm{b}} - T_{\mathrm{bref}}\right|^2 + \left|T_{\mathrm{c}} - T_{\mathrm{cref}}\right|^2\right) + q_{\mathrm{i}}*\left(i_{\mathrm{a}}^2 + i_{\mathrm{b}}^2 + i_{\mathrm{c}}^2\right)$$

$$\tag{15-18}$$

式中：J 为代价函数的最终值；q_{t} 为转矩误差所占比例；q_{i} 为相电流误差所占比例；q_{t}、q_{i} 为人为给定的数值，可以根据对需要电机性能作出相应改变。T_{a}、T_{b}、T_{c} 为输出的三相转矩；i_{a}、i_{b}、i_{c} 为三相相电流；T_{aref}、T_{bref}、T_{cref} 为三相参考转矩，其由转矩分配函数根据参考转矩给出。

步骤7：根据步骤6求解出的代价函数找出使得转矩脉动最小的最优解，通过得到的最优解，通过函数判断它是由预测中的哪一种电压状态得到的，再通过电压与每相的开关管的对应表解耦出开关状态，并通过对应三相功率变换器来选择开关管的开关状态；

步骤8：在步骤7完成的基础上，返回到步骤2，以此循环。

15.4 开关磁阻电机模型建模与仿真验证

15.4.1 模型搭建

本章搭建了基于模型预测转矩控制的三相12/8结构开关磁阻电机的控制仿真模型。其中,功率变换器模块采用五电平功率变换器,母线电压为48VDC;SRM模块采用的建模方法是基于离线实验所测得的静态转矩特性和磁链特性得到的,具体步骤是利用混合训练的小波神经网络搭建"位置—电流—转矩"以及"磁链—位置—电流"两个模块,来搭建开关磁阻电机电磁模型;转矩传感器模块则将给定转速与实际转速做差,经过PI调节器,产生参考转矩[89]。

15.4.2 模型预测控制仿真结果

首先验证所设计的五电平功率变换器的工作情况,本章验证使用的是五电平的模型预测控制,用选取的12种开关信号所对应的三相电压,如图15-9所示。

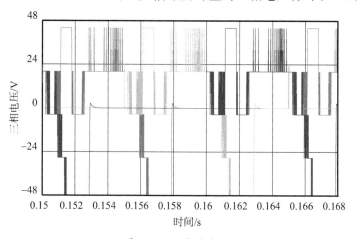

图15-9 五电平电压

可以看到在选取开关状态时选取了48、24、0、-24、-48共五种电压值,验证了五电平功率变换器的可行性。同时由于上图为在12种开关状态的选择的电压,又可以体现五电平模型预测控制的优越性。接下来我们可以对比仿真所测得的电机的总转矩以及三相电流波形。

在模型预测控制过程中,本章优先考虑转矩波动的抑制效果,同时为了防止电流过大,兼顾一定的相电流以及电机效率。转矩比重q_t设为15,电流比重q_i设为

0.02。首先观察电机在500r/min时,传统模型预测控制的总转矩、三相电流的仿真结果图(图15-10(a)相电流,(b)相转矩,(c)总转矩)。

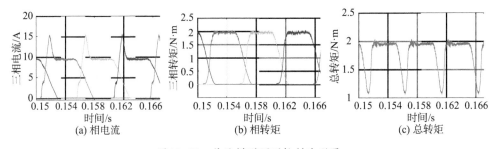

图15-10 传统模型预测控制波形图

然后同样在500r/min工况的时候,新的模型预测控制的总转矩、三相电流的仿真结果图(图15-11(a)相电流,(b)相转矩,(c)总转矩)。

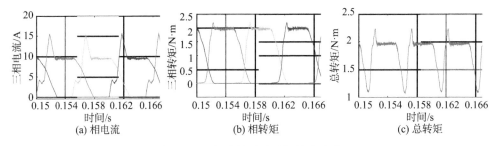

图15-11 新的模型预测控制波形图

接下来,更改电机转速为1000r/min,依旧是先观察传统模型预测控制的总转矩、三相电流的仿真结果图(图15-12(a)相电流,(b)相转矩,(c)总转矩)。

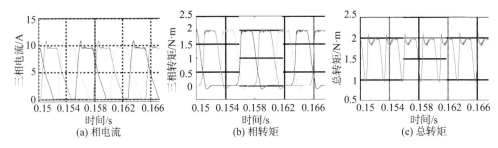

图15-12 传统模型预测控制波形图

同样,在1000r/min的工况下,观察新的模型预测控制的总转矩、三相电流的仿真结果图(图15-13(a)相电流,(b)相转矩,(c)总转矩)。

第15章 基于多电平功率变换器的模型预测转矩控制策略

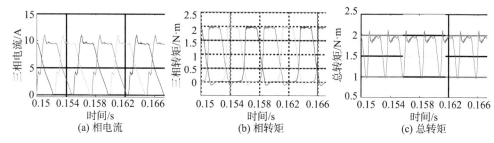

图15-13 新的模型预测控制波形图

15.4.3 性能仿真对比分析

对于本次仿真的结果,定义转矩脉动为:(最大值-最小值)/平均转矩,其结果如表15-3所列(三相电流、三相转矩、总转矩均为有效值)。

表15-3 数据对比表

	传统方法/1000r/min	新方法/1000r/min	传统方法/500r/min	新方法/500r/min
三相电流/A	5.731	5.846	6.113	6.302
三相转矩/N·m	1.001	1.007	1.039	1.058
总转矩/N·m	1.697	1.706	1.780	1.806
转矩脉动	65.35%	63.47%	50.96%	60.11%

根据上述的仿真结果可以看到,在500r/min的较低转速工况时,使用传统模型预测控制的启动过程较为平稳,转矩脉动也较小;新模型预测控制由于增加了要预测的开关状态,所以启动会较为不稳,这也导致了其转矩波动会稍大一点。然而当转速逐渐上升到1000r/min时,可以明显看到,原本较为平稳的传统模型预测控制的启动也开始有了抖动,转矩脉动相比低转速时大大增加;新模型预测控制在高转速的启动过程虽仍有抖动,但是已经变得较小,而转矩脉动则相比传统方法变得更小,这就是由于引进0.5电压矢量所引起的。比起传统方法,现有方案通过增加了中间矢量选择,在原来的基础上优化了代价函数的选取,使得最优解的转矩脉动更小。总的来说,无论是500r/min还是1000r/min的情况,新模型预测控制的转矩脉动都稳定在一个较小的值,而传统方法的转矩脉动波动很大,这就体现出了新模型预测控制运用于多电平功率变换器的优越性。

15.5 开关磁阻电机模型预测控制实验验证

15.5.1 实验结果

机械部分的主要功能就是连接执行机构三相12/8极开关磁阻电机样机与负载。电气部分主要由驱动模块、控制核心模块和电源传感器模块组成。

在测试实验平台完成软件的设置及实物的搭建后,进行实验测试,测试的结果在示波器中显示,将示波器中的实验数据存储后在Matlab中完成绘图。

和第四章的仿真参数一样,在实验中也进行了500r/min以及1000r/min两种不同工况条件下传统模型预测与新模型预测的测试。其中图15-15为在500r/min时传统模型预测情况时的三相电流波形和总转矩波形。本次实验中供电电源电压为48V,负载转矩为2N·m,权重比例与仿真时的参数一样,都为:q_t=15,q_i=0.02。

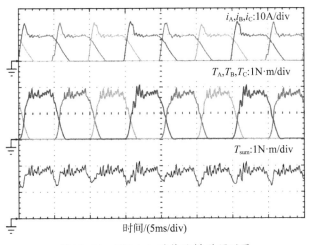

图 15-14 500r/min时传统模型预测图

而同样为500r/min,图15-16则为新模型预测的三相电流及总转矩波形图。

可以看到在低速时,传统模型预测与新模型预测的三相电流控制效果基本一致,而传统模型预测的转矩最小最大值的波动比新模型预测的波动要大。然后再将转速升到1000r/min,再来比较它们的不同。

图15-17为在1000r/min时传统模型预测情况时的三相电流及总转矩波形图。图15-18为在1000r/min时新模型预测情况时的三相电流及总转矩波形图。

第15章 基于多电平功率变换器的模型预测转矩控制策略

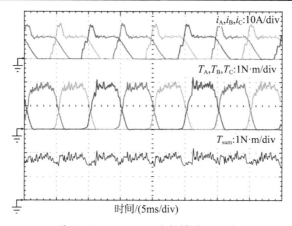

图15-15　500r/min时新模型预测图

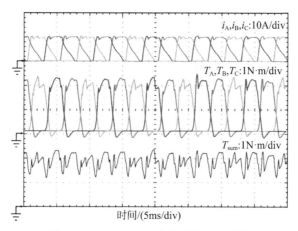

图15-16　1000r/min时传统模型预测图

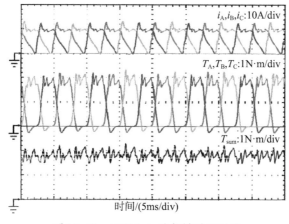

图15-17　1000r/min时新模型预测图

通过上述图形,将实验数据做成表15-4,其展示了不同工作情况下传统模型预测方法与新模型预测方法的转矩脉动,同时与仿真数据进行对比(表15-5)。

表15-4 数据对比表

	传统方法/1000r/min	新方法/1000r/min	传统方法/500r/min	新方法/500r/min
总转矩/N·m	1.971	1.875	1.745	1.753
转矩脉动	73.04%	40.46%	64.76%	52.48%

表15-5 数据对比表

	传统方法/1000r/min	新方法/1000r/min	传统方法/500r/min	新方法/500r/min
三相电流/A	5.731	5.846	6.113	6.302
三相转矩/N·m	1.001	1.007	1.039	1.058
总转矩/N·m	1.697	1.706	1.780	1.806
转矩脉动	65.35%	63.47%	50.96%	60.11%

通过对比图表,可以明显看到,实验测得的新方法的转矩脉动比起传统方法的模型预测要更小,同时在高速时,新模型预测的转矩脉动抑制更为明显。由此,就验证了新模型预测方法比起传统方法的优越性,并且这种优越性将随着转速的上升更加明显。然而对比仿真结果却并不相同,这是由于仿真时的转速为开环,而实验为闭环,转速是慢慢升上去的,相绕组的温度会变化导致仿真不能完美体现转矩脉动抑制的真实效果。

15.5.2 实验结果分析

本节首先承接上节的仿真模型,先是介绍半物理实验测试平台的机械与电气构成部分,然后开始实验验证,通过不同工作条件的对比分析发现以下结论。

在仿真结果中:

(1) 随着转速的上升,无论是传统模型预测方法还是新模型预测方法的转矩脉动都会上升。

(2) 传统模型预测方法的转矩脉动在低速表现较好,但是随着转速的上升转矩脉动变化较大。

(3) 新模型预测控制在低速的情况下的转矩脉动的抑制效果表现不太良好,但是在高速时转矩脉动虽略有上升,但是上升的幅度并不大,比起传统模型预测控制方法更低。

第15章 基于多电平功率变换器的模型预测转矩控制策略

在实验结果中：

(1) 随着转速的上升，传统模型预测方法的转矩脉动依旧会上升得十分明显。

(2) 新模型预测控制方法无论是低速还是高速时的转矩脉动都低于传统模型预测控制方法。

(3) 新模型预测控制在高速时的转矩脉动甚至低于低速时的转矩脉动。

通过对比我们发现仿真的结果与实验结果并不相同。原因有以下几点：首先，仿真的实验数据都是在开环情况下进行的，没有速度闭环的PI调节，而实验时则是有的。其次，仿真结果由于是开环，在一开始就是给定转速，而这时的转矩并不是在一个稳定的区间变化的，而是要从零开始升到2左右才进入到一个稳定的周期中，这就使得仿真所算得的转矩脉动与实际的不相符。最后，由于实验数据是实时测量得到的，受环境温度影响，而这在仿真中是体现不出来的。因此，实时根据不断波动的转速进行控制测量的实验数据更为可信。

15.6 小结

本章设计了一种五电平功率变换器作为驱动，并结合了转矩分配函数和模型预测方法，对转矩脉动的抑制进行了研究。在理论原理、仿真测试、实验测试三个方面分别验证了所提方法的可行性。并且通过与传统模型预测和转矩分配函数结合方法的对比，在实验中体现了新方法的优越性。本章的主要成果如下：

(1) 在传统不对称半桥拓扑图的基础上，设计了一种新的五电平功率变换器，并通过每相四个开关管的导通与关断，实现1、0.5、0、-0.5、-1五种电平的切换。同时在仿真系统中验证了其的可行性。

(2) 传统的模型预测方法所预测的状态较少，当功率变换器为五电平时，考虑到如果依旧对每种状态都进行预测的话，计算量将大大增加，于是就优化了换相算法以及换相区的矢量选择，将其减少到12种。预估模型使用的是查表法获得的特性，同时为了拟合换相时的转矩，结合余弦的转矩分配函数来优化转矩脉动。

(3) 搭建了基于新模型预测转矩控制的SRM驱动系统测试平台。对所提出的基于五电平功率变换器的新模型预测控制方法进行了实验验证，并与传统模型预测控制方法的实验结果进行了对比。实验结果显示新方法的转矩脉动抑制效果比起传统方法更为有效，体现了其的优越性。

然而针对新模型预测转矩控制依旧有着许多不足之处，概括为如下：

(1) 所设计的五电平功率变换器的开关管以及二极管数量较多，使得开关损耗会较大，同时也对控制方法有着一定影响；

(2) 所采用的转矩分配函数在换相时依旧有存在实际转速跟随不上参考转矩的情况;

(3) 所采用的模型预测控制方法在电机启动时比起传统方法会有较大的抖动,需要后续对启动进行优化。

参考文献

[1] SARLIOGLU B, MORRIS C T. More electric aircraft: review, challenges, and opportunities for commercial transport aircraft[J]. IEEE transactions on transportation electrification, 2015, 1:54-64.

[2] WEI J, XU H, ZHOU B, et al. An integrated method for three-phase ac excitation and high-frequency voltage signal injection for sensorless starting of aircraft starter/generator[J]. IEEE transactions on industrial electronics, 2019, 66(7):5611-5622.

[3] CAO W, MECROW B C, ATKINSON G J, et al. Overview of electric motor technologies used for more electric aircraft(MEA)[J]. IEEE transactions on industrial electronics, 2012, 59(9):3523-3531.

[4] GE L, BURKHART B, DE DONCKER R W. Fast iron loss and thermal prediction method for power density and efficiency improvement in switched reluctance machines[J]. IEEE transactions on industrial electronics, 2020, 67(6):4463-4473.

[5] GE L, XU H, GUO Z, et al. An optimization-based initial position estimation method for switched reluctance machines[J]. IEEE transactions on power electronics, 2021, 36(11):13285-13292.

[6] MIKAIL R, HUSAIN I, SOZER Y, et al. Torque ripple minimization of switched reluctance machines through current profiling[J]. IEEE transactions on industry applications, 2013, 49(3):1258-1267.

[7] HUANG L, ZHU Z Q, FENG J, et al. Novel current profile of switched reluctance machines for torque density enhancement in low-speed applications[J]. IEEE transactions on industrial electronics, 2020, 67(11):9623-9634.

[8] LING F, MA M, YANG Q, et al, Torque ripple reduction of switched reluctance motor by segmented harmonic currents injection based on adaptive fuzzy logic control[C]. 2019 14th IEEE Conference on Industrial Electronics and Applications(ICIEA), 2019:2429-2434.

[9] LI H, BILGIN B, EMADI A. An improved torque sharing function for torque ripple reduction in switched reluctance machines[J]. IEEE transactions on power electronics, 2019, 34(2):1635-1644.

[10] XIA Z, BILGIN B, NALAKATH S, et al. A new torque sharing function method for switched reluctance machines with lower current tracking error[J]. IEEE transactions on industrial electronics, 2020:1-1.

[11] YE J, BILGIN B, EMADI A. An extended-speed low-ripple torque control of switched reluctance motor drives[J]. IEEE transactions on power electronics, 2014, 30(3):1457-1470.

[12] YAN N, CAO X, DENG Z. Direct torque control for switched reluctance motor to obtain high torque – ampere ratio[J]. IEEE transactions on industrial electronics, 2019, 66(7):5144-5152.

[13] HAO Z, YU Q, CAO X, et al. An improved direct torque control for a single-winding bearingless switched reluctance motor[J]. IEEE transactions on energy conversion, 2020, 35(3):1381-1393.

[14] FENG L, SUN X, TIAN X, et al. Direct torque control with variable flux for an SRM based on hybrid optimization algorithm[J]. IEEE transactions on power electronics, 2022, 37(6):6688-6697.

[15] INDERKA R, DE DONCKER R. DITC-direct instantaneous torque control of switched reluctance drives[J]. IEEE transactions on industry applications, 2003, 39(4): 1046-1051.

[16] SUN Q, WU J, GAN C. Optimized direct instantaneous torque control for SRMs with efficiency improvement [J]. IEEE transactions on industrial electronics, 2021, 68(3): 2072-2082.

[17] SUN X, FENG L, DIAO K, et al. An improved direct instantaneous torque control based on adaptive terminal sliding mode fora segmented-rotor SRM[J]. IEEE transactions on industrial electronics, 2021, 68(11): 10569-10579.

[18] VALENCIA D F, TARVIRDILU-ASL R, GARCIA C, et al. A review of predictive control techniques for switched reluctance machine drives. part i: fundamentals and current control[J]. IEEE transactions on energy conversion, 2021, 36(2): 1313-1322.

[19] HU H, CAO X, YAN N, et al. A new predictive torque controlbased torque sharing function for switched reluctance motors[C]. 201922nd International Conference on Electrical Machines and Systems (ICEMS), DOI 10.1109/ICEMS.2019.8922297, 2019: 1-5.

[20] LI X, SHAMSI P. Inductance surface learning for model predictive current control of switched reluctance motors[J]. IEEE transactions on transportation electrification, 2015, 1(3): 287-297.

[21] MCCANN R, LE A T, TRAORE D. Model predictive control for time-delay compensation of a switched reluctance motor drive in smart building applications[C]. 2008 IEEE Industry Applications Society Annual Meeting, DOI 10.1109/08IAS.2008.5, 2008: 1-4.

[22] SONG S, HEI R, MA R, et al. Model predictive control of switched reluctance starter/generator with torque sharing and compensation[J]. IEEE transactions on transportation electrification, 2020, 6(4): 1519-1527.

[23] VALENCIA D F, FILHO S R, CALLEGARO A D, et al. Virtual-flux finite control set model predictive control of switched reluctance motor drives[C]. IECON 2019 - 45th Annual Conference of the IEEE Industrial Electronics Society, 2019, 1: 1465-1470.

[24] LI W, CUI Z, DING S, et al. Model predictive direct torque control of switched reluctance motors for lowspeed operation[J]. IEEE transactions on energy conversion, 2021: 1-1.

[25] SONG S, LIU J, ZHAO Y, et al. High dynamic fourquadrant speed adjustment of switched reluctance machine with torque predictive control[J]. IEEE transactions on industrial electronics, 2021: 1-1.

[26] FANG G, YE J, XIAO D, et al. Low-ripple continuous control set model predictive torque control for switched reluctance machines based on equivalent linear SRM model[J]. IEEE transactions on industrial electronics, 2021: 1-1.

[27] LU J, HU Y, WANG J, et al. Synergistic correction of current sampling errors in dual-motor powered electric powertrain for high power electric vehicles[J]. IEEE transactions on industrial electronics, 2022, 69(1): 225-235.

[28] GE L, ZHONG J, HUANG J, et al. Model predictive torque controlof switched reluctance machine based on torque-balanced measurementand flux-based torque estimation[C]. 2021 24th International Conferenceon Electrical Machines and Systems(ICEMS), 2021: 1-6.

[29] BILGIN B, EMADI A, KRISHNAMURTHY M. Comprehensive evaluation of the dynamic performance of a 6/10 SRM for traction application in PHEVs[J]. IEEE transactions on industrial electronics, 2013, 60(7): 2564.

[30] DESAI P C, KRISHNAMURTHY M, SCHOFIELD N, et al. Novel switched reluctance machine configuration with higher number of rotor poles than stator poles: concept to implementation [J]. IEEE transactions on industrial electronics, 2010, 57(2):649.

[31] CHOI Y C, YOON H S, KOH C S. Pole-shape optimization of a switched-reluctance motor for torque ripple reduction[J]. IEEE transactions on magnetics, 2007, 43(4):1797.

[32] SUN Q, WU J, GAN C, et al. OCTSF for torque ripple minimisation in SRMs[J]. IET power electronics, 2016, 9(14):2741-2750.

[33] XUE X D, CHENG K W E, HO S L. Optimization and evaluation of torque-sharing functions for torque ripple minimization in switched reluctance motor drives[J]. IEEE transactions on power electronics, 2009, 24(9):2076-2090.

[34] XUE X D, CHENG K W E, HO S L. Optimization and evaluation of torque sharing function for torque ripple minimization in switched reluctance motor drives[J]. IEEE trans power electron, 2009, 24(9):2076-2090.

[35] POP A C, PETRUS V, C. MARTIS C, et al. Comparative study of different torque sharing functions for losses minimization in switched reluctance motors used in electric vehicles propulsion[C]. Proc. Conf. Rec. Optim. Electr. Electron. Equip., 2012:356-365.

[36] YE J, BILGIN B, EMADI A. An offline torque sharing function for torque ripple reduction in switched reluctance motor drives[J]. IEEE transactions on energy conversion, 2014, 30(2):726-735.

[37] LI H, BILGIN B, EMADI A. An improved torque sharing function for torque ripple reduction in switched reluctance machines[J]. IEEE trans power electron, 2019, 34(2):1635-1644.

[38] Ye J, BILGIN B, Emadi A. An offline torque sharing function for torque ripple reduction in switched reluctance motor drives[J]. IEEE transactions on energy conversion, 2015, 30(2):726-735.

[39] VUJICIC V P. Minimization of torque ripple and copper losses in switched reluctance drive[J]. IEEE transactions on power electronics, 2012, 27(1):388-399.

[40] SUN Q, WU J, GAN C, et al. A novel boost chopper converter-based torque sharing function control strategy for switched reluctance motors[C]. 2017 20th International Conference on Electrical Machines and Systems (ICEMS), 2017:1-6.

[41] SIJINA M, SREEDEVI G. ANN based Online compensation of TSF method for torque ripple reduction of SRM drive[C]. 2018 4th International Conference for Convergence in Technology(I2CT), 2018:1-6.

[42] SHIRAHASE M, MORIMOTO S, SANADA M. Torque ripple reduction of SRM by optimization of current reference[C]. The 2010 International Power Electronics Conference - ECCE ASIA -, 2010:2501-2507.

[43] KRISHNAN R. Switched reluctance motor drives: modeling simulation analysis design and applications[J]. CRC press, 2017.

[44] ELHOMDY E, LI G, LIU J, et al. Design and experimental verification of a 72/48 switched reluctance motor for low-speed direct-drive mining applications[J]. Energies, 2018:192.

[45] LI H, BILGIN B, EMADI A. An improved torque sharing function for torque ripple reduction in switched reluctance machines[J]. IEEE transactions on power electronics, 2019, 34(2):1635-1644.

[46] FAN J, LEE Y. Copper loss reduction of torque sharing function in switched reluctance motor by division of commutation region[C]. 2021 International Conference on Electrical, Communication, and Computer Engineering(ICECCE), 2021:1-6.

[47] CHITHRABHANU A, VASUDEVAN K. Online compensation for torque ripple reduction in SRM drives[C]. 2017 IEEE Transportation Electrification Conference(ITEC-India),2017:1-6.

[48] HUSAIN H N, HU K W, WU Y W. A current control scheme with back EMF cancellation and tracking error adapted commutation shift for switched-reluctance motor drive[J]. IEEE trans. ind. electron.,2016,63(12):7381-7392.

[49] KIM Y, YOON Y, LEE B, et al. A new cost-effective SRM drive using commercial 6-switch IGBT modules[C]. 2006 37th IEEE Power Electronics Specialists Conference,2006:1-7.

[50] SONG S, XIA Z, ZHANG Z, et al. Control performance analysis and improvement of a modular power converter for three-phase SRM with y-connected windings and neutral line, IEEE transactions on industrial electronics,2016,63(10):6020-6030.

[51] MIR S, HUSAIN I, ELBULUK M E. Energy-efficient c-dump converters for switched reluctance motors[J]. IEEE transactions on power electronics,1997,12(5):912-921.

[52] KIM J, KRISHNAN R. Novel two-switch-based switched reluctance motor drive for low-cost high-volume applications[J]. IEEE transactions on industry applications,2009,45(4):1241-1248.

[53] KRISHNAN R, SUNG-YEUL P, KEUNSOO H. Theory and operation of a four-quadrant switched reluctance motor drive with a single controllable switchthe lowest cost four-quadrant brushless motor drive[J]. IEEE transactions on industry applications,2005,41(4):1047-1055.

[54] 吴建华,丁伟东. 一种双电源每相单管开关磁阻电机功率变换器[J]. 电机与控制学报,2013,17(12):7-1.

[55] KJAER P C, GALLEGOS-LOPEZ G. Single-sensor current regulation of switched reluctance motor drives[J]. IEEE transactions on industry applications,1998,34(3):444-451.

[56] LEE D, AHN J. A novel four-level converter and instantaneous switching angle detector for high-speed SRM drive[J]. IEEE transactions on power electronics,2007,22(5):2034-2041.

[57] TOMCZEWSKI K, WROBEL K. Quasi-three-level converter for switched reluctance motor drives reducing current rising and falling times[J]. IET power electronics,2012,5(7):1049-1057.

[58] RAJESH M, SINGH B. Analysis, design, and controlof single-phase three-level power factor correction rectifierfed switched relaxation motor drive[J]. IET power electronics,2014,7(6):1499-1508.

[59] PENG F, YE J, EDI A. An asymmetric three-level neutral point diode clamped converter for switched pressed motor drives[J]. IEEE transactions on power electronics,2017,32(11):8618-8631.

[60] YI F, CAI W. A quasi-z-source integrated multiport power converter as switched lowered motor drives for capacitance reduction and wide-speed-range operation[J]. IEEE transactions on power electronics,2016,31(11):7661-7676.

[61] PIRES V F, PIRES A J, MARTINS J F, et al. A quasi-z-source converter to feed a switched reluctance drive with multilevel voltages[C]. IECON 2018 - 44th Annual Conference of the IEEE Industrial Electronics Society, Washington,2018:3706-3711.

[62] SONG S, PENG C, GUO Z, et al. Direct instantaneous torque control of switched reluctance machine based on modular multi-level power converter[C]. 2019 22nd International Conference on Electrical Machines and Systems(ICEMS),2019:1-6.

[63] 宁德胜,袁克湘,胡维超. 电动汽车用开关磁阻电机五电平功率变换器[J]. 汽车工程师,2018,(06):50-54.

参考文献

[64] 李艳玲.用于混动车辆开关磁阻电机的多电平功率变换器的研究[D].长沙:湖南大学,2019.

[65] 孙庆国.开关磁阻电机功率变换器设计优化与转矩波动抑制研究[D].杭州:浙江大学,2019.

[66] 张艳莉,居荣,费万民,等.混合二极管箝位多电平变换器的拓扑结构研究[J].电力自动化设备,2005,25(12):27-31.

[67] 尹正凯.开关磁阻电机不对称三电平T型功率变换器研究[D].北京:中国矿业大学,2021.

[68] 管国锐.开关磁阻电机不对称三电平中点钳位型功率变换器研究[D].北京:中国矿业大学,2020.

[69] GANG C,SUN Q,WU J,et al. MMC-based SRM drives with decentralized battery energy storage system for hybrid electric vehicles[J]. IEEE transactions on powerelectronics,2019,34(3):2608-2621.

[70] 芦新凤.基于新型五电平功率变换器的SRM控制策略研究[D].北京:北京印刷学院,2021.

[71] LIANG J,LEE D H,XU G,et al. Analysis of passive boost power converter for three-phase SRdrive[J]. IEEEtransactions on industrial electronics,2010,57(9):2961-2971.

[72] 常中意.用于开关磁阻电机驱动系统的多电平功率变换器拓扑及控制研究[D].合肥:合肥工业大学,2017.

[73] 商超亿.基于模型预测的开关磁阻电机转矩控制研究[D].大连:大连海事大学,2020.

[74] 杨文浩,苟斌,雷渝,宋潇潇,王军.基于模型预测控制的开关磁阻电机转矩脉动抑制方法研究[D].成都:西华大学电气与电子信息学院,国网四川省电力公司广安供电公司,2020.

[75] 雷渝.基于模型预测控制的SRM转矩脉动抑制方法研究[D].成都:西华大学,2020.

[76] 颜宁,曹鑫,张蕾,等.基于直接转矩控制的开关磁阻电机模型预测控制方法[J].中国电机工程学报,2017,37(18):5446-5453.

[77] 赵帅.基于模型预测开关磁阻电机控制系统研究[D].北京:中国矿业大学,2017.

[78] 李孟秋,高天,朱慧玉,等.基于转矩分配函数的开关磁阻电机预测转矩控制[J].电力系统及其自动化学报,2021,(9):123-129.

[79] 齐文.基于自抗扰的开关磁阻电机直接转矩控制系统研究[D].哈尔滨:哈尔滨理工大学,2021.

[80] 张铭,杜钦君,宋传明,等.非对称中点钳位型逆变电路的开关磁阻电机模型预测直接转矩控制方法[J].水电能源科学,2021,39(2):165-169.

[81] SONG S,HEI R,MA R,et al. Model predictive control of switched reluctance starter/generator with torque sharing and compensation[J]. IEEE transactions on transportation electrification,2020,6(4):1519-1527.

[82] SONG S,LIU J,ZHAO Y,et al. High-dynamic four-quadrant speed adjustment of switched reluctance machine with torque predictive control[J]. IEEE transactions on industrial electronics,2022,69(8):7733-7743.

[83] CHAURASIYA S K,BHATTACHARYA A,DAS S. Reduced switch multilevel converter topology to improve magnetization and demagnetization characteristics of an SRM[C]. 2022 IEEE International Conference on Power Electronics,Smart Grid,and Renewable Energy(PESGRE),2022:1-6.

[84] 宋士华.基于多电平电路的开关磁阻电机DITC转矩脉动抑制研究[D].天津:天津工业大学,2021.

[85] 宋受俊,黑闯山,马瑞卿,等.一种开关磁阻电机转矩分配模型预测控制方法[P].陕西省:CN110829940B,2021-01-15.

[86] 费晨,颜建虎,汪盼,等.基于改进的转矩分配函数法的开关磁阻电机转矩脉动抑制[J].电工技术学报,2018,33(S2):394-400.

[87] SONG S, GE L, MA S, et al. Accurate measurement and detailed evaluation of static electromagnetic characteristics of switched reluctance machines[J]. IEEE transactions on instrumentation and measurement, 2015,64(3):704-714.

第六篇
开关磁阻电机多目标优化控制策略

第16章　考虑母线电压脉动的转矩脉动与电流脉动抑制策略

16.1　引言

由于开关磁阻电机的双凸极结构和磁饱和,与其他类型的交流电机相比,SRM本身具有大转矩脉动[1-2]。此外,输出相的退磁能量通过功率转换器反馈给电池,会产生较大的电源电流脉动[3],会缩短电池的寿命周期,并要使用较大容量的电容,从而导致系统成本、重量和可靠性问题。因此,较大的转矩脉动和电源电流脉动是SRM在实际应用中的两个主要障碍[4]。

近年来的研究表明,减小转矩脉动的方法大致可分为间接控制和直接控制的方法[5]。前者通常通过微调技术[6-7]或TSF[8-9]通过相电流分布来调节输出转矩。与之不同的是,直接转矩控制提供了一种更直接的方式来使用转矩反馈来抑制转矩脉动。

在文献[10]中,提出了具有改进的线性主动抗扰控制方法的最优DTC策略,并提高了速度控制的鲁棒性。然而,恒定磁链并不意味着恒定转矩脉动,在这种控制方法中,负转矩是不可避免的。Inderka和De Doncker在文献[11]中提出了DITC,以利用转矩滞后控制器调节转矩。文献[17]中的相位转矩预测步骤和文献[12]中的开关角优化进一步增强了DITC的控制性能。

然而,转矩脉动的减少并不像在永磁同步电动机中那样可以降低SRM驱动器中电源电流脉动。因此,电源电流脉动应受到额外的关注。目前国内外已经存在一些研究解决电源电流脉动的方法。文献[13]中介绍了一种dc-dc升压转换器,来抑制电源电流脉动。直流回路电容器的值可以减少80%,但需要额外的硬件。在文献[14]中,提出了一种基于重复控制的控制方法来控制用于SRM驱动的集成多端口功率转换器,以减少直流电源电流脉动。

在文献[15]中,提出了基于准Z源转换器的峰值电流控制,以减少总谐波失真并提高功率因数。尽管在文献[14]和文献[15]中没有要求额外的硬件,但它们的转换器类型并不那么可靠。文献[16]中提出了一种交错技术,以减少直流回路电流的主要谐波含量,谐波主要集中在开关频率的两倍左右。

只有少数开创性的研究同时解决了转矩和电源电流脉动。文献[17]提出了一种新的电流分布技术,可以消除这两种脉动。然而,该技术仅适用于具有正弦电感分布的SRM。文献[18]中提出了基于预先计算的磁链分布的电流跟踪控制来解决这两个问题,但没有考虑磁饱和。

MPC方法较为简单并且可以与其他优化指标有良好的权衡。文献[19]中实现了MPC,以实现SRM的DTC控制的良好磁通跟踪性能,与传统DTC方法相比可以实现更低的转矩脉动。在文献[20]中,提出了MPC方法的简化模型和基于磁链的预测过程,以减少存储负担和提高控制性能。文献[21]中提出了一种连续控制集MPC方法来抑制转矩脉动,并采用了简化的等效线性SRM模型。在文献[22]中,提出了一种基于候选电压矢量优化的改进模型预测转矩控制策略,以有效抑制转矩脉动并提高系统效率。然而,目前还没有使用MPC方法降低SRM转矩和电流脉动的研究。此外,SRM中现有的MPC方法没有考虑母线电压的脉动。本章提出了一种新的三相SRM模型预测控制方法,以在考虑母线电压脉动的情况下同时减小转矩脉动和电源电流脉动。

16.2 模型预测控制

本章提出了一种新的模型预测控制(MPC),通过预测相转矩和电源电流来抑制SRM的转矩脉动和电源电流脉动。如图16-1所示为电动汽车采用MPC方法的三相SRM的框图。驱动系统的电源可以简化为直流电源U_{dc}和内阻R_{dc}。在相绕组的退磁阶段,相电流将流经变换器并反馈至电池,从而导致电源电流脉动。在本章中,提出了一种新的模型预测方法,以减少电源电流脉动,同时抑制转矩脉动。

测量当前时刻的相电流$i_{ph}(k)$和相电压$u_{ph}(k)$。为避免累积误差,通过磁链电流位置表$\psi(i,\theta)$获得当前时刻的相磁链$\psi_{ph}(k)$。

由于SRM的三相不能同时接通,因此可以根据断开相位估计母线电压,如下所示:

$$u_{bus}(k) = -u_{ph}(k)|_{s_{ph}(k)=-1} - 2V_D \quad (16-1)$$

式中:V_D为二极管中的电压降;s_{ph}为开关状态。

对于SRM的不对称半桥转换器,每相有三种开关状态,定义为

$$s = \begin{cases} 1 & \text{开关管都为开通状态} \\ 0 & \text{一个开关管关断} \\ -1 & \text{开关管都为关断状态} \end{cases} \quad (16-2)$$

然后,可以分别计算电源电流和功率变换器电流:

$$i_{sc}(k) = \frac{U_{dc} - u_{bus}(k)}{R_{dc}} \tag{16-3}$$

$$i_{inv}(k) = \sum_{ph=1}^{N_{ph}} s_{ph}(k) i_{ph}(k) \tag{16-4}$$

其中，N_{ph}是相位数，在本章中为3。

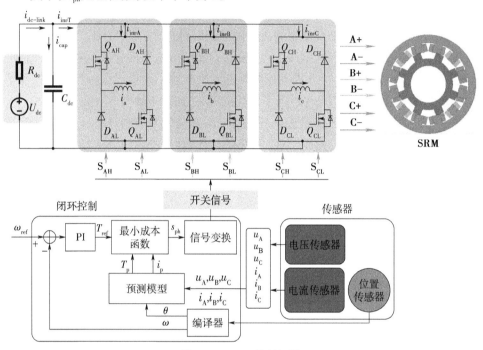

图16-1 MPC控制框图

流过电容器$i_{cap}(k)$的电流可由下式导出：

$$i_{cap}(k) = i_{sc}(k) - i_{inv}(k) \tag{16-5}$$

下一时刻的母线电压$u_{bus}(k+1)$可通过式(16-6)计算：

$$u_{bus}(k+1) = u_{bus}(k) + \frac{T_s}{C_{dc}} i_{cap}(k) \tag{16-6}$$

基于电压平衡方程，下一时刻的相磁链$\psi_{ph}(k+1)$可以通过：

$$\psi_{ph}(k+1) = \psi_{ph}(k) + T_s(u_{ph}(k) - R_{ph} i_{ph}(k)) \tag{16-7}$$

式中：R_{ph}为相电阻。

假设电机速度在预测范围内恒定，转子位置$\theta(k)$和$\theta(k-1)$当前和先前的时刻都被记录。然后，下一时刻的转子位置$\theta_{ph}(k+1)$可通过以下公式预测：

$$\theta_{ph}(k+1) = 2\theta_{ph}(k) - \theta_{ph}(k-1) \tag{16-8}$$

在时刻$(k+1)$中，相电压$u_{ph}(k+1)$由开关状态确定，其可以表示为

第16章 考虑母线电压脉动的转矩脉动与电流脉动抑制策略

$$u_{\text{ph}}(k+1) = \begin{cases} u_{\text{bus}}(k+1) - 2V_{\text{T}} & s_{\text{ph}}(k+1) = 1 \\ -V_{\text{T}} - V_{\text{D}} & s_{\text{ph}}(k+1) = 0 \\ -u_{\text{bus}}(k+1) - 2V_{\text{D}} & s_{\text{ph}}(k+1) = -1 \end{cases} \quad (16-9)$$

式中：V_{T} 为开关中的电压降。

相磁链 $\psi_{\text{ph}}(k+2)$ 可以通过：

$$\psi_{\text{ph}}(k+2) = \psi_{\text{ph}}(k+1) + T_{\text{s}}(u_{\text{ph}}(k+1) - R_{\text{ph}}i_{\text{ph}}(k+1)) \quad (16-10)$$

假设电机速度 w 在两个相邻采样周期内仍然恒定，则可以通过线性计算推导转子位置 $\theta_{\text{ph}}(k+2)$ 的预测。

$$\theta_{\text{ph}}(k+2) = 2\theta_{\text{ph}}(k+1) - \theta_{\text{ph}}(k) \quad (16-11)$$

在预测磁链 $\psi_{\text{ph}}(k+2)$ 和转子位置 $\theta_{\text{ph}}(k+2)$ 之后，可以分别通过查找表 $i(\psi,\theta)$ 和 $T(\psi,\theta)$ 预测相电流 $i_{\text{ph}}(k+2)$ 和 $T_{\text{ph}}(k+2)$。

本章的主要目的是抑制电源电流脉动，但不能直接预测第 $(k+2)$ 时刻的电源电流脉动的值。尽管电源电流脉动通常小于功率变换器电流脉动，但它与功率变换器电流脉动正相关。

因此，为了减小电源电流脉动，应当抑制功率变换器电流 $|i_{\text{inv}}(k+2)|$ 的振幅。成本函数的电源电流脉动部分 i_{p} 为

$$i_{\text{p}} = |i_{\text{inv}}(k+2)| = \left| \sum_{\text{ph}=1}^{N_{\text{ph}}} s_{\text{ph}}(k+2)i_{\text{ph}}(k+2) \right| \quad (16-12)$$

为了减少转矩脉动，预测值应接近其参考值。成本函数的转矩脉动部分 T_{p} 表示为

$$T_{\text{p}} = \left| \sum_{\text{ph}=1}^{N_{\text{ph}}} T_{\text{ph}}(k+2) - T_{\text{ref}} \right| \quad (16-13)$$

因此，成本函数可以构造为

$$J = \omega_{\text{i}} i_{\text{p}}^2 + \omega_{\text{T}} T_{\text{p}}^2 \quad (16-14)$$

式中：w_{i} 为平衡电源电流脉动；w_{T} 为转矩脉动的权重。

应限制相电流以保护驱动系统的安全。当预测的执行动作导致电流超过最大允许电流 $i_{\max}$，将惩罚项 i_{m} 添加到成本函数中：

$$i_{\text{m}} = \begin{cases} 0 & i_{\text{ph}}(k+1) \leqslant i_{\max} \\ \delta \gg 0 & i_{\text{ph}}(k+1) > i_{\max} \end{cases} \quad (16-15)$$

当某个预估的电压矢量控制下的相电流值超过了我们设置的最大值时，就需要通过设置成本函数保证从备选矢量中剔除这个矢量。这部分的惩罚值需要设置的比较大，需保证能大于备选矢量中的最小成本函数值，从而保证这个矢量不会被选中。在提议方法的应用中，当相电流低于我们设置的最大值时，成本函数值基本上不会超过20。本章提议中的惩罚值为30，可以完成保护目的。这个惩罚值没有

固定的要求,可以改变,若选取更大的惩罚值不会影响最终选择结果。但如果惩罚值选的过小可能会导致超电流限电压矢量被误选中从而影响最终结果。

此外,成本函数修改如下:

$$J = \omega_1 i_p^2 + \omega_T T_p^2 + i_m \tag{16-16}$$

所提出的MPC方法的流程图如图16-2所示。它分为以下六个阶段:

(1) 信号测量:测量相电流$i_{ph}(k)$、相电压$u_{ph}(k)$和转子位置$\theta_{ph}(k)$。

(2) 状态计算:分别计算母线电压$u_{bus}(k)$、电源电流$i_{sc}(k)$和功率变换器电流$i_{inv}(k)$。然后,计算电容器电流$i_{cap}(k)$,通过查找表$\psi(i,\theta)$获得$\psi_{ph}(k)$。

(3) 第一次预测:基于反向欧拉方法。预测时刻$(k+1)$处的母线电压$u_{bus}(k+1)$和相磁链$\psi_{ph}(k+1)$,式(16-8)计算转子位置$\theta_{ph}(k+1)$。然后,通过表$i(\psi,\theta)$进一步预测相电流$i_{ph}(k+1)$。

(4) 第二次预测:对于所有候选电压,预测时刻$(k+2)$的相磁链$\psi_{ph}(k+2)$,并计算$\theta(k+2)$。通过查找表$i(\psi,\theta)$和$T(\psi,\theta)$获得相电流$i_{ph}(k+2)$和相转矩$T_{ph}(k+2)$。然后,计算成本函数的电源电流脉动部分i_p和转矩脉动部分T_p。

(5) 评估和优化:评估所有可能的开关状态的成本函数。通过最小化成本函数值,确定最佳开关状态。

(6) 开关状态应用:将开关状态转换为开关信号,并将其应用于SRM功率变换器。

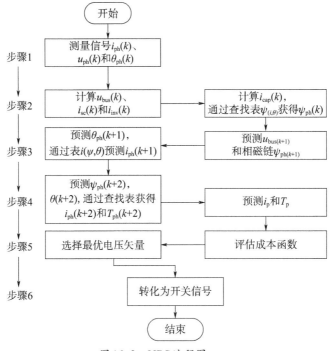

图16-2 MPC流程图

第16章 考虑母线电压脉动的转矩脉动与电流脉动抑制策略

三相开关磁阻电机的三个绕组每个都有三种工作状态,因此其不同的组合状态有27种,即全部候选电压矢量有27种。为了减小预测的计算量,需要对候选电压矢量进行简化,开关矢量表如表16-1所列。在单相导通区,为了避免产生负转矩,所以其余相预测状态为−1,即单相导通区有3种电压矢量供选择。在换相区,只需要预测正在换相的两相开关状态。为了避免产生负转矩,其余相预测状态为−1。即换相区有9种电压矢量供选择。

表16-1 不同状态下的开关矢量选择

状态	A相	B相	C相
A相独立导通	1/0/−1	−1	−1
A-B相换相	1/0/−1	1/0/−1	−1
B相独立导通	−1	1/0/−1	−1
B-C相换相	−1	1/0/−1	1/0/−1
C相独立导通	−1	−1	1/0/−1
A-C相换相	1/0/−1	−1	1/0/−1

16.3 实验验证

在本章中,对三相12/8极SRM驱动系统进行了实验,以验证所提出的模型预测控制方法,该系统的参数为:直流电源电压U_{dc}=48V,直流电源电阻R_{dc}=0.16Ω,直流电容器C_{dc}=3mF,额定转速ω_N=800r/min,额定负载转矩T_N=2N·m,相电阻R_{ph}=0.22Ω。实验在dSPACE-DS1202平台上实现,控制频率为10kHz。将所提出的MPC方法与仅抑制转矩脉动的传统MPC方法进行了比较。

图16-3给出了800r/min下的预测母线电压与实测母线电压之间的比较。由于在第k个时刻$u_{bus}(k+1)$是不可测量的,因此将第$(k-1)$个时刻预测母线电压$u_{bus}(k+1)$实际母线电压$u_{bus}(k)$进行比较,以验证母线电压预测的准确性。可以看出,预测结果与实测值可以很好地匹配,这表明所提出的方法可以准确地预测母线电压。在仿真中,误差不超过0.03V,而在实验中误差小于0.6V。

图16-4和图16-5展示了当电机分别以400r/min和800r/min运行时包括总转矩T_{sum}、功率变换器电流i_{inv}、电源电流的实验结果。可以清楚地观察到,由于SRM的能量反馈机制,母线电压产生电压脉动。图16-4比较了电机以400r/min运行时不同控制方法的实验波形。图16-4(a)展示了传统MPC方法的实验波形,可以看出,在该图中成功抑制了转矩脉动。但是,在换向区域,输出相的相电流反馈到直流电源,导致产生了较大的电源电流脉动。使用所提出的方法,在图16-4(b)中可

以很容易地看出,功率变换器电流的幅度被成本函数抑制,从而限制了电源电流脉动。通过减小电源电流脉动,母线电压脉动也得到改善。在图16-5中,电源电流脉动也减小了。然而,换流周期随着电机速度的增加而变短,并且电源电流脉动减小,这表明所提出的方法更适合于低速。

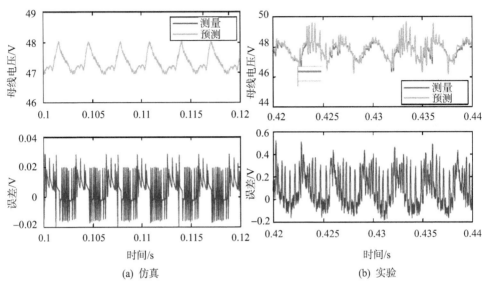

图 16-3 仿真和实验中的母线电压预测结果

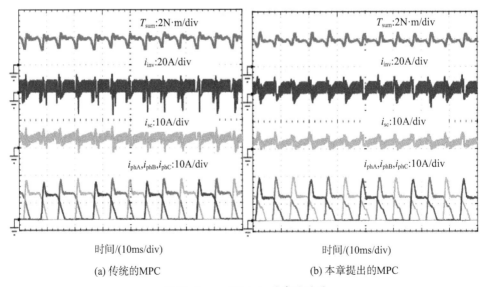

图 16-4 $\omega=400$r/min 的实验结果

第16章 考虑母线电压脉动的转矩脉动与电流脉动抑制策略

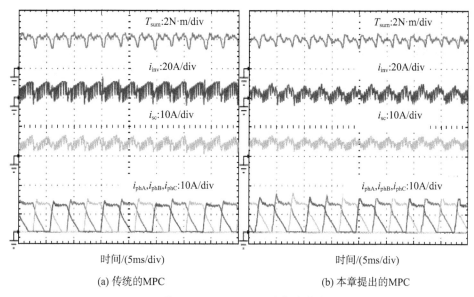

图16-5 ω=800r/min 的实验结果

为了验证所提出的方法的宽速度范围适应性,对电机在200r/min和1200r/min下,负载为2N·m时进行了实验。实验波形如图16-6和图16-7所示。根据实验结果,可以观察到该抑制方法在宽速度范围内抑制电源电流脉动仍然有效。

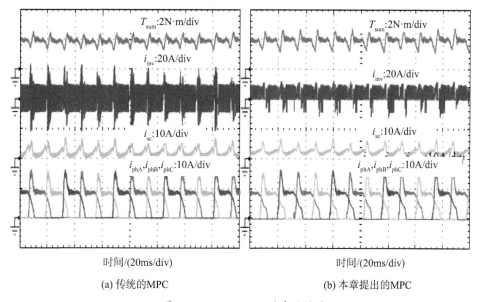

图16-6 w=200r/min 的实验结果

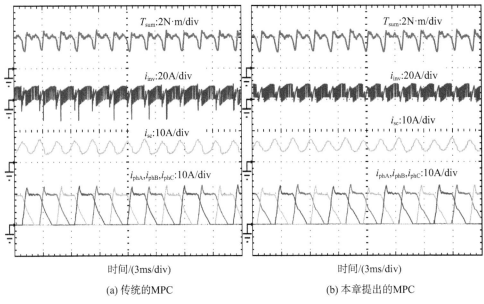

图 16-7　$w=1200\text{r/min}$ 的实验结果

为了用所提出的方法定量评估 SRM 的控制性能，需要定义转矩脉动和电源电流脉动。转矩脉动可以从其均方根（rms）值定义，表示为

$$T_{\text{ripple}} = \sqrt{\frac{1}{\theta_2 - \theta_1}\int_{\theta_1}^{\theta_2}(T(\theta) - T_{\text{avg}})^2 \text{d}\theta} \quad (16\text{-}17)$$

式中：θ_1 为转子位置周期的开始；θ_2 为转子位置周期的结束；T_{avg} 为转子位置整个周期内转矩的平均值。

T_{avg} 可表示为

$$T_{\text{avg}} = \frac{1}{\theta_2 - \theta_1}\int_{\theta_1}^{\theta_2} T(\theta) \text{d}\theta \quad (16\text{-}18)$$

电源脉动电流 i_{ripple} 由峰—峰值定义，其给出为

$$i_{\text{ripple}} = \frac{2(i_{\text{sc,max}} - i_{\text{sc,min}})}{i_{\text{sc,max}} + i_{\text{sc,min}}} \quad (16\text{-}19)$$

式中：$i_{\text{sc,max}}$ 为电源电流的最大值；$i_{\text{sc,min}}$ 为电源电流的最小值。

表 16-2 给出了详细的性能比较，包括电流有效值、平均转矩、转矩脉动、功率变换器电流脉动、电源电流脉动和效率。与传统 MPC 方法相比，所提出的 MPC 方法在所有速度下都显著降低了电源电流脉动，而转矩脉动也略低。采用本章提出的方法，利用输出相绕组释放的能量来激励输入相绕组，以减少电源电流脉动。这导致较高的重叠相电流。根据实验结果，对于每种速度，所提出的 MPC 方法具有

比传统MPC方法略高的RMS电流值,这也导致效率略低。

表16-2 量化指标的详细比较

量化指标	传统MPTC				提出的MPTC			
	200r/min	400r/min	800r/min	1200r/min	200r/min	400r/min	800r/min	1200r/min
电流有效值/A	6.72	6.05	6.08	6.20	6.89	6.42	6.27	6.30
平均转矩/N·m	1.89	1.90	1.96	1.97	1.9	1.86	1.98	2.02
转矩脉动/N·m	0.28	0.35	0.36	0.35	0.27	0.33	0.35	0.33
变换器电流脉动	20.09	11.43	7.11	7.33	10.89	8.78	4.56	4.09
电源电流脉动	5.45	2.97	1.86	0.90	3.91	2.51	1.21	0.80
效率	31.45%	59.91%	75.85%	78.42%	32.01%	55.69%	73.96%	78.05%

图16-8展示了瞬态实验结果,包括转速、功率变换器电流、总转矩和相电流,分别在转速和转矩变化时。图16-8(a)展示了当电机速度从400r/min变为800r/min,表明该方法具有良好的速度跟踪能力。图16-8(b)展示了负载从1N·m变为2N·m时400r/min下的动态波形。可以观察到,使用所提出的MPC方法,电机可以随着转矩的变化而动态调整,具有良好的稳定性。因此,所提出的MPC方法在转矩和速度变化条件下都具有良好的动态响应。

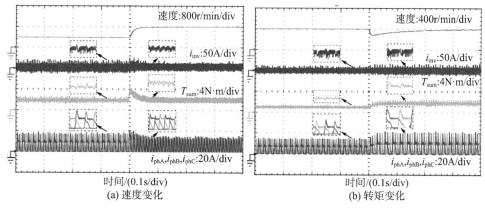

(a) 速度变化　　(b) 转矩变化

图16-8 转速和转矩瞬态过程的动态响应

16.4 结论

16.4.1 预测范围

预测范围是MPC方法性能的关键因素。大量研究表明,扩大预测级数有助于提高MPC方法的性能,但计算工作量也呈指数增长。因此,应讨论预测层位的选择。对于预测级数大于2的MPC,成本函数可以改写为

$$J = \sum_{l=2}^{N} \omega_i i_p^2(k+2) + \omega_T T_p^2(k+l) + i_m \tag{16-20}$$

式中:N是预测极数。

为了减少计算工作量,引入了次优搜索策略,当电机转速为800r/min,转矩为1.6N·m时,仿真结果如表16-3所列。可以观察到,在更大的预测极数,电源电流脉动和转矩脉动没有进一步改善。电机的性能,包括电源电流脉动、转矩脉动和效率,几乎保持不变。

具有更大预测级数的MPC方法更适合低控制频率(小于600Hz)的应用。高控制频率控制时,MPC变成无差拍控制器。因此,不需要做更高级别的预测。本章所用SRM的控制频率为10kHz。因此,只采用二级预测。

表16-3 不同预测步长的仿真结果

量化指标	$N=2$	$N=3$	$N=4$
电流有效值/A	5.89	5.93	6.15
平均转矩/N·m	1.67	1.65	1.69
转矩脉动/N·m	0.31	0.29	0.34
功率变换器电流脉动	3.47	3.54	3.63
电源电流脉动	1.26	1.27	1.27
效率	69.81%	69.57%	68.74%

16.4.2 参数变化

图16-9展示了当转速为800r/min、转矩为2N·m时相,电阻从0.22Ω变化至0.44Ω时的实验结果。可以观察到,本章所提出的方法对于电机参数的变化的鲁棒性较高。在本章中,采取了两种措施来确保所提出方法的鲁棒性。首先,基于查

第16章 考虑母线电压脉动的转矩脉动与电流脉动抑制策略

找表而不是简单的积分运算来计算当前时刻的磁链,从而避免了磁链积分引起的累积误差。此外,引入了闭环磁链观测器,以保证磁链估计的鲁棒性。

为了说明本章所提出的方法的优点,当电机速度为800r/min且负载转矩为2N·m时,进一步进行了母线电容为1.6mF的实验。实验波形如图16-10所示。

可以清楚地看出,本章所提出的方法在C_{dc}=1.6mF时对母线电流脉动的抑制仍然优于传统的MPC方法。C_{dc}=1.6mF的定量指标的详细比较见表16-3。与表16-1中的实验结果相比,由于采用相同控制方法的母线电容容量较小,电源电流脉动略高。

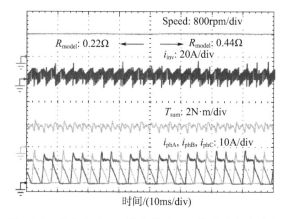

图16-9 相电阻从0.22Ω变化至0.44Ω时的实验结果

此外,C_{dc}=1.6mF时的转矩脉动和电源脉动所提出的MPC方法与传统MPC方法在C_{dc}=3mF时的结果几乎相同。可以得出结论,通过采用本章所提出的MPC方法,母线电容可以减少46.7%。

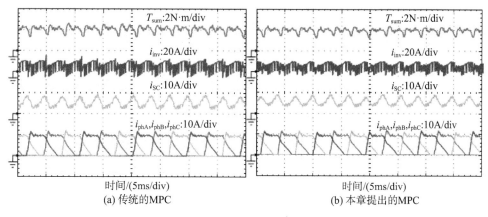

(a) 传统的MPC　　　　　　　　　　(b) 本章提出的MPC

图16-10 C_{dc}=1.6mF的实验结果

当控制频率为10kHz时,得到了上述实验结果。为了探索所提出的方法在其他频率下的控制性能,当电机以800r/min和2N·m的转速运行时,以控制频率f_c=20kHz进行实验。总转矩、功率变换器电流、电源电流和相电流波形如图16-11所示。

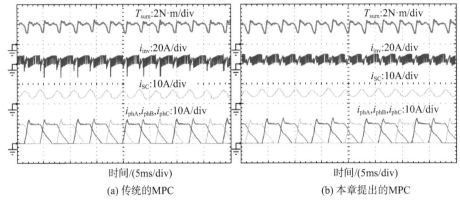

(a) 传统的MPC   (b) 本章提出的MPC

图16-11 f_c=20kHz的实验结果

可以清楚地观察到,本章所提出的MPC方法的电源电流脉动仍然低于传统MPC方法。

为了验证所提出的方法对具有不同结构的SRM的适用性,图16-12给出了4相16/12极SRM的仿真结果。通过计算,可以得出传统MPC方法的电源电流脉动和转矩脉动分别为1.87N·m和3.66N·m,而提出的MPC方法分别为1.44N·m和3.34N·m。因此,所提出的MPC方法对于具有4相16/12结构的SRM仍然表现良好。

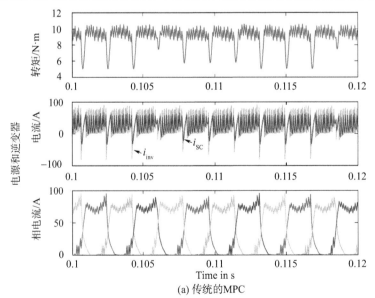

(a) 传统的MPC

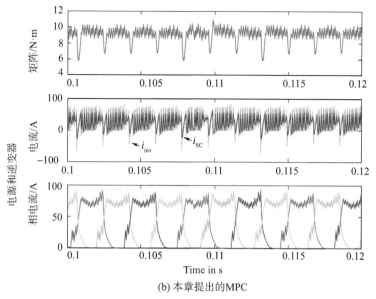

(b) 本章提出的MPC

图16-12　4相16/12极SRM的仿真结果

16.4.3　权重系数

在成本函数中,两个权重系数之间的比率会影响SRM的性能。为了便于调整,转矩脉动的加权系数设置为1。调整当前加权系数以确保转矩脉动达到一定水平。本节研究了电流权重对电源电流脉动和转矩脉动的影响。图16-13展示了在传统和本文提出的MPC方法下,转矩脉动和电流脉动随电流权重系数的变化。该图表明,在抑制转矩脉动和电源电流脉动方面,所提出的MPC方法比传统MPC具有显著优势。此外随着电流权重因子的增加,转矩脉动变大。为了找到合适的折中方案,可以使用多目标优化方法来找到帕累托集的拐点。

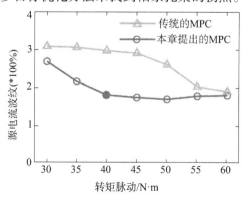

图16-13　随权重系数变化的转矩脉动和电源电流脉动

16.5 小结

本章提出了一种新的MPC方法,以减少SRM的转矩和源电流脉动。本章的贡献总结在以下两个主要方面。

(1) 预测时间步长($k+2$)中的相转矩和功率变换器电流,以基于所有可能的开关状态构建成本函数在时间步长($k+1$)中的状态。通过优化成本函数,可以同时抑制转矩和源电流脉动;

(2) 该方法考虑了源电流脉动引起的母线电压波动,提高了相电流和转矩预测的准确性。实验结果表明,本章所提出的MPC方法能够提供比传统MPC方法更好的性能。

第17章 起动/发电最优切换策略

17.1 引言

在航空飞机系统中,为满足整个系统的供电需求和适应航空发动机的工作特性,系统中需要同时存在起动系统和发电系统。在过去,起动系统和发电系统之间是相互独立的,起动电机的利用效率低,分离式的起动和发电系统的经济性不高。经过长期的发展和研究,汇集起动功能和发电功能于一身的起动/发电系统(Integrated Starter Generator,ISG)应运而生[23],经过多年发展,ISG系统已经广泛运用于航天、汽车等各大领域,目前依旧是国际热门研究课题。飞机等先进运动载体对ISG的可靠性、容错性、环境耐受性(如高温高速)、运行效率和功率密度都具有很高的要求。

要实现开关磁阻电机起动/发电模式平稳切换,改善相电流波形,抑制相电流峰值,实现电流控制是最直接的方法。实现电流控制的方法主要有角度优化控制、电流补偿控制、电流预测控制、谐波电流注入控制等。

文献[24]通过监控峰值相电流以及峰值电流出现的位置来实时优化SRM发电模式运行下的开通角,最大化程度抑制相电流峰并提高系统效率。文献[25]对高速运行下的SRM开通、关断角的大小进行合理的调整,探索不同的角度控制策略,综合比较不同控制算法的优化效果,最终采用神经网络算法对高速运行下的SRM的关断角进行优化,从而达到优化电机性能的目的。文献[26]根据负载转矩和转速的要求,通过在电动工作模式下推导发电模式下的开通角和关断角,实现了模式的平稳切换。文献[27]的电流调节采用固定频率变化占空比的PWM控制策略,检测到实际电流并反馈,与参考电流比较后,由误差信号产生转矩指令,作为输入到控制器中,从而实现电流控制。该方法的局限性是控制器无法通过控制占空比来调节电流。文献[28]提出了一种通过适当改变供给电流的间隙来控制相电流,从而抑制转矩纹波的方法。文献[29]针对SRM控制方式切换时电流峰值过大问题,提出采用预置补偿器的方法,通过电流补偿的方式改善电流环,实现控制方式的平稳切换。文献[30]首先分析了模式切换过程中过电流现象出现的原因,根据SRM平衡方程对相电流峰值进行了预测,然后利用系统模型仿真,为每一个初始相电流选择一个合适的关断角,从而达到抑制相电流峰值的效果。文献[31]提出一种基于转矩分配函数控制策略的无差拍电流预测控制方法,通过合理调整功率变换器的运行方式,提高电流控制的精度,减小了转矩脉动,避免了可能的过电流问题。文献[32]根据SRM非线性模型,提出了一种固定频率的无差拍预测电流控制方法。该方法能够精确预测下一时刻每相所需电压,提高了相电流跟随的精度,减小了转矩脉动,提高了系统效率。文献[33]根据在电感较小的区域采用更高频率的占空比可以避免电流过大的思路,采用可以提高开关频率的软斩波方法来解决电流控制效果差的问题。文献[34]提出了多次谐波电流注入控制策略,通过向矩形参考电流中注入一系列正弦谐波分量,改变了参考电流波形,不仅可以改善电流波形,同时让这些谐波分量产生一系列转矩,利用这些转矩可以抵消或弥补原矩形参考电流激励下引起的转矩脉动。文献[35]介绍了一种基于自适应模糊控制的分段谐波电流注入控制方法,该方法以转子位置和转矩误差作为输入变量,通过模糊逻辑推理得到谐波电流系数,将谐波电流注入到方波参考电流中,改善绕组电流的波形,降低了相电流峰值。

  SRM的电磁转矩大小与相电流大小有关,因此通过减小SRM转矩脉动也能起到抑制相电流峰值的作用,从而改善相电流波形,实现开关磁阻电机起动/发电模式平稳切换。常用的转矩脉动直接控制方法包括:直接转矩控制、直接瞬时转矩控制、模型预测转矩控制等。文献[36]提出了四相开关磁阻电机磁链矢量构造方法和电压矢量的选择原则,实现了四相开关磁阻电机的直接转矩控制,该方法的研究结果和控制规则很容易扩展到任意相开关磁阻电机,为实现任意相开关磁阻电机的直接转矩控制奠定了基础。文献[37]将滑模控制器和观察器引入到直接转矩控制中,准确地获得了参考转矩,减少了SRM的转矩脉动。直接瞬时转矩控制的原理是直接控制每一时刻的瞬时转矩,让其跟随参考转矩值,依据瞬时转矩与参考转矩的差值控制功率变换器中主开关器件的开关。文献[38]根据预定义的开关角度,利用参考转矩和瞬时转矩的偏差,通过数字转矩磁滞控制器为功率变换器生成对应开关信号,实现直接瞬时转矩控制,有效减小了转矩脉动。文献[39]在直接控制每一时刻的瞬时转矩的基础上引入了模糊PI控制,实现了更高精度的直接瞬时转矩控制,提高了动态响应特性,有效抑制了转矩脉动。文献[40]将直接瞬时转矩控制中的开通角和关断角与转矩分配函数的角度进行区分,解决了其他设计中开通角不可调的问题,扩大了导通角的范围,提高了直接瞬时转矩控制的控制效果。模型预测控制使用系统模型来预测变量在未来一定时间内的行为,通过构建代价函数找到系统的最佳输入使得系统的输出可以很好地跟随系统的参考值。文献[41]提出了一种基于直接转矩控制电压矢量选择的模型预测控制算法。该算法先筛选出符合要求的待选电压矢量,供预测模型进行评估与计算,实现了转矩脉动的抑制,充分发挥了控制核心的高速运算能力。文献[42]将转矩分配函数和模型预测控制相结合,首先,由转矩分配函数将参考转矩分配至各相,然后,利用开关磁阻电机模型预测下一周期转矩大小,最后通过代价函数选取最优控制量跟踪参考转矩,从而实现了对转矩脉动的抑制。文献[43]仅使用输出转矩建立目标函数,同时引入开通角和关断角实现逻辑换相,减少了控制功率变换器开关管通断的待选序列数,降低了模型预测控制中的目标函数计算量。文献[44]通过采用模型跟踪滑模控制器设计了一种SRM四象限巡航控制系统,通过最小化代价函数来实现效率最大化和转矩脉动最小化,而且在此基础上根据切换点调整电动模式和发电模式励磁角度,实现了模式的平稳切换。

为了实现SRM的起动/发电模式切换,最简单的方法是采用直接切换的方式,将SRM起动模式运行下的励磁角直接改变为发电模式下的励磁角。模式切换瞬间SRM内已经存在起动模式运行下产生的相电流,同时励磁角的改变将导致励磁时间延长,相电流将会继续增大,相电流可能超过系统允许的最大电流,出现过电流现象,该相电流峰值由模式切换瞬间的电机位置和模式切换前相位内的电流水平决定。同时过电流现象的出现也将伴随着极大的转矩脉动,这对系统的稳定性会造成很大影响。如果不对该过电流现象进行抑制,过大的相电流可能会导致噪声和振动,过大的转矩脉动会对系统的稳定性造成很大影响,并可能损坏电机绕组和电机驱动装置。在实际运用中也经常采用在切换瞬间提前关断电源电压的方法,这种方法虽然可以避免过电流现象的发生,但大大延长了切换持续时间,不适用于对模式切换持续时间有严格要求的情况。针对这些问题,本章提出一种基于角度优化控制的开关磁阻电机起动/发电模式平稳切换方法,在切换期间使用一套新的发电模式关断角,根据切换瞬间转子位置和相位内的已经建立起来的电流水平对关断角进行在线寻优。其目的在于实现对相电流峰值的抑制,完成开关磁阻电机起动/发电模式平稳切换,提升SRM在航空用ISG系统中的性能,同时控制系统体积和成本,满足航空电源系统内的设计要求。

17.2 过电流现象机理分析及离线角度规划

17.2.1 电动模式运行

在SRM中,磁通沿着穿过定子、气隙和转子的路径产生电磁转矩。从定子流向转子的磁通量取决于定、转子的对齐情况。在SRM中,每相依次导通,磁极上产生的电磁力使转子磁极与励磁定子磁极对齐,以最小化路径上的磁阻,转矩则由定子和转子之间电磁力的切向部分获得。

SRM在低于基速以下运行时,一般采用电流斩波控制(CCC)方式,以避免出现过大的电流,取得恒转矩机械特性。图17-1为用于SRM电动模式运行下的CCC控制方式。

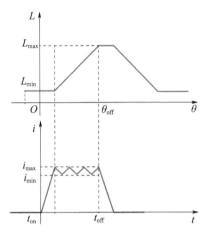

图17-1　SRM电动模式运行下CCC控制示意图

如图17-1所示,主开关器件导通后,由于相电感较小,相电流i从0开始快速上升,当i上升到上限值i_{max}时,斩波开始,主开关器件关断,i下降;当i下降到下限值i_{min}时,主开关器件重新导通,相电流重新上升。主开关器件如此反复导通,让电流i在i_{max}和i_{min}之间来回波动,直到$\theta=\theta_{off}$时,主开关器件关断,相绕组关断后,i持续下降到0。同时为防止绕组电流延续到负转矩区产生制动转矩,必须在相绕组电感开始下降之前关断绕组。

通过CCC控制,SRM电动工作模式可以将电流i保持在一定的范围内,使相电流波动不大,电磁转矩T_e也可以保持在一定范围内,转矩脉动不大,实现恒转矩输出。

SRM在高于基速运行时,可以采用CCC与APC相结合的控制方式。APC通过对励磁角的控制实现输出转矩满足负载要求。当电流出现扰动时,CCC发挥作用,对相电流进行斩波控制,减小转矩脉动。

17.2.2　发电模式运行

SRM发电模式运行有他励和自励两种工作模式。他励模式就是指在SRM发电模式运行过程中,一直通过外部电源提供励磁电压。自励模式是在电压建立初始阶段,通过外部电源提供励磁电压,当SRM电压建立之后,切断外部电源,通过输出电压来提供励磁电压,此时不再需要外部电源来提供励磁电压,不仅可以减小系统体积,还可以提高系统效率,但是当SRM输出电压出现波动时,励磁电流将变得不稳定,从而导致SRM磁链特性出现变化,影响电机控制。他励工作模式虽然一直需要外部电源来提供励磁电压,增大了系统的重量和体积,但可以让励磁电压一直保持相对稳定。在实际应用中需根据系统运行环境和使用条件来选择励磁方式,本章选择的是他励工作模式。

SRM的发电模式运行一般采用APC控制模式方式,在单脉冲控制模式下通过控制开通角和关断角来控制SRM的运行。图17-2为SRM发电模式运行相电流示意图。

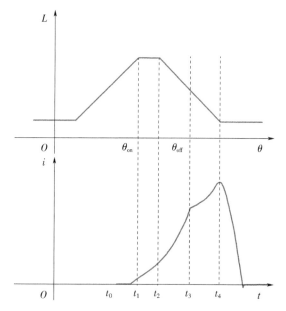

图17-2 SRM发电模式运行相电流示意图

如图17-2所示,为提高励磁时间,增加磁场储能,输出更多的电能,SRM发电模式运行下一般会提前导通,减小开通角。下面将分时间段,对SRM发电模式运行下的相电流进行定性分析。

(1) $[t_0 - t_1]$:虽然 $\theta = \theta_{on}$,相绕组导通,SRM开始工作在发电模式下,但此时电感 L 仍处于上升阶段,$dL/d\theta > 0$,SRM仍输出电动转矩,电流上升较慢。此时SRM吸收的电能,一部分转为机械能输出,一部分以磁场储能的形式储存下来。

(2) $[t_1 - t_2]$ 阶段:这一阶段电流上升速度加快,吸收的电能以磁场储能的形式储存下来。

(3) $[t_2\text{-}t_3]$阶段：这一阶段 $dL/d\theta<0$，SRM 开始输出制动转矩，电流上升速度越来越快，吸收的电能和输入的机械能都以磁场储能的形式储存下来。这一阶段是非常有效的励磁阶段，对输出电能的多少有着极大的影响。

(4) $[t_3\text{-}t_4]$阶段：$\theta=\theta_{off}$，虽然相绕组关断，但由于 $dL/d\theta<0$，SRM 仍输出制动转矩，相电流将继续增大，但相电流增大的速度将减缓。同时，此阶段也是有效的发电区，SRM 将输入的机械能转化为电能输出，输出电能的多少将与之前储存下来的磁场能量的多少有关。

(5) $[t_4\text{-}t_5]$阶段：在电源电压 U_{DC} 的作用下，电流下降非常快，输入的机械能和之前储存下来的磁场能量都将全部转换成电能输出。

同时，SRM 的发电模式运行需要实现恒压控制[44]，本章采用双闭环电压控制方法，采用 CCC 与 APC 相结合的控制方式，电压双闭环控制图如图 17-3 所示。当输出电压出现扰动，输出电压与参考电压之间的电压差经 PI 调节后以参考电流的形式输出，通过 CCC 对相电流进行控制，进而控制输出电压，恢复到稳定状态。

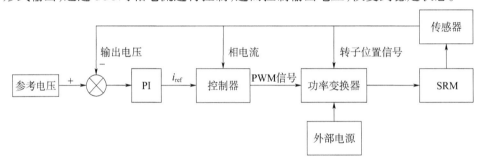

图 17-3 电压双闭环控制示意图

17.2.3 机理分析

SRM 为了能在发电工作模式下输出符合系统要求的电能，需要将发电模式开通角设置得小一些，让相绕组提前导通，让 SRM 相绕组有足够的励磁时间。但在 SRM 从起动模式切换到发电模式的瞬间，SRM 相绕组内已经存在电动模式下建立的相电流，如果在切换过程中继续对 SRM 使用正常的发电模式下的开通角和关断角，相电流还没来得及降为 0，SRM 就进入了发电模式下工作，励磁时间将大幅度延长，相电流继续增大，相电流峰值可能会超过系统允许的最大电流，出现过电流现象。图 17-4 为 SRM 起动/发电模式直接切换相电流波形的示意图。图中，$\theta_{m,on}$ 和 $\theta_{m,off}$ 分别为 SRM 电动工作模式的开通角和关断角，$\theta_{g,on}$ 和 $\theta_{g,off}$ 分别为 SRM 发电工作模式的开通角和关断角。

由图 17-4 可知，当接收到切换信号后，SRM 绕组虽然已经关断，但电流仍处于下降阶段,相电流 i 还没有降为0,由转子位置可知,SRM马上进入发电工作模式,相电流将继续上升,最后达到一个较高的水平,出现过电流现象。

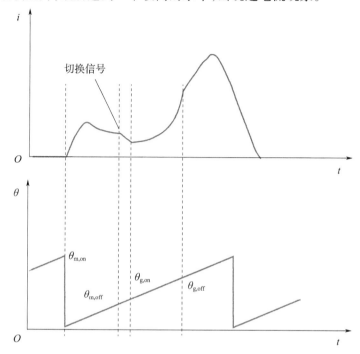

图17-4　SRM起动/发电模式直接切换相电流波形示意图

17.2.4　离线角度规划

励磁时间延长是开关磁阻电机切换过程中出现过电流现象的主要原因。同时在电机单脉冲模式运行下,励磁角是唯一的控制参数。一般情况下,需要将开通角提前使绕组提前导通,所以会固定开通角。而关断角大小对开关磁阻电机发电模式运行下的相电流有着重要影响。因此控制模式切换时期发电模式的关断角是抑制相电流峰值的主要切入点。

1. 相电流峰值影响模式分析

SRM发电工作模式下的相电流峰值可以通过SRM的动态方程进行预测

由SRM相电压平衡方程可以得到:

$$U_k \mathrm{d}t = L_k(\theta,i)\mathrm{d}i_k(t) + i_k(t) \cdot L_k(\theta,i) \tag{17-1}$$

式(17-1)可以改写为:

$$U_k \Delta t = L_k(\theta,i)\Delta i_k(t) + i_k(t)\Delta L_k(\theta,i) \tag{17-2}$$

图17-5为SRM发电工作模式下转子位置和相电流的增量变化示意图。

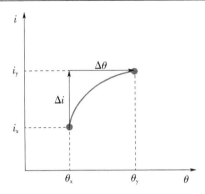

图17-5 转子位置和相电流的增量变化示意图

结合图17-5,式(17-2)可以改写为：

$$U_k \Delta t = L_k(\theta_x, i_x)(i_y - i_x) + i_y[L_k(\theta_y, i_y) - L_k(\theta_x, i_y)] \tag{17-3}$$

$$U_k \Delta t = i_y[L_k(\theta_x, i_x) + L_k(\theta_y, i_y) - L_k(\theta_x, i_y)] - i_x L_k(\theta_x, i_x) \tag{17-4}$$

式中：i_x 为转子位置 θ_x 下的相电流；i_y 为转子位置 θ_y 下的相电流。

Δt 为转子位置从 θ_x 到 θ_y 的时间间隔,可以被表示为

$$\Delta t = \frac{\Delta \theta}{\omega} = \frac{\theta_y - \theta_x}{\omega} \tag{17-5}$$

通过式(17-4)和式(17-5),i_y 可以表示为

$$i_y = i_x + \frac{\frac{\omega U_k}{\theta_y - \theta_x} - i_x[L_k(\theta_y, i_y) - L_k(\theta_x, i_x)]}{L_k(\theta_x, i_x) i_x + L_k(\theta_y, i_y) - L_k(\theta_x, i_y)} \tag{17-6}$$

因此,相电流的增量变化 Δi_k 可以表示为

$$\Delta i_k = i_y - i_x = + \frac{\frac{\omega U_k}{\theta_y - \theta_x} - i_x[L_k(\theta_y, i_y) - L_k(\theta_x, i_x)]}{L_k(\theta_x, i_x) i_x + L_k(\theta_y, i_y) - L_k(\theta_x, i_y)} \tag{17-7}$$

SRM励磁期间不同区域下的 Δi_k 累计起来,就是SRM起动/发电模式切换过程中的相电流峰值 i_p,即：

$$i_p = i_0 + i_{\text{goff,gon}} + i_{p,\text{goff}} \tag{17-8}$$

式中：$i_{\text{goff,gon}}$ 为SRM发电工作模式下相绕组导通到相绕组关断期间的相电流变化,这一阶段对应SRM发电工作模式下的 $[t_0-t_3]$ 阶段,电流上升较快；$i_{p,\text{off}}$ 为SRM发电工作模式下相绕组关断后到相电流峰值期间的相电流变化,这一阶段对应SRM发电工作模式下的 $[t_3-t_4]$ 阶段,电流上升相对较慢；i_0 为初始相电流。

结合式(17-7)、式(17-8)可以表示为

$$i_{\mathrm{p}} = i_0 + \sum_{\theta_{\mathrm{g,on}}}^{\theta_{\mathrm{g,off}}} \Delta i_k(\theta) + \sum_{\theta_{\mathrm{g,off}}}^{\theta_{\mathrm{p}}} \Delta i_k(\theta) \qquad (17\text{-}9)$$

式中：$\theta_{\mathrm{g,on}}$为SRM发电工作模式下的开通角；$\theta_{\mathrm{g,off}}$为SRM发电工作模式下的关断角；θ_{p}为SRM发电工作模式下相电流达到峰值时的转子位置角。

由式(17-9)可知，对于SRM模式切换过程中的相电流峰值，可控变量有初始相电流i_0，SRM发电工作模式下的开通角$\theta_{\mathrm{g,on}}$，SRM发电工作模式下的关断角$\theta_{\mathrm{g,off}}$。其中，SRM发电工作模式下相电流达到峰值时的转子位置角θ_{p}是固定的，这将在下一节中详细说明。

在正常的SRM发电工作模式下，初始相电流i_0一般为0。同时，一般情况下SRM发电工作模式会让绕组提前导通，增大励磁时间，来保证输出电能符合系统要求，因此$\theta_{\mathrm{g,on}}$通常是固定的。SRM发电工作模式下的关断角$\theta_{\mathrm{g,off}}$对励磁时间的影响较大，当固定$\theta_{\mathrm{g,on}}$，对$\theta_{\mathrm{g,off}}$进行调节时，$\theta_{\mathrm{g,off}}$的变化对相电流i_k的影响较大[34]。同时由上面的分析可知，SRM发电工作模式下的$[t_0\text{-}t_1]$、$[t_1\text{-}t_2]$、$[t_2\text{-}t_3]$、$[t_3\text{-}t_4]$阶段均为电流上升阶段，其中$[t_1\text{-}t_3]$阶段电流上升较快，$[t_3\text{-}t_4]$阶段电流上升较慢，而$\theta_{\mathrm{g,off}}$正是$[t_1\text{-}t_3]$阶段和$[t_3\text{-}t_4]$阶段的分界点。因此，固定$\theta_{\mathrm{g,on}}$，适当减小$\theta_{\mathrm{g,off}}$，让SRM绕组提前关断，就可以让电流上升较快的阶段时间减少，电流上升较慢的阶段时间增加，从而减小相电流峰值，避免过电流现象的出现。

2. 基于离线数据表的角度规划策略

由上一小节的结论可知，SRM发电工作模式下的关断角$\theta_{\mathrm{g,off}}$对相电流的影响较大，控制关断角$\theta_{\mathrm{g,off}}$就可以实现对相电流峰值的控制。因此，在SRM起动/发电模式切换过程中，可以利用角度优化控制的思想，在切换过程中运用新的发电模式关断角，从而实现对相电流峰值的控制。所以，在SRM起动/发电模式切换过程中，式(17-9)可以表示为

$$i_{\mathrm{p,tr}} = i_{0,\mathrm{tr}} + \sum_{\theta_{\mathrm{g,on}}}^{\theta_{\mathrm{tr,off}}} \Delta i_k(\theta) + \sum_{\theta_{\mathrm{tr,off}}}^{\theta_{\mathrm{p}}} \Delta i_k(\theta) \qquad (17\text{-}10)$$

式中：$i_{\mathrm{p,tr}}$为SRM起动/发电模式切换过程中的相电流峰值；$i_{0,\mathrm{tr}}$为切换瞬间SRM相绕组内的初始相电流；$\theta_{\mathrm{tr,off}}$为保证切换过程中相电流峰值不超过系统运行最大电流的切换时期SRM发电模式下的关断角。

其中，$i_{0,\mathrm{tr}}$由切换时间t_{r}和SRM起动模式下的开通角$\theta_{\mathrm{m,on}}$、关断角$\theta_{\mathrm{m,off}}$决定，它可以是0A到SRM起动模式运行下的相电流峰值$i_{\mathrm{p,m}}$之间的任意值。

为在SRM起动/发电模式切换过程中实现角度优化控制，需要先通过离线角度规划建立离线数据表，因为$i_{0,\mathrm{tr}}$是0A到$i_{\mathrm{p,m}}$之间的任意值，所以可以先通过改变切换时间t_{r}或SRM起动模式下的开通角$\theta_{\mathrm{m,on}}$和关断角$\theta_{\mathrm{m,off}}$使得切换瞬间初始相电流$i_{0,\mathrm{tr}}$

改变。然后通过MATLAB/SIMULINK建模与仿真建立的1kW12/8极SRM起动/发电模式直接切换模型,在固定SRM转速n下,从0A开始到$i_{p,m}$结束,以固定的电流为步长,每一个切换瞬间初始相电流$i_{0,tr}$对应一个切换时期发电模式运行下的关断角$\theta_{tr,off}$,建立该电机转速n下的$\theta_{tr,off}$-$i_{0,tr}$数据表,这个关断角需保证切换过程中相电流峰值$i_{p,tr}<i_{peak}$,其中i_{peak}为系统允许的最大电流。

图17-6和图17-7分别为电机转速1500r/min和2000r/min下,SRM起动模式下的开通角$\theta_{m,on}=0°$和关断角$\theta_{m,off}=15°$以及SRM发电模式下的开通角$\theta_{g,on}=18°$条件下,以0.2A为步长,通过改变切换时间t_r建立起来的$\theta_{tr,off}$-$i_{0,tr}$数据表:

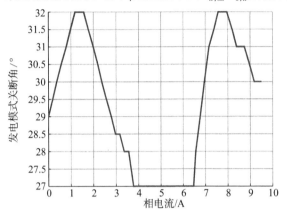

图17-6　1500r/min下$\theta_{tr,off}$-$i_{0,tr}$数据表

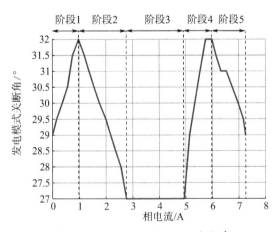

图17-7　2000r/min下$\theta_{tr,off}$-$i_{0,tr}$数据表

因为两种转速下$\theta_{tr,off}$-$i_{0,tr}$数据表数据变化趋势大致相同,所以以图17-7为例,分析$\theta_{tr,off}$-$i_{0,tr}$数据表的变化趋势:

阶段1:这一阶段初始相电流较小,相电流即将降为0,因为三相12/8极开关磁

阻电机每相转子位置相差15°,切换相下一相已经进入电动模式运行下,当系统接收到切换信号,切换相的下一相的电流还没来得及降为0就进入了发电模式下运行,而且随着切换相初始电流的增大,下一相进入发电模式的初始电流越小,在满足相电流峰值要求的前提下,为避免过大的电流波动,所需要的SRM模式切换过程的发电模式关断角就越大。因此,在该阶段切换时期SRM发电模式下的关断角$\theta_{\text{tr,off}}$会随着初始相电流$i_{0,\text{tr}}$的增大而增大。

阶段2:在这一阶段,系统接收到切换信号时,切换相转子位置θ_r满足:$\theta_{\text{g,on}}<\theta_r$,随着初始相电流$i_{0,\text{tr}}$的增大,切换相电流下降的时间减小,切换相进入发电模式时的电流也会增大,所能达到的切换过程相电流峰值也会增大,所以需要减小切换时期SRM发电模式下的关断角$\theta_{\text{tr,off}}$来削弱相电流峰值。因此,这一阶段中$\theta_{\text{tr,off}}$会随着$i_{0,\text{tr}}$的增大而减小,来让切换过程中的相电流峰值符合系统要求。

阶段3:这一阶段切换时期SRM发电模式下的关断角$\theta_{\text{tr,off}}$随着初始相电流$i_{0,\text{tr}}$的增大而不变。这是因为在这一阶段,系统接收到切换信号时,切换相转子位置θ_r满足$\theta_{\text{m,off}}<\theta_r<\theta_{\text{g,on}}$,切换相进入发电模式时的初始相电流都一样,用同一个$\theta_{\text{tr,off}}$就能让切换过程中相电流峰值满足系统要求。

阶段4:在这一阶段,系统接收到切换信号时,切换相转子位置θ_r满足$\theta_r<\theta_{\text{m,off}}$,随着初始相电流$i_{0,\text{tr}}$的增大,切换相电动状态下快速下降时间增加,切换相进入发电模式的初始电流越来越小,切换过程中的相电流峰值也越来越小,在满足相电流峰值要求的前提下,为避免过大的电流波动,增大关断角来让相电流峰值适当增大,因此在这一阶段,切换时期SRM发电模式下的关断角$\theta_{\text{tr,off}}$会随着初始相电流$i_{0,\text{tr}}$的增大而增大。

阶段5:随着初始相电流$i_{0,\text{tr}}$的继续增大,切换相的转子位置角越来越小,系统接收到切换信号时,切换相前一相会直接进入发电模式。且随着初始相电流$i_{0,\text{tr}}$的增大,切换相前一相进入发电模式时的电流会越来越大,切换过程中的相电流峰值也越来越大,因此需要降低切换时期SRM发电模式下的关断角$\theta_{\text{tr,off}}$来抑制切换相前一相所能达到的相电流峰值。因此在这一阶段,切换时期SRM发电模式下的关断角$\theta_{\text{tr,off}}$会随着初始相电流$i_{0,\text{tr}}$的增大而减小。

17.3 开关磁阻电机起动/发电模式切换在线角度优化

17.3.1 切换相检测

1. 特殊位置角的计算与其意义

图17-8为开关磁阻电机定、转子位置图,θ_β为转子极前沿与定子极后沿相遇时的位置角。

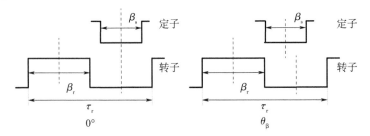

图17-8 SRM定、转子位置图

该位置角θ_β可以用以下公式计算得到：

$$\theta_\beta = (\tau_r - \beta_r - \beta_s)/2 \tag{17-11}$$

式中：τ_r为SRM转子极距；β_r为SRM转子极弧；β_s为SRM定子极弧。

对于三相12/8极开关磁阻电机，电角度τ_r为45°，本章所选三相12/8极开关磁阻样机转子极弧β_r为17°，定子极弧β_s为15°，因此在该样机中位置角θ_β=6.5°。当转子位置达到θ_β时，定转子开始对齐，定转子之间的气隙开始减小，磁路发生变化，导致电感开始增大。

图17-9为高速运行时APC控制下的SRM电动模式运行相电流示意图，结合图17-8和图17-9，可以发现：当绕组导通后，由于磁拉力的作用，转子从非对齐位置开始转动，此时定转子之间的气隙最小，电感最小，SRM相电流快速上升，当转子极前沿与定子极后沿相遇，即转子位置角为θ_β时，定转子之间的气隙开始减小，电感开始增大，SRM相电流开始减小。

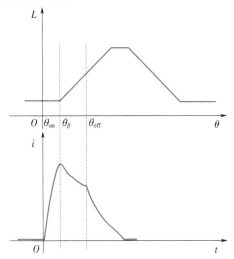

图17-9 APC控制下SRM电动模式运行相电流示意图

因此在APC控制下的SRM电动模式运行过程中，当转子位置角为θ_β时，相电流达到峰值。转子位置 θ_r 满足 $\theta_{m,on}<\theta_r<\theta_\beta$ 时,相电流处于快速上升阶段,当转子位置 θ_r 满足 $\theta_\beta<\theta_r<\theta_{m,off}$ 时,相电流处于下降阶段。

同时 APC 控制下的 SRM 电动模式运行与发电模式运行是镜像对称的,结合图 17-2 可知,APC 控制下的 SRM 发电模式运行相电流达到峰值时的转子位置角 θ_p 只与电机机械参数有关,且与 θ_β 关于开关磁阻电机电角度 τ_r 的中值对称。θ_p 的计算公式为

$$\theta_p = \tau_r - \theta_\beta \tag{17-12}$$

本章所选12/8开关磁阻样机电角度 τ_r 为45°,位置角 θ_β 为6.5°,则位置角 θ_p 为38.5°。

2. 切换相检测策略

切换相检测是在线角度优化的第一步,只有成功地判断出了三相中的哪一相为切换相才能保障后续步骤的正确运行和在线角度优化的有效性。对于三相开关磁阻电机,在任何时刻最多只能有两相导通。当系统接收到切换信号后,在切换瞬间利用采样保持器可以采样保持三相瞬时电流大小,分别为 i_a、i_b、i_c。通过三相瞬时电流大小的相互比较可以确定切换瞬间三相电流最大的那一相的相数 m。如果直接认为电流最大相为切换相,可能出现如图 17-10 中的特殊情况,从而导致切换相判断失误,角度优化失效。

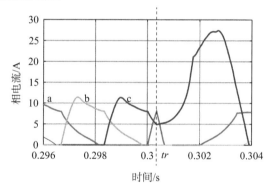

图 17-10 切换相判断中的特殊情况相电流示意图

图 17-10 中,在切换瞬间对三相瞬时电流采样保持,如果通过简单的三相瞬时电流相互比较来判断切换相,判断出的切换相为 a 相。但 a 相处于电动模式下的电流快速上升阶段,a 相转子位置仍较小,即使 SRM 开通角和关断角发生变化,a 相也不会进入发电工作模式。

所以如果只是简单地通过切换瞬间三相电流大小来判断切换相,会因为特殊情况的存在而判断失败,影响后续步骤的运行。可以在判断出电流最大相后,对电流最大相的转子位置进行进一步判断来排除特殊情况的影响。从而正确判断出切换相。

在切换瞬间,同样利用采样保持器采样保持三相位置,分别记为 θ_a、θ_b、θ_c,电流最大相的位置记为 θ_m。如果 θ_m 满足:$0<\theta_m<\theta_\beta$,则根据上一小节的结论可以判断该

相电流处于快速上升的阶段,而且由于开关磁阻电机同时最多只能有两相导通以及三相位置各自相差15°,可以判断出切换相为电流最大相的前一相,再结合通过采样保持器采集到的三相瞬时电流和电流最大相的相数 m 可以得到切换相初始电流 $i_{0,\text{tr}}$,计算公式为

$$i_{0,\text{tr}} = \begin{cases} i_a & m = b \\ i_b & m = c \\ i_c & m = a \end{cases} \qquad (17\text{-}13)$$

如果电流最大相的位置 $\theta_m > \theta_\beta$,根据上一小节的结论可以判断该相电流处于下降阶段,该相马上退出起动模式运行或已经退出起动模式运行,可以判断电流最大相为切换相,再结合通过采样保持器采集到的三相瞬时电流和电流最大相的相数 m 可以得到切换相初始电流 $i_{0,\text{tr}}$,计算公式为

$$i_{0,\text{tr}} = \begin{cases} i_a & m = a \\ i_b & m = b \\ i_c & m = c \end{cases} \qquad (17\text{-}14)$$

切换相检测策略流程图如图17-11所示,当接收到切换信号后,在切换瞬间通过采样保持器采样保持三相电流,通过相互比较可以确定电流最大相。再在切换瞬间采样保持三相转子位置,通过对电流最大相的转子位置进行判断可以确定出切换相为三相中的哪一相,同时可以采集到切换相初始电流。

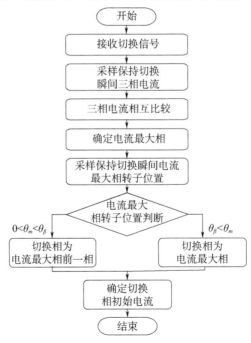

图17-11 切换相检测策略流程图

17.3.2 在线角度寻优

用切换相检测策略确定的切换相初始电流和离线角度规划得到的 $\theta_{tr,off}$-$i_{0,tr}$ 数据表,通过查表法可以实时找到对应的切换期间发电模式关断角 $\theta_{tr,off}$。当系统接收到切换信号后,就可以将这个角度运用到SRM的起动/发电模式切换过程中,实现对相电流峰值的抑制,避免过电流现象的发生。

查表法(Look-Up Table,LUT)对于刻画非线性模型具有很好的效果。查表法会先利用有限个离散点来刻画模型,对于不在表内的数据则通过线性插值得到,从而实现对范围内任意点的表示。查表法的意义在于可以刻画非线性的系统,数据越多,刻画的越精确,利用插值的方法就可以通过有限个点计算出所需点的数据。

在离线角度规划过程中,是在电机转速 n 下,从 0A 开始到 $i_{p,m}$ 结束,以固定的电流为步长,为每一个切换瞬间初始相电流 $i_{0,tr}$ 找到一个合适的切换时期发电模式运行下的关断角 $\theta_{tr,off}$,建立起 $\theta_{tr,off}$-$i_{0,tr}$ 数据表。因此,所建立的一维数据表是一个离散模型,适合用查表法来对角度进行在线寻优。

17.3.3 切换完成检测

在切换完成后马上将SRM恢复为正常发电模式下运行时实现SRM起动/发电模式平稳切换的一个重要环节。实际中运用较多的方法是在系统接收到切换指令后,将电源电压关断一段时间,这样虽然可以避免过电流现象的发生,但是增加了切换持续时间,不仅使系统效率降低,而且有可能对电气负载造成影响。所以这种方法不适用于对SRM起动/发电模式切换持续时间有严格要求的工作情况。因此及时地检测切换是否完成是实现SRM的起动/发电模式切换角度在线优化的重要一环。

通过在切换过程中对切换相电流进行实时检测,可以实现对切换完成的实时检测。由式(17-9)可知,在正常的SRM发电工作模式下,初始相电流 i_0 一般为 0。所以可以对切换相电流 i_{ph} 进行实时检测,当检测到 i_{ph}<0.5A 时可以认为切换已经完成,切换相已经完成了切换过程中的发电模式运行,此时将发电模式关断角重新调整为正常发电模式下的关断角 $\theta_{g,off}$,将电机恢复为正常的发电模式运行,从而完成SRM起动/发电模式平稳切换,SRM将继续工作在正常的发电模式下,在发电机的带动下为电气负载供电。如果未检测到 i_{ph}<0.5A,则可以认为切换失败,需要重新确定切换时间,再次进行SRM起动/发电模式切换。

图17-12为SRM起动/发电模式切换过程在线角度优化流程图,当确定切换时间后,通过切换相检测策略可以确定切换相为三相中的哪一相,同时检测到切换相初始电流,通过查表法可以实时找到相应的切换时期关断角,然后当检测到切换完成后,再将SRM恢复到正常发电模式。如果没有检测到切换完成,则重新确定切

换时间,在此进行SRM起动/发电模式切换。

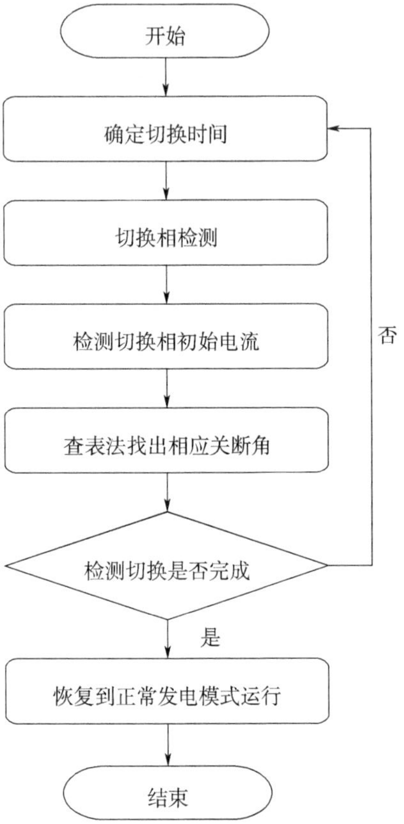

图 17-12　在线角度优化流程图

17.4　开关磁阻电机起动/发电模式平稳切换系统仿真

17.4.1　仿真模型

1. 总体模型

在仿真时利用一个基于有限元分析建立的1kW三相12/8极的SRM模型,分别搭建了SRM起动/发电模式直接切换模型和SRM起动/发电模式平稳切换模型。样机的主要参数如表17-1所列。

表 17-1　样机主要参数

参数	值	参数	值
定子	12极	额定转矩	5N·m

续表

参数	值	参数	值
转子	8极	转速范围	0~8000r/min
相数	3	外形尺寸	120mm(D)×81mm(L)
额定电压	96V	系统最大电流	25A
额定电流	15A		

图 17-13 为 SRM 起动/发电模式直接切换模型,其中:电动模式采用了 APC 和 CCC 结合的控制方式,当相电流大于 i_{ref} 时,对电流进行斩波,将相电流控制在 i_{ref} 附近,但在 SRM 高速运行时,电流较小,APC 控制起主要作用;发电模式主要采用了输出电压闭环控制,当输出电压 U_{bus} 出现波动,电压差经过 PI 控制后,利用 CCC 控制实现对电流的控制,进而对输出电压 U_{bus} 进行控制,将输出电压恢复至稳态。

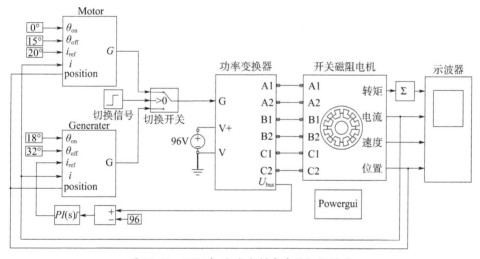

图 17-13 SRM 起动/发电模式直接切换模型

如图 17-14 所示,电动模式仍采用了 APC 和 CCC 结合的控制方式;与 SRM 起动/发电模式直接切换模型相比,模型增加了对发电模式关断角的优化,模式平稳切换策略模块以三相电流、转子位置和切换时间为输入,输出优化后的发电模式关断角和切换完成信号,切换完成信号以阶跃信号的形式输出,控制切换开关,当切换完成后将发电模式关断角恢复为正常发电工作模式下的关断角。下面将对模型进行更详细的介绍。

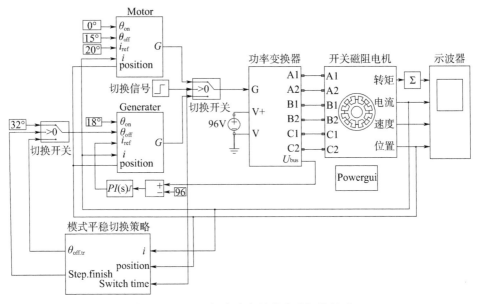

图 17-14 SRM 起动/发电模式平稳切换模型

2. 相绕组模块

因为 SRM 的三相绕组参数相同,因此可以只选择 A 相绕组的仿真模型进行介绍。图 17-15 为 A 相绕组的仿真模型。

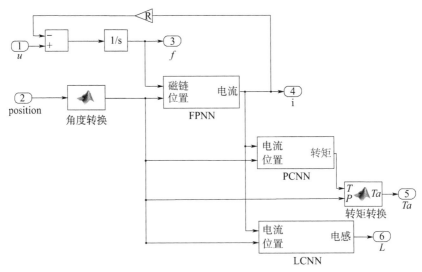

图 17-15 A 相绕组模型

相绕组模块的输入是实时三相位置和相电压,相电压与相电流经过 SRM 动态方程计算可得到相磁链。利用输入的相磁链和位置,查表可以获得输出相电流,再利用相电流和位置,查表可以得到相转矩和相电感。

3. 角度转换模块

角度转换模块是将转子转过的角度转换为三相转子位置,三相 12/8 极开关磁阻电机的一个角度周期为 45°,所以需要让三相转子位置在 0°~45°范围内循环变化。同时 SRM 的三相角度互差 15°,所以只需要在一相的基础上加上不同的常数就可以得到三相转子位置。图 17-16 为角度转化模块仿真模型。

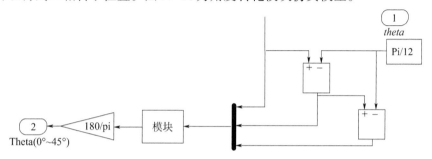

图 17-16　角度转化模块仿真模型

4. 功率变换器模块

本章使用的功率变换器为不对称半桥结构,因为 SRM 三相结构相同,所以只需以 A 相为例进行介绍,A 相绕组的内部结构如图 17-17 所示。

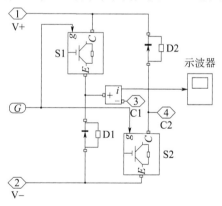

图 17-17　A 相不对称半桥结构仿真模型

5. 模式平稳切换策略模块

模式平稳切换策略模块由三个子模块组成,分别是切换相检测模块,角度在线寻优模块,切换完成判断模块。

图 17-18 为切换相检测模块,三相电流、三相转子位置和切换时间为输入,通

过采样保持器在切换瞬间对三相电流和三相转子位置进行采样保持,确定出电流最大相,再根据电流最大相的转子位置判断该相的工作模式,判断出切换相,最后输出切换相相数和切换相初始电流。

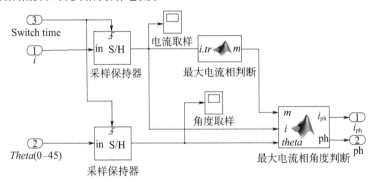

图 17-18　切换相检测模块

图 17-19 为角度在线寻优模块,通过切换相检测模块得到切换相初始电流,再在该模块中通过查表法找到对应的切换时发电模式下的关断角。

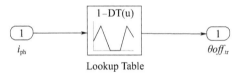

图 17-19　角度在线寻优模块

图 17-20 为切换完成判断模块,因为切换信号是以一个阶跃信号的形式传入系统,这个阶跃信号在切换瞬间跳变,所以可以利用这个阶跃信号来对切换是否完成进行判断。模式切换开始后,对切换相电流 i_{ph} 进行实时检测,当检测到 $i_{ph}<0.5A$ 时,可以认为切换已经完成,输出代表切换完成的变量 y,采样保持器接收到这个变量后,对切换信号进行采样保持,输出切换完成后的信号。

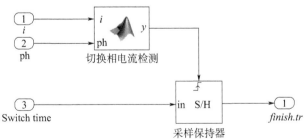

图 17-20　切换完成判断模块

17.4.2 仿真结果及分析

为了验证所提出的SRM起动/发电模式平稳切换策略的可行性,搭建仿真模型后在1500r/min和2000r/min下对系统进行了仿真,仿真结果如下所示。

图17-21、图17-22分别为1500r/min下SRM起动/发电模式直接切换控制方法下相电流和总转矩波形图,其中起动模式$\theta_{g,on}$为0°、$\theta_{g,off}$为15°,发电模式下$\theta_{m,on}$为18°、$\theta_{m,off}$为32°,切换时间t_r为0.3s。这种切换方法虽然简单直接,但是无法控制相电流峰值,容易出现过电流现象,并产生很大的转矩脉动以及超调。

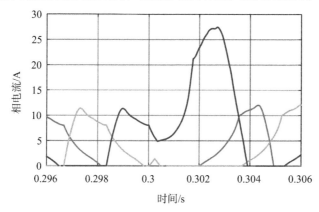

图17-21　1500r/min下SRM起动/发电模式直接切换相电流波形图

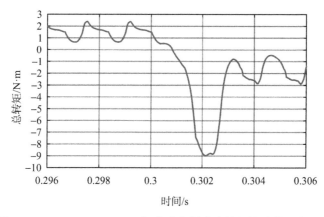

图17-22　1500r/min下SRM起动/发电模式直接切换总转矩波形图

图17-23、图17-24分别为1500r/min,SRM起动/发电模式传统切换方法下相电流和总转矩波形图,这种切换方法在切换时间到来之前提前关断电源电压,虽然避免了过电流现象发生,但是切换持续时间增加很多。

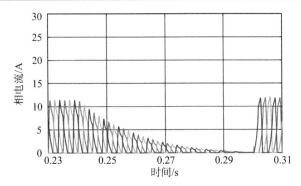

图 17-23　1500r/min 下 SRM 起动/发电模式传统切换方法相电流波形图

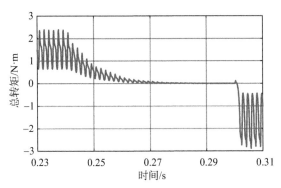

图 17-24　1500r/min 下 SRM 起动/发电模式传统切换方法总转矩波形图

图 17-25、图 17-26 分别为 1500r/min，SRM 起动/发电模式平稳切换策略下相电流和总转矩波形图，其中起动模式下 $\theta_{g,on}$ 为 $0°$、$\theta_{g,off}$ 为 $15°$，发电模式下 $\theta_{m,on}$ 为 $18°$、$\theta_{m,off}$ 为 $32°$，切换时间 t_r 为 0.3s。通过对切换过程中的 SRM 发电模式关断角 $\theta_{tr,off}$ 进行优化，实现了对相电流峰值的控制，有效地抑制了切换过程中的相电流峰值，避免了过电流现象的发生，同时也减小了转矩脉动。

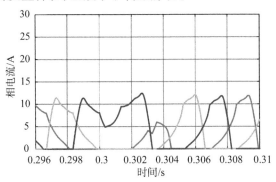

图 17-25　1500r/min 下 SRM 起动/发电模式平稳切换方法相电流波形图

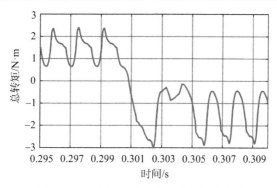

图 17-26　1500r/min 下 SRM 起动/发电模式平稳切换方法总转矩波形图

图 17-27、图 17-28、图 17-29 分别为 2000r/min，SRM 起动/发电模式直接切换方法、传统切换方法、平稳切换策略下相电流波形图，图 17-30、图 17-31、图 17-32 分别为 2000r/min，SRM 起动/发电模式直接切换方法、传统切换方法、平稳切换策略下总转矩波形图，其中起动模式下 $\theta_{g,on}$ 为 0°、$\theta_{g,off}$ 为 15°，发电模式下 $\theta_{m,on}$ 为 18°、$\theta_{m,off}$ 为 32°，切换时间 t_r 为 0.3s。

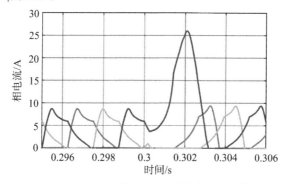

图 17-27　2000r/min 下 SRM 起动/发电模式直接切换相电流波形图

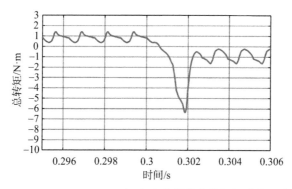

图 17-28　2000r/min 下 SRM 起动/发电模式直接切换总转矩波形图

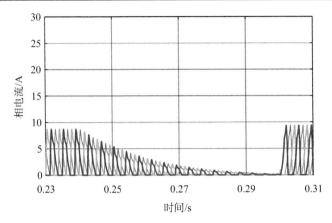

图 17-29　2000r/min 下 SRM 起动/发电模式传统方式切换相电流波形

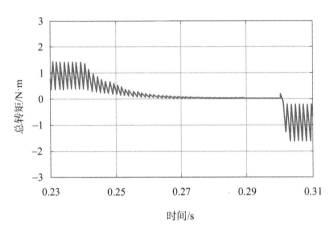

图 17-30　2000r/min 下 SRM 起动/发电模式传统方式切换总转矩波形图

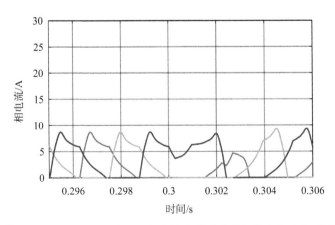

图 17-31　2000r/min 下 SRM 起动/发电模式平稳切换相电流波形图

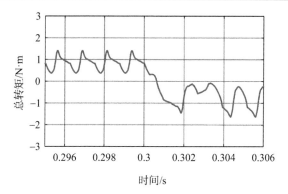

图 17-32　2000r/min 下 SRM 起动/发电模式平稳切换总转矩波形图

图 17-33 和图 17-34 分别为 2000r/min，切换时间 t_r 为 0.12569s 和 0.54213s 下的 SRM 起动/发电模式平稳切换相电流波形图。图 17-33 和图 17-34 分别总转矩波形图。

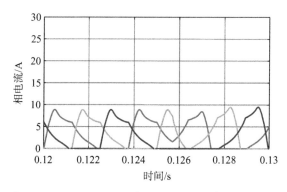

图 17-33　1500r/min 下 t_r 为 0.12569s 时的相电流波形图

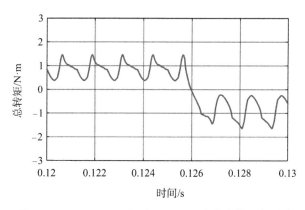

图 17-34　1500r/min 下 t_r 为 0.12569s 时的总转矩波形图

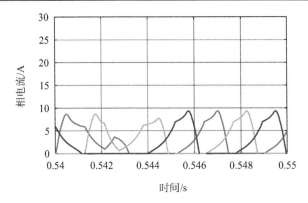

图 17-35　1500r/min 下 t_r 为 0.54213s 时的相电流波形

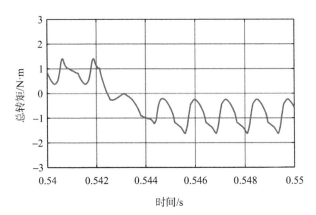

图 17-36　1500r/min 下 t_r 为 0.54213s 时的总转矩波形图

结合图 17-31、图 17-33、图 17-35，可以认为本章所提出的 SRM 起动/发电模式平稳切换策略基本实现了在任意切换时间下都可以对切换过程中的相电流峰值进行抑制，避免过电流现象的发生。

不同转速和切换时间下的仿真结果如表 17-2 所列。

表 17-2　不同转速和切换时间下的仿真结果

序号	电机转速	切换时间/s	控制方式	持续时间/ms	相电流超调量	转矩超调量
1	1500	0.3	直接切换	3.891	141.67%	350%
2	1500	0.3	传统切换	603	0%	0%
3	1500	0.3	平稳切换	4.321	9.25%	51%
4	2000	0.3	平稳切换	2.446	3.34%	44.4%

续表

序号	电机转速	切换时间/s	控制方式	持续时间/ms	相电流超调量	转矩超调量
5	2000	0.12569	平稳切换	1.709	3.36%	44.6%
6	2000	0.54213	平稳切换	2.144	11.18%	22%

其中,相电流超调量的计算公式为

$$\sigma_{\mathrm{i}} = \frac{i_{\mathrm{tr,max}} - i_{\mathrm{m,max}}}{i_{\mathrm{m,max}}} \times 100\% \qquad (17\text{-}15)$$

式中:$i_{\mathrm{tr,max}}$为SRM切换过程中的相电流峰值;$i_{\mathrm{m,max}}$为SRM电动模式的相电流峰值。

总转矩超调量的计算公式为

$$\sigma_{\mathrm{T}} = \frac{T_{\mathrm{tr,max}} - T_{\mathrm{g,s}}}{T_{\mathrm{g,s}}} \times 100\% \qquad (17\text{-}16)$$

式中:$T_{\mathrm{tr,max}}$为SRM切换过程中的总转矩峰值;$T_{\mathrm{g,s}}$为SRM发电模式的输出总转矩。

由上表的仿真结果以及对比可以看出:

(1) 所提出的SRM起动/发电模式平稳切换策略实现了对切换过程中相电流峰值的抑制,与直接切换法式相比大大降低了相电流超调量,与传统切换方式相比大大降低了切换持续时间,更加适用于对切换持续时间要求高的工作条件;

(2) 所提出的SRM起动/发电模式平稳切换策略实现了在任意切换时间下都可以对切换过程中发电模式下的关断角进行优化,抑制相电流峰值。

17.5 小结

本章的研究目标是实现SRM起动/发电模式平稳切换,实现平稳切换的关键是控制切换过程中的相电流峰值,由于在SRM单脉冲控制模式下,励磁电流相位角是唯一的控制变量,所以可以通过控制切换过程中,SRM发电模式下的关断角来控制相绕组励磁时间,从而实现对切换过程相电流峰值的控制,完成SRM起动/发电模式平稳切换。为此,本章在大量参考国内外相关文献的基础上,系统地介绍了SRM电动模式运行和发电模式运行,提出了一种基于角度优化控制的SRM模式平稳切换策略,实现了SRM起动/发电模式的平稳切换,并产生了一些研究成果,总结如下:

(1) 提出了一种基于角度优化控制的SRM模式平稳切换控制策略,通过离线角度规划建立了不同电机转速下的关断角—初始相电流数据表,在线角度优化由切换相检测、在线角度寻优以及切换完成检测三部分组成,实现了切换过程中SRM

发电模式下的关断角在线寻优和切换完成判断。

（2）搭建了SRM起动/发电模式的平稳切换模型。仿真结果证明，本章所提出的SRM起动/发电模式平稳切换策略与直接切换方式相比大大减小了切换过程中的相电流峰值，与传统切换方式相比大大减小了切换持续时间。

第18章　发电系统功率调节及效率优化策略

18.1　引言

开关磁阻发电系统(SRG)在航空电源系统上有着重要的应用,进一步研究SRG的功率调节和效率优化具有重要的意义。由电压方程、磁链方程、转矩方程及运动方程构成的数学模型可以从理论上准确地、完整地描述电机的电磁与力学关系,然而由于SRG的双凸极结构使其电磁特性具有严重的非线性,无法获得控制参数与系统发电效率之间准确的解析函数关系,因此对各控制参数的优化是十分复杂的。

SRG的主要控制参数有:开通角、关断角、相电流、相电压等[45]。由于SRM的严重非线性特性,为寻找合适的功率调节及效率优化方法,国内外学者进行了广泛的研究。

18.1.1　相电流控制

对于基速以下运行的SRG,电机的励磁电流相对较小,可通过对相电流和开关角的控制来提高效率及调控功率。

相对于传统的CCC法,文献[46]提出一种新的低速运行时的电流控制方法,该控制方法下任何两个绕组不得同时供电,即当一个相绕组通电时,另一个相绕组工作在零电压状态或去流状态。与传统控制方法相比,该方法的相电流的上升速度明显减缓,可以有效降低相电流的最大值从而提高电机效率。文献[47]采用斩波电流控制方法分析了SRG驱动系统的功率损耗,提出了一种适用于大功率SRG驱动的新型电流斩波控制策略,以相电流波形优化为目标合理控制开关角度,降低电流纹波从而减少损耗。文献[48]提出了一种引入效率优化模块的电流控制SRG驱动调速系统,该系统包含一个比例积分(PI)控制器控制速度,它根据参考速度和电机实际速度之间的误差生成电流信号来控制励磁电流。效率优化模块在驱动器处于稳定状态时工作,此时转矩和速度是恒定的,因此输出机械功率也是恒定的,效率优化需要使输入功率最小化,即当直流电压恒定,使电流最小即可获得最大效率。功率优化程序要实时获取电流精准值,运用转速、电压、参考电流、对称和非对称位置的电感计算最优开通角和关断角,随时调整开通角和关断角直到获得最小输入功率,从而得到最大效率。文献[49]提出了一种角度控制的方法,以相电流最小为优化目标来提高电机效率,研究了电机的转矩电流比放大问题。该文献提出了一个优化函数来确定每个操作点的最适开关角度,无须复杂的计算就能很容易地实现效率优化。

18.1.2 开关角控制

当电机运行速度高于基速时,相电流不再是可以控制的变量,所以考虑在全速度范围内优化电机的效率,开关角是十分重要的变量。为了找到给定功率下使效率最优的开关角度,可以通过离线计算和在线寻优两种方式。

1. 离线优化

文献[50]采用查表法寻找最优关断角,使用PI调节开通角实现系统效率最优,查找表的控制精度与数据量大小有关,想要提高控制精度就需要增大数据量,但如此一来就会占用大量内存,运算复杂。文献[51]提出了一种SRG低速运行下优化开通角的方法,即在确保电机性能在高效率和低转矩脉动之间实现平衡。该技术适用于运行在电流控制区域、低于基本转速的SRG。文献先提出了一种传统的精细网格优化方法,然后基于粒子群优化技术提出了一种替代方案。给出了数值分析,比较了每种技术的结果,结果表明粒子群优化算法的计算次数大大减少,计算量显著降低。文献[52]采用基于有限元分析的机械模型对开关角进行了优化。对于满足所需功率的所有可能的开通角和关断角进行了模拟。对于任意给定转速,都有多种导通角可提供相同的电流。以提供相同功率且相电流最小即效率最大的导通角为最佳,不仅在较宽的转速和功率范围内提供稳定的换向角,而且还能最大化降低SRG的铜耗。文献[53]根据遗传神经网络模拟的"高效点",提出了一种同时调节开通角和关断角的优化控制方案。用该方法模拟了合理的开关角,最优开关角随转子转速和负载呈非线性变化。文献[54]中提出了一种利用差分演化方法来优化SRG发电功率的算法。该算法能够在给定转子转速下找到最优的开通角度和电压。文献[55]提出了一种基于计算实验设计的方法来确定最优开通角度和最优电压,以保证给定转速下系统的性能达到最佳。文献提出的直接功率控制是用来获得最大功率的函数,滞后和单脉冲电流控制分别适用于低、高速运行。仿真和实验结果表明,该方法能很好地兼顾SRG的高效率和低转矩脉动,同时减少了计算量。文献[56]提出可以通过降低机械功率来提高电机效率。采用PI控制器控制励磁电压以调节输出功率,该文献固定功率为1000W,对开通角和关断角应用优化方法,以确保在该条件下的最大效率。针对SRG效率的提高,采用启发式优化方法。用遗传算法求出各相绕组的开通角和关断角的最佳值。文献[57]运用参数回归跟踪最佳效率,以关断角和励磁电压为控制参数,每个激励电压都对应一个最佳关断角,得到最佳关断角曲线,从而得到关断角优化计算公式。利用PI控制器调节激励电压,通过关断角优化公式计算最优关断角,使输出效率最大化。文献[58]对PWM控制方法的开关角进行优化,在传统的PWM控制方法中,开通角和关断角是固定的,只需调节占空比,但这样不能获得较好的控制性能。该文献基于小波神经网络法建立SRG的仿真模型,在整个转速范围内均采用电压PWM控制。最大启动转矩是启动状态下的优化目标,最大输出功率和效率是发电状态下的优化目标。在固定速度,负载下改变开通角或关断角,在开启状态、发电状态时分别进行仿真得到不同速度下的最优开通角和关断角。

2. 在线优化

文献[59]通过对SRG的线性模型进行研究,提出了一种基于磁链和输出电压在线计算最优开通角和最优关断角,由PI控制器根据直流电压与给定电压误差在线确定最佳磁链峰值,从而实现开关角的优化,具有调节速度快,稳定性好的优点。这种方法是基于线性模型推导而得到的,但实际运行情况下的控制效果还有待提高。文献[60]在离线寻找最优控制角度的基础上进行拓展,分别建立了最优开通角和最优关断角与转速之间的分段准线性函数关系,从而实现开关角在线自动优化,提高系统发电功率。该方法比线性模型精度更高。文献[61]提出了一种自适应角度搜索策略来优化系统的驱动效率,以提高系统在特定运行条件下的瞬态响应速度为优化目标。在要求的负载转矩下达到所需的转速,电机处于稳态状态时,采用在线自适应搜索方法,通过不断调整开通角来最小化驱动系统的总功耗,并利用电机相电流的变化来控制开通角的确定。文献[62]提出了一种在线确定最优开通角和最优关断角的控制器,它提供了最佳单脉冲和脉宽调制(PWM)电流控制模式之间的平滑过渡,即高速与低速控制间的过渡,因此可在整个速度范围内实现SRG驱动的最佳性能。文献[63]提出了一种高效变速开通角在线优化方法。该方法的函数中效率随开通角变化是连续的,且有一个极值,因此可以使用梯度下降法减小计算时间。开通角调整函数可以用二阶多项式或直接用查表法查找最优开通角,所以驱动控制可以通过一个低成本的微控制器来实现,电机运行时可以自动进行批量实验,得到一组最优值。该优化算法可以在实际电机上运行,在线测量效率进行评估,在线测量所需时间比有限元计算少100倍,但测量出错的风险也会加大。文献[64]没有直接控制开关角,而是设置了一个中间角度,研究该中间角度与效率的关系,并根据SRG的数学模型电磁特性推导出该中间角度的特征值。采用PI闭环调节电机控制角度,使中间角度位于参数特征值附近,实现开关角的自动调节以及效率在线优化。使用中间角度的优点在于测量相对容易且不受外界干扰,动态响应速度快,控制精度较高。

18.1.3 零电压换相策略(ZVL)

文献[65]通过评估SRG铁芯特定点处的磁通密度波形,阐明了ZVL策略降低损耗的机理。通过有限元模拟表明,铁芯损耗降低主要体现在转子和定子轭部。文献[66]分别对有ZVL和无ZVL状态的损耗、效率、噪声、转矩脉动等性能进行了综合仿真比对,得出在基速以上添加ZVL状态可对多目标优化进行很好的平衡和折中,从而改善SRM的整体性能。但前面两篇文献都只验证了ZVL有优化效果,并没有提到对ZVL控制参数的优化。文献[67]提出了一种利用模式搜索优化铜铁耗之和的方法对包括ZVL状态在内的控制参数进行调控。通过对比加零电压状态和无零电压状态时,对电机损耗最小化的仿真数据,结果表明,在所有速域和部分负载下,ZVL的使用都降低了损耗。特别是在中速和部分负荷时,损耗降低较大。文献提出了一种新的可实现零电压状态的功率变换器,旨在减少开关器件从而降低器件损耗并提高效率,但可靠性有待考证。文献[68]在对ZVL参数控制中不仅考虑铜铁耗的研究,同时注意到了转换器和电源的损耗,并对其提出优化,不仅提高机器的效率,在其他系统部件中的损耗也可以得到控制从而提高整体效率。

转矩脉动大是ZVL换相技术的缺点之一。在高速运行过程中,转矩脉动对性能的影响较小,但在有高精度要求的伺服型应用中,低速运行时若不能执行快速的转矩控制会降低其性能[69],因此对于ZVL的正确运用也具有重要意义。综上所述,目前国内外学者对SRG控制方法进行了大量研究,并提出了一些方法去优化电机的控制参数。

对于现存研究主要存在以下问题:(1)离线计算一般是通过实验或仿真得到不同控制参数在不同工况下与工作效率的映射关系,建立数学模型,接着导入到查找表。但为了提升性能,需要大量和高维的数据,需要占用大量储存空间,也会影响运行速度。同时当环境发生改变,静态的最佳数据往往也不能满足当下的要求。(2)在线寻优不依赖数学模型,可以通过寻优迭代不断寻找最优参数,从而确保系统的最佳效率。但寻优的速率与步长有关,若增大步长可减少寻优时间,但容易引起系统振荡而影响系统的稳定性。

为了解决上述问题,本章提出一种离线计算与在线寻优相结合的方法,通过函数拟合的方式得到效率特性,离线计算出初始的控制参数,并通过在线寻优的方法,对参数进行修正,减小环境变化对发电控制系统的影响。本章的研究意义在于:

(1)通过离线与在线结合的方法,解决离线数据存储量大、环境适应性差以及在线寻优时间长、系统稳定性低的问题;

(2)突破开关磁阻发电机控制系统中功率调节和效率优化难的技术瓶颈,助力开关磁阻发电控制系统在多电飞机中的应用;

(3)拓展开关磁阻电机优化控制理论,为其他应用工况提供借鉴和参考。

18.2 发电系统功率调节

SRG的运行模式受转速、母线电压、相电流、转矩脉动等因素影响,为了解各控制角度与电机运行状态的关系,合理设置优化参数,本章对开通角、关断角、ZVL控制角对SRG运行状态的影响分别做了调研。

18.2.1 开关角对SRG运行状态的影响

SRM在发电状态下的电感相电流与转子位置的关系曲线如图18-1所示。

由图可知,开关磁阻电机在发电时的工作状态分两部分:励磁阶段和发电阶段。在励磁阶段相电流在主开关断开之前一直在上升,此后处于发电阶段,直到相电流降为零。SRM电感上升阶段为电动状态$(0 \sim \theta_2)$,T_e为正值;在电感下降阶段则处于发电状态$(\theta_3 \sim \theta_5)$,T_e为负值。因此开关磁电机要满足发电原理,关断角必须在$(\theta_3 \sim \theta_5)$。在实际运行中,设置θ_{on}小于θ_2,在电感下降前开通,迅速建立电流,以获得足够转矩;在最小电感出现即θ_5之前必须将绕组关断,以免电流延续到正转矩区。发电时SRG产生电磁转矩为负,产生正电流反馈到负载。SRM运行于基速以上时,电机相电流的形状直接由开通角与关断角决定。

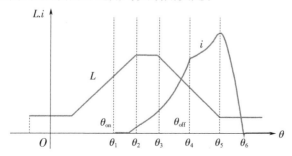

图18-1 SRG电感、电流与转子位置的关系

在单脉冲模型下,开关磁阻发电系统的运行模式受转速、母线电压、相电流、转矩脉动等因素影响。接下来分别对开通角、关断角、ZVL控制角对电机运行状态的影响进行调研,并阐述产生影响的原理,在此基础上确定优化参数与优化方式。

将关断角、ZVL控制角固定,调节电机开通角,测量电机的相电流、母线电压、转矩的变化如图18-2所示。

由图可知,随着开通角的增加,相电流减小,转矩脉动减小,母线电压也会下降。这是因为增加开通角会使励磁时间变短,励磁时间变短会使相电流峰值减小,从而使得相电流减小;转矩与电流的平方成正比,电流减小后转矩峰值也会减小,致使转矩脉动减小;此时励磁小,建压过程慢,使得发电电压也会下降。

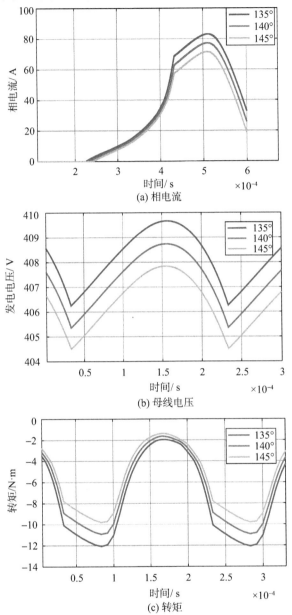

图18-2 相电流、母线电压、转矩随开通角变化情况

将开通角、ZVL控制角固定,调整关断角,测量电机的相电流、母线电压、转矩的变化如图18-3所示。

由图可知,SRG的相电流会随着关断角的增加而增加,转矩脉动也随之增加,发电电压也增加。这是因为延后关断角后,增加了励磁区间,提高了相电流的峰值,从而使得相电流增大;转矩与电流的平方成正比,电流增大后转矩峰值也会增大,致使转矩脉动增大;励磁区间增大,建压过程较快,使得电压高。

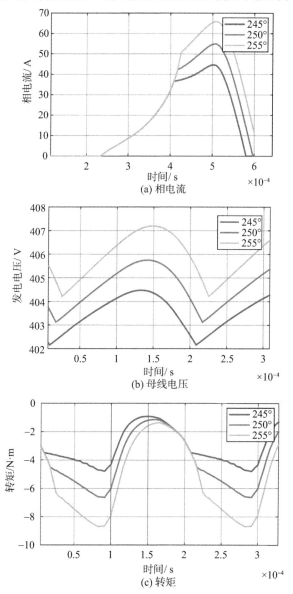

图18-3 相电流、母线电压、转矩随关断角变化情况

将开通角、关断角固定,调整ZVL控制角,测量电机的相电流、母线电压、转矩的变化如图18-4所示。

由图可知，SRG的相电流会随着ZVL控制角的增加而减小，转矩脉动随着ZVL控制角的增大而减小，发电电压也随着ZVL控制角的增大而减小。这是因为延后ZVL控制角后，减小了励磁，减小了相电流的峰值，从而使得相电流减小；转矩与电流的平方成正比，电流减小后转矩峰值也会减小，致使转矩脉动减小；励磁减小，使得电压减小。

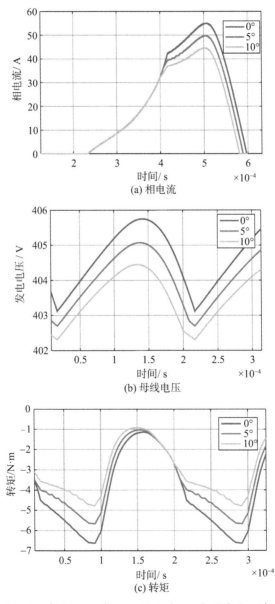

图18-4 相电流、母线电压、转矩随ZVL控制角变化情况

对比图 18-2、图 18-3、图 18-4 可知,相电流、转矩脉动、电压受关断角和 ZVL 控制角影响更大,所以一般效率优化时选择固定关断角和 ZVL 控制角,调整开通角以达到给定功率。

18.2.2 基于梯度下降法的 SRG 功率在线调节

功率调节部分流程如图 18-5 所示。输入需要达到的功率和转速,在固定关断角、ZVL 控制角为 0 的情况下调节开通角完成功率调节。以转矩作为指标,当测量转矩与计算转矩误差大于百分之一时,使用梯度下降法调节开通角,即使用开通角与转矩变化率给开通角赋新值,在线调节功率。

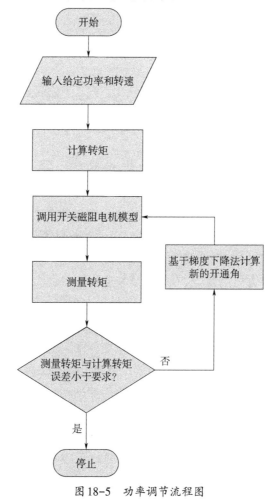

图 18-5 功率调节流程图

当转速为 25000r/min,功率为 10kW 时调节情况如图 18-6 所示,随着关断角的提前,发电机的续流区间增加,相电流的峰值减小,励磁强度需求有所减小;由于发电机在电感下降的励磁区间减小,励磁强度下降较多,因此需要提前开通角来增加励磁区间,从而满足励磁强度需求。随着关断角的延后,发电机的续流区间减小,为满足系统发电功率,相电流的峰值增加很多,励磁强度需求有所增加;由于发电机在电感下降区的励磁区间增加,励磁强度增加较多,因此需要延后开通角来减小励磁区间,降低励磁强度使之满足需求。

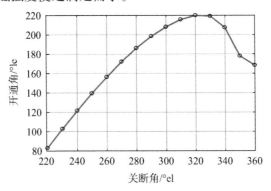

图 18-6 固定功率、转速,开通角随关断角变化趋势

18.3 发电系统效率优化

本章以多电飞机用 SRG 为背景,针对高速工作状态下 SRG 的功率调节和效率优化进行研究,主要对关断角和 ZVL 控制角这两个控制参数进行优化。对于关断角和 ZVL 控制角的最佳值,采用离线计算和在线寻优相结合的方式,同时保留离线计算和在线寻优两种方式的优点,有效提高精度的同时最大程度加快优化速度,在保证功率的情况下迅速提高系统的效率。具体研究内容如下:

(1) 基于 SRM 二阶非线性拟合模型对开关角最优值进行离线计算。

SRM 的磁链和转矩的非线性特性给系统的参数优化带来了很大的不便,利用函数拟合的方法建立 SRM 非线性模型为解决系统设计问题提供了一种新思路。在论文的研究中,对最优控制角度的离线计算为后期的在线优化提供初始值,可以有效减小在线寻优区间,加快优化速率。但对于初始值的精度要求相对较低,所以本书使用比较简便的二阶非线性数建立 SRM 的效率与控制角度之间的函数关系,然后进行多参数极值计算,得到最优控制角度的初始值,为下一步在线优化做准备。

(2) 基于简化粒子群算法对最佳开关角进行在线寻优调整。

因为输入功率固定,所以本章以总损耗为指标,以总损耗最小化为目标优化效率。利用简化粒子群算法,以离线计算的初始值为起点,测量总损耗的值,并根据

第18章 发电系统功率调节及效率优化策略

测量结果分别调整关断角和ZVL控制角的大小。在保证要求功率和转速的情况下在线实时测量,反复迭代优化,保证电机的效率一直在最佳值。

本章的技术路线如图18-7所示。

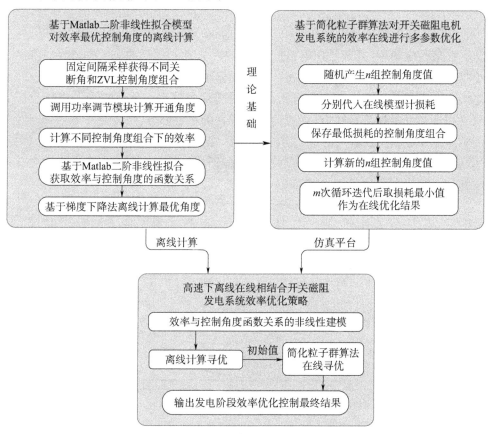

图18-7 本章总体研究方案

要解决的问题是:

(1)考虑发电阶段控制目标,提高效率优化的精度和速度。

在保证效率和转速的情况下对效率进行优化,SRG的磁链性能和转矩特性具有非线性,无法直接对最优控制参数进行计算。论文研究的优化系统是离线在线相结合的,要使优化保证一定的精度和速度,就要求第一步的离线计算初始值具有一定的准确性。如何使初始值计算既简洁迅速又保证一定的精度,是本章在非线性建模时要解决的问题之一。

(2)面对工况的变化,保证系统的适应性和实时性。

随着运行工况的改变,离线系统需要重新启动算法程序,使运算过于复杂。在线优化系统的主要功能就是为系统保证实时性,即使工况发生改变也不需要重新对开关角初始值进行计算。寻找计算量小、精度高、运行速度快以保证系统实时性和适应性的在线寻优方式,是本章需要解决的另一个问题。

18.3.1 效率计算

在某些应用中,尤其是在电机低速运行中,铜耗是损耗的主要部分,铜耗的大小与相电流有效值有关。因此,在产生相同输出功率的控制角中选择具有最小相电流有效值的控制角,以减少铜耗,从而获得最大效率。然而在本书中,设计的SRM以非常高的速度运行,铁耗成为主要损耗的主要部分,所以在考虑效率时,不能只考虑相电流。在输入功率一定的情况下,若要效率达到最大,需要电机总损耗达到最小,为了提高优化精度,将功率变换器损耗和励磁电源损耗也考虑进去,各损耗随关断角变化如图18-8所示。

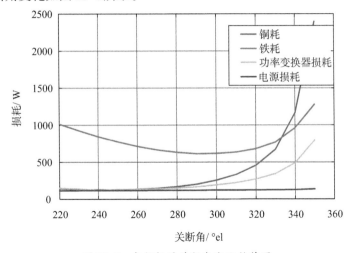

图18-8 各损耗随关断角变化趋势图

本章主要考虑的损耗有:铁耗、铜耗、功率变换器损耗、电源损耗。由图可得,在高速运行状态,铁耗是最大的损耗,占损耗中的主要部分,电源损耗相对较低,但为了增强优化可靠度,也将其考虑在内。铁耗随着关断角的增大先减小后增大;铜耗基本随关断角增大而增大,这是因为随着关断角的增大相电流不断增大;功率变换器损耗随关断角增大而增大,电源损耗受关断角影响较小,这因为电源电压与电流基本不受关断角影响。

下面对各损耗的计算思路做简要介绍。

1. 铜耗

铜耗的计算相对较为简单,其大小与相电流有关:

第18章 发电系统功率调节及效率优化策略

$$P_{\text{copper}} = N_{\text{ph}} R_{\text{m}} i_{\text{rms}}^2 \quad (18\text{-}1)$$

$$i_{\text{rms}} = \sqrt{\frac{1}{T} \sum_{m=1}^{N_{\text{ph}}} \int_0^T i_{\text{m}}^2 dt} \quad (18\text{-}2)$$

式中：P_{copper} 为铜耗；N_{ph} 为相数；R_{m} 为相绕组电阻；i_{m} 为相电流；i_{rms} 为相电流有效值；T 为电机运行周期。

2. 铁耗

文献[70]提出了一种简单的模型来计算SRM各部分中的磁通波形。基本磁通模型将SRM分为定子磁极、转子磁极、定子磁轭和转子磁轭，使用相绕组的磁链和匝数计算定子磁极中的磁通量，转子磁极具有与定子磁极相同的磁通量，对于定子和转子，磁极的一半磁通量流过两个相邻磁轭中的每一个。该模型已被广泛使用，但这个模型在转子磁极中的磁通存在计算误差，因为定子磁极中的一部分磁通量不仅流入最近的转子磁极，还流入次近的转子磁极和相邻的定子磁极，该方法的计算误差在非对齐位置处变得最大。根据该模型，定子磁极中的所有磁通量在未对准位置之前流入转子输出极，并在未对准位置之后流入转子输入磁极。因此，转子磁极中的磁通量在未对准的转子位置处不连续变化，这会导致铁耗的计算错误。

文献[71]改进了这个误差。改进的磁通是在简化的磁通模型的基础上构建的，改进的模型如图18-9所示，其中定子磁极的两个相邻线圈具有相反极性，并且两个相绕组线圈并联连接。

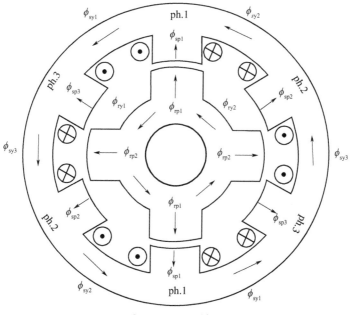

图18-9 磁通模型

定子磁极的磁通通过查表法获取,定子磁轭的磁链通过以下公式得到:

$$\begin{bmatrix} \Phi_{sy,1} \\ \Phi_{sy,2} \\ \Phi_{sy,3} \end{bmatrix} = \frac{1}{2} \begin{bmatrix} 1 & 1 & 1 \\ -1 & 1 & 1 \\ -1 & -1 & 1 \end{bmatrix} \begin{bmatrix} \Phi_{sp,1} \\ \Phi_{sp,2} \\ \Phi_{sp,3} \end{bmatrix} \quad (18\text{-}3)$$

式中:Φ_{sy} 为定子磁轭磁通;Φ_{sp} 为定子磁极磁通。

转子磁极中的磁通量使用从定子磁极流入转子磁极的磁通量获得。由于转子磁极中一半的磁通量流过两个相邻转子磁轭中的每一个,转子磁轭中的磁通量表示为

$$\begin{bmatrix} \Phi_{ry,1} \\ \Phi_{ry,2} \end{bmatrix} = \frac{1}{2} \begin{bmatrix} -1 & -1 \\ 1 & -1 \end{bmatrix} \begin{bmatrix} \Phi_{rp,1} \\ \Phi_{rp,2} \end{bmatrix} \quad (18\text{-}4)$$

式中:Φ_{ry} 为转子磁轭磁通;Φ_{rp} 为转子磁极磁通。

各部分的磁通密度由各部分的磁通除以各自的截面积得到。磁通密度计算为:

$$B = \frac{\Phi}{S} \quad (18\text{-}5)$$

式中:Φ 为磁通;B 为磁密;S 为截面积。

获取电机各部分磁密后,根据文献[71]中的方法可进行铁耗的计算。

3. 电源损耗

使用如下公式对电源损耗进行计算:

$$P_{\text{battery}} = I_{\text{source,rms}}^2 \cdot (R_i + R_{\text{cable}}) \quad (18\text{-}6)$$

式中:P_{battery} 电源损耗;$I_{\text{source,rms}}$ 为电源电流有效值;R_i 为电源内阻;R_{cable} 为电源电阻。

4. 效率

功率变换器的损耗通过查表法根据每个时间点各开关管的状态进行计算,分别考虑各个电子管的开通损耗、关断损耗及恢复损耗再进行累加。获得各个部分的损耗后根据式(18-7)计算发电机的效率:

$$P_{\text{out}} = P_{\text{in}} - P_{\text{battery}} - P_{\text{copper}} - P_{\text{inverter}} - P_{\text{iron}} \quad (18\text{-}7)$$

$$\eta = \frac{P_{\text{out}}}{P_{\text{in}}} \quad (18\text{-}8)$$

式中:P_{out} 为输出功率;P_{in} 为输入效率;P_{inverter} 为功率变换器损耗;P_{iron} 为铁耗。

18.3.2 离线优化

以固定间隔采样的方式在220°el~330°el以10°el为步长确定关断角的样本,计算每个关断角控制下的电机发电效率,为后期效率与控制角度关系的建模打下基础。对于每个关断角,先调用功率调节模型基于梯度下降法寻找满足给定功率及转速的开通角,然后调用效率计算模型计算发电效率。

将每个采样点的计算结果保持绘图,可得到图18-10。由图可知,随着关断角

的增大,电机效率先增大后减小,并存在一个最优值点。

当关断角小于最优点,随着关断角的提前,发电机的续流区间增加,相电流的峰值减小,励磁强度需求有所减小;由于发电机在电感下降的励磁区间减小,励磁强度下降较多,因此需要提前开通角来增加励磁区间,从而满足励磁强度需求。即使相电流的峰值下降,但随着励磁区间和续流区间的增加,相电流的有效值增加,铜耗增加;磁链幅值增加,导致铁耗增加,所以整体效率降低。

当关断角大于最优值,随着关断角的延后,发电机的续流区间减小,为满足系统发电功率,相电流的峰值增加很多,励磁强度需求有所增加;由于发电机在电感下降区的励磁区间增加,励磁强度增加较多,因此需要延后开通角来减小励磁区间,降低励磁强度使之满足需求。即使励磁区间和续流区间缩短,但由于相电流峰值很高,相电流有效值增加,铜耗增加;磁链幅值减小,铁耗减小。由于铜耗增加量大于铁耗减小量,系统总损耗增加,系统效率降低。

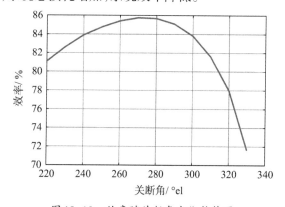

图18-10 效率随关断角变化趋势图

传统的开关磁阻电机励磁策略只有两个状态:开通状态和关断状态,而SRM的振动主要是由于两种状态相互转换时相电压的反向引起的。而使用ZVL即可在两种状态中添加一个过渡状态,能使磁通变化减缓,从而降低振动和噪声,提高电机功率因数。不仅如此,文献[64]也提到添加ZVL状态可对SRG的多目标优化进行很好的平衡和折中,从而改善SRM的整体性能。

在电机控制中增加零电压状态,并对ZVL控制参数也进行优化,以求最大程度优化电机效率。对于ZVL控制角度,也采取固定间隔采样的方式在0°el至80°el之间以10°el为步长确定关断角的样本,并和关断角采样组合。然后调用功率调节模型基于梯度下降法寻找满足给定功率及转速的开通角并计算发电效率,可得到如图18-11所示的效率变化趋势图,由图可以看出,增加ZVL状态可明显提高电机的效率。

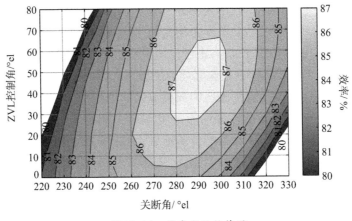

图 18-11　效率变化趋势图

利用 Matlab 二元非线性函数拟合可得到 SRG 发电效率与关断角、ZVL 控制角的关系式。由于离线寻优结果只作为在线优化的初始值,对精度要求相对较低,所以论文选取二阶拟合,可简化离线求解过程。

拟合函数如式(18-8)所示,拟合置信度为95%,拟合效果如图 18-12 所示。

$$\eta = P_{00} + P_{10}\theta_{\text{off}} - P_{01}\theta_{\text{fw}} - P_{20}\theta_{\text{off}}^2 + P_{11}\theta_{\text{off}}\theta_{\text{fw}} - P_{02}\theta_{\text{fw}}^2 \qquad (18\text{-}8)$$

式中:P_{00} 为 -0.9441;P_{10} 为 0.01341;P_{01} 为 -0.004515;P_{20} 为 -0.00002493;P_{11} 为 0.00001908;P_{02} 为 0.00009808。

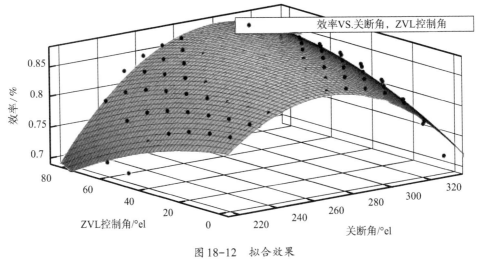

图 18-12　拟合效果

基于拟合效率模型通过离线多元函数求极值的方式寻找效率最大值,多元函数求极值选取梯度下降法。

第18章 发电系统功率调节及效率优化策略

在微积分里面,对多元函数的参数求偏导数,把求得的各个参数的偏导数以向量的形式写出来,就是梯度。梯度下降法又称最速下降法,是求解无约束最优化问题的一种最常用的方法,在对损失函数最小化时经常使用。梯度下降法是一种迭代算法。选取适当的变量初值,不断迭代,更新变量的值,进行目标函数的极小化,直到收敛。

梯度下降法的常见步骤如下。

(1)确定当前位置的函数的梯度,设自变量为x,其梯度表达式为

$$\frac{\partial}{\partial x_i}J(x_0, x_1, \cdots, x_n) \tag{18-9}$$

(2)学习因子乘以函数的梯度,得到当前位置下降的距离,即:

$$m \cdot \frac{\partial}{\mathrm{d} x_i}J(x_0, x_1, \cdots, x_n) \tag{18-10}$$

(3)确定是否所有参数的梯度下降的距离都小于设定值,如果小于则算法终止,当前所有的参数即为最终结果,否则进入步骤(4)。

(4)更新x,其更新表达式如下:

$$x_i = x_i + m \cdot \frac{\partial}{\partial x_i}J(x_0, x_1, \cdots x_n) \tag{18-11}$$

更新完毕后继续转入步骤(1)。

在使用梯度下降法时,学习因子m是一个很重要的参数,本章计算最优控制角度时使用的m不是定值,而是一个实时更新的数,每次循环时都要根据转矩的变化率求取最佳m值然后代入计算。

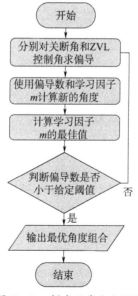

图18-13 梯度下降法流程图

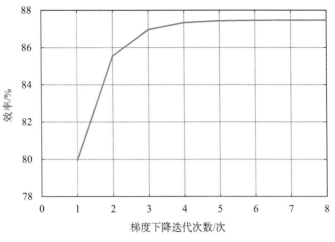

图 18-14 梯度下降法寻优图

本章的寻优流程图如图 18-13 所示,根据效率二阶非线性拟合模型求得关断角和 ZVL 控制角的偏导数,根据偏导数和学习因子 m 获取每次循环的新的控制角度值,反复循环直到控制角度偏导数接近 0 代表函数达到极值。最终得出最优效率为 87.47%,最优关断角为 288.11°el,最优零电压角为 50.07°el。在在线模式中进行验证,在该控制角度下的电机实际效率为 87.31%。

18.3.3 在线优化

离线计算的结果作为初始值,根据实时工况对开关角进行在线调整。论文使用简化粒子群算法以离线计算的结果为初始值对离线优化结果进行进一步的优化。优化流程如图 18-15 所示。

粒子群算法通过设计一种无质量的粒子来模拟鸟群中的鸟,粒子仅具有两个属性:速度式(18-12)中的 v 和位置式(18-12)中的 x,速度代表移动的快慢,位置代表移动的方向。每个粒子在搜索空间中单独的搜寻最优解,并将其记为当前个体极值,并将个体极值与整个粒子群里的其他粒子共享,找到最优的那个个体极值作为整个粒子群的当前全局最优解,粒子群中的所有粒子根据自己找到的当前个体极值和整个粒子群共享的当前全局最优解来调整自己的速度和位置。传统的粒子群算法初始化为一群随机粒子(随机解),然后通过迭代找到最优解。在每一次的迭代中,粒子通过跟踪两个"极值"(全局最优解和组内最优解)来更新自己。在找到这两个最优值后,粒子通过下面的公式(18-12)来更新自己的速度和位置:

$$x_i = x_i + v_i \tag{18-12}$$

第18章 发电系统功率调节及效率优化策略

为了缩短在线优化时间,使用简化粒子群算法进行在线寻优,初始值直接使用离线计算的结果代替随机数,离线计算结果接近最优解,所以可以更快达到最优效率,不需要大量迭代次数,优化流程图如图18-15所示。因为输入功率一定,所以论文以减小总损耗为指标在线优化,粒子群迭代图如图18-16所示。

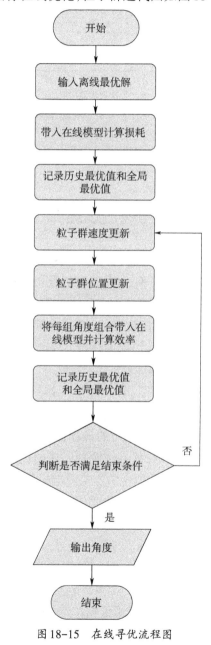

图18-15 在线寻优流程图

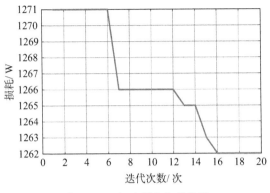

图18-16 粒子群优化效果图

由图可知,初始值并没有达到最大效率点,迭代结果最优解为:关断角288.64°el,零电压角36.98°el,最大效率为87.38%。

18.4 小结

航空发电系统是多电飞机的关键技术之一,SRG系统是新发展起来的一种新型电机驱动系统,SRG具有结构简单、容易控制以及可以在宽转速范围高效率运行等一系列优点,在当前具有很强的竞争力和巨大的发展潜力。SRM各相独立工作,系统可靠性极高;可控参数多,调速性能好;起动转矩高,起动电流低,起动过程中电流冲击小,适用于频繁的起动及正反向运行。SRG融电力电子技术、控制技术、微电子技术为一体,显示出独特的优越性。

本章以多电飞机用SRG为背景,针对高速工作状态下的SRG进行研究,提出一种新的功率调节及效率优化的方式,主要对关断角和ZVL控制角这两个控制参数进行优化。对于关断角和ZVL控制角的最佳值,采用离线计算和在线寻优相结合的方式,同时保留离线计算和在线寻优两种方式的优点。首先利用梯度下降法在线完成功率调节,然后利用函数拟合的方式对电机的效率特性进行拟合,再根据拟合的特性函数离线寻找效率最优值,最后根据离线找到的最优效率点的控制参数在线进行进一步的优化,实时跟踪电机最大效率。

本章的研究成果如下:

(1)对SRG的控制角度参数进行了调研,明确了各个控制角度对电机运行状态的影响,解释了造成影响的原因,为功率调节及效率优化提供理论基础,也为功率调节及效率优化的方案的提出提供了依据;

(2)对于SRG的功率调节,本章使用的是在线调节的方法。对于功率调节,精

确性比速度更为重要,在线调节使得不管工况和环境如何变化,功率都保持在要求下。本章采取的梯度下降法,原理简明、控制方便;

(3)本章的优化参数有关断角、ZVL控制角,相比于传统控制法,不仅提出ZVL状态的优点,对ZVL提高系统性能的机理进行解释,还针对ZVL控制角度进行优化,最大程度完成效率的提高;

(4)采取离线-在线相结合的效率优化方式,在保证效率和转速的情况下对效率进行优化。因为第一步的离线计算只为后一步在线寻优提供初始值,并不是最终结果,所以对于精度的要求可以放低,这使得效率特性的拟合可以比一般离线优化所要求的次数更低、形式更为简洁,离线优化的算法也可以选取更简单迅速的。而对于在线寻优,因为第一步的离线优化提供了较接近最优解的初始值,寻优区间不需要设置在控制角度可达到的整个范围内。离线优化的结果可以大大减小在线寻优的范围,使得整个优化过程既能保证准确和实时性,相比于传统在线优化算法又显著地提高了速度。

参考文献

[1] YAN W, CHEN H, LIAO S, et al. Design of a low-ripple double-modular-stator switched reluctance machine for electric vehicle applications[J]. IEEE transactions on transportation electrification, 2021, 7(3): 1349-1358.

[2] GAN C, CHEN Y, Q. SUN Q, et al. A position sensorless torque control strategy for switched reluctance machines with fewercurrent sensors[J]. IEEE/ASME transactions on mechatronics, 2021, 26(2): 1118-1128.

[3] AHMAD S S, NARAYANAN G. Evaluation of dc-link capacitor RMS current in switched reluctance motor drive[J]. IEEE transactions on industry applications, 2021, 57(2): 1456-1471.

[4] KUSUMI T, HARA T, UMETANI K, et al. Simple control technique to eliminate source current ripple and torque ripple of switched reluctance motors for electric vehicle propulsion[C]. IECON 2016-42nd Annual Conference of the IEEE Industrial Electronics Society, 2016: 1876–1881.

[5] FANG G, YE J, XIAO D, et al. Computational-efficien tmodel predictive torque control for switched reluctance machines with linear-model-based equivalent transformations[J]. IEEE transactions onindustrial electronics, 2021: 1–12.

[6] MIKAIL R, HUSAIN I, SOZER Y, et al. Torque ripple minimization of switched reluctance machines through current profiling[J]. IEEE transactions on industry applications, 2013, 49(3): 1258-1267.

[7] MIKAIL R, HUSAIN I, ISLAM M S, et al. Four quadrant torque ripple minimization of switched reluctance machine through current profiling with mitigation of rotor eccentricity problem and sensor errors[J]. IEEE transactions on industry applications, 2015, 51(3): 2097-2104.

[8] XUE X D, CHENG K W E, HO S L. Optimization and evaluation of torque sharing functions for torque ripple minimization in switched reluctance motor drives[J]. IEEE transactions on power electronics, 2009, 24(9): 2076-2090.

[9] LI H, BILGIN B, EMADI A. An improved torque sharing function for torque ripple reduction in switched reluctance machines[J]. IEEE transactions on power electronics, 2019, 34(2): 1635-1644.

[10] FENG L, SUN X, TIAN X, et al. Direct torque control with variable flux for an SRM based on hybrid optimization algorithm[J]. IEEE transactions on power electronics, 2022, 37(6): 6688-6697.

[11] INDERKA R, DE DONCKER R. DITC-direct instantaneous torque control of switched reluctance drives[J]. IEEE transactions on industry applications, 2003, 39(4): 1046-1051.

[12] BRAUER H J, HENNEN M D, DE DONCKER R W. Multiphase torque-sharing concepts of predictive PWM-DITC for SRM[C]. 2007 7th International Conference on Power Electronics and Drive Systems, 2007: 511–516.

[13] DE PAULA M V, BARROS T A D S. A sliding mode DITC cruise control for SRM with steepest descent minimum torque ripple point tracking[J]. IEEE transactions on industrial electronics, 2022, 69(1): 151-159.

[14] KLEIN-HESSLING A, BURKHART B, DE DONCKER R W. Active source current filtering to minimize the

DC-link capacitor in switched reluctance drives[J]. CPSS transactions on power electronics and applications, 2019, 4(1): 62-71.

[15] YI F, CAI W. Repetitive control-based current ripple reduction method with a multi-port power converter for SRM drive[C]. 2015 IEEE Transportation Electrification Conference and Expo (ITEC), 2015: 1 - 6.

[16] MOHAMADI M, RASHIDI A, NEJAD S M S, et al. Aswitched reluctance motor drive based on quasi z-source converter with voltage regulation and power factor correction[J]. IEEE transactions on industrial electronics, 2018, 65(10): 8330-8339.

[17] HAQUE M E, CHOWDHURY A, DAS S, et al. Phase collaborative interleaving method to reduceDC-link current ripple in switched reluctance machine drive [C]. 2021 IEEE Energy Conversion Congress and Exposition (ECCE), 2021: 1593 - 1598.

[18] DU L, GU B, LAI J S J, et al. Control of pseudo-sinusoidal switched reluctance motor with zero torque ripple and reduced input current ripple[C]. 2013 IEEE Energy Conversion Congress and Exposition, 2013: 3770 - 3775.

[19] KUSUMI T, HARA T, UMETANI K, et al. Simple analytical derivation of magnetic flux profile eliminating source current ripple and torque ripple of switched reluctance motors for electric vehicle propulsion[C]. in 2017 IEEE Applied Power Electronics Conference and Exposition (APEC), 2017: 3142 - 3149.

[20] LI W, CUI Z, DING S, et al. Model predictive direct torque control of switched reluctance motors for low-speed operation[J]. IEEE transactions on energy conversion, 2022, 37(2): 1406-1415.

[21] GE L, ZHONG J, HUANG J, et al. A novel model predictive torque control of SRMs with low measurement effort[J]. IEEE transactions on industrial electronics, DOI10.1109/TIE.2022.3179564, 2022:1 - 10.

[22] FANG G, YE J, XIAO D, et al. Low-ripple continuous control set model predictive torque control for switched reluctance machines based on equivalent linear SRM model[J]. IEEE transactions on industrial electronics, 2022, 69(12): 12480-12495.

[23] 程方舜.多电飞机起动/发电系统研究和关键技术分析[J].科技视界,2016(21):18.

[24] SOZER Y, TORREY D A, MESE E. Automatic control of excitation parameters for switched-reluctance motor drives[J]. IEEE transactions on power electronics, 2003, 18(2): 594-603.

[25] 刘延圣.轴向错角高速开关磁阻电机角度优化控制策略研究[D].沈阳:沈阳工业大学,2021.

[26] KIOSKERIDIS I, MADEMLIS C. A unified approach for four-quadrant optimal controlled switched reluctance machine drives with smooth transition between control operations[J]. IEEE transactions on power electronics, 2009, 24(1):301-306.

[27] HUSAIN I, EHSANI M. Torque ripple minimization in switched reluctance motor drives by PWM current control[C]. Proceedings of 1994 IEEE Applied Power Electronics Conference and Exposition - ASPEC'94, 1994: 72-77.

[28] YE W, MA Q, HU J. Torque ripple minimization of switched reluctance motors by controlling the phase currents during commutation[C]. 2014 17th International Conference on Electrical Machines and Systems (ICEMS), 2014: 1866-1870.

[29] 马志国,郭晓颖,刘德超.开关磁阻电机控制方式平稳切换的控制方法研究[J].电气传动,2014,44(01):73-75.

[30] BOLER O, GUNDOGMUS O, SOZER Y. A control method for smooth transition from motoring to generating

modes in switched reluctance machines [C]. 2020 IEEE Applied Power Electronics Conference and Exposition (APEC), 2020: 2434-2438.

[31] 蔡辉,王辉,李孟秋,等.基于预测电流控制算法的开关磁阻电机转矩脉动抑制策略[J].中国电机工程学报,2019,39(16):4899-4909+4992.

[32] 王如乾,王国峰,李存贺,等.开关磁阻电机固定频率预测电流控制策略[J].电机与控制应用,2018,45(7): 1-7.

[33] MIKAIL R, HUSAIN I, SOZER Y, et al. Sebastian, a fixed switching frequency predictive current control method for switched reluctance machines [C]. 2012 IEEE Energy Conversion Congress and Exposition (ECCE), 2012: 843-847.

[34] 马铭遥,余发,杨晴晴,等.基于注入分段式谐波电流抑制开关磁阻电机转矩脉动的控制策略[J].中国电机工程学报, 2018, 38(01): 285-291+366.

[35] LING F, MA M, YANG Q, et al. Torque ripple reduction of switched reluctance motor by segmented harmonic currents injection based on adaptive fuzzy logic control [C]. 2019 14th IEEE Conference on Industrial Electronics and Applications (ICIEA), 2019: 2429-2434.

[36] 王勉华.四相开关磁阻电机直接转矩控制方法研究[J].电气传动,2011,41(4): 8-11.

[37] SUN X, WU J, LEI G, et al. Torque ripple reduction of SRM drive using improved direct torque control with sliding mode controller and observer [J]. IEEE transactions on industrial electronics, 2021, 68(10): 9334-9345.

[38] INDERKA R B, DE DONCKER R W. DITC-direct instantaneous torque control of switched reluctance drives [C]. Conference Record of the 2002 IEEE Industry Applications Conference. 37th IAS Annual Meeting (Cat. No.02CH37344), 2002, 3: 1605-1609.

[39] 赵慧,金海.一种开关磁阻电机模糊PI的直接瞬时转矩控制[J].电子科技,2019,32(11):58-63.

[40] 甘伸权,王军,淘天伟,等.基于新型TSF的车用SRM直接瞬时转矩控制[J].微特电机. 2017, 45(7):49-53.

[41] 颜宁,曹鑫,张蕾,等.基于直接转矩控制的开关磁阻电机模型预测控制方法[J].中国电机工程学报, 2017, 37(18):5446-5453.

[42] 李孟秋,高天,朱慧玉,等.基于转矩分配函数的开关磁阻电机预测转矩控制[J].电力系统及其自动化学报,2021,33(09):123-129.

[43] 杨文浩,苟斌,雷渝,等.基于模型预测控制的开关磁阻电机转矩脉动抑制方法研究[J].电工电能新技术,2020,39(8):18-28.

[44] DE PAULA M V, WILLIAMSON S S, BARROS T A S. Four-quadrant model following sliding mode cruise control for SRM with DITC applied to transportation electrification [J]. IEEE transactions on transportation electrification, 2022, 8(3): 3090-3099.

[45] 王素杰.开关磁阻风力发电机系统仿真及控制方案优化[D].北京:北京交通大学,2008.

[46] BOGUSZ P. A new method for controlling the switched reluctance motor in the low-speed range [C]. 2015 International Conference on Electrical Drives and Power Electronics (EDPE), 2015: 339-344.

[47] KUAI S Y, ZHANG X L. Current control strategy and power losses of high power switched reluctance motor [C]. 2010 International Conference on E-Product E-Service and E-Entertainment, 2010: 1-4.

[48] BLANQUE B, PERAT J I, ANDRADA P, et al. Improving efficiency in switched reluctance motor drives with online control of turn-on and turn-off angles [C]. 2005 European Conference on Power Electronics and

Applications, 2005: 9 -P.9.

[49] WANG Y, WU H, ZHANG W, et al. A high efficiency direct instantaneous torque control of SRM using commutation angles control[C]. 2014 17th International Conference on Electrical Machines and Systems (ICEMS), 2014: 2863-2866.

[50] SOZERY, TORREY D A. Optimal turn-off angle control in the face of automatic turn-on angle control for switched-reluctance motors[J]. Electric power applications IET, 2007, 1(3):395-401.

[51] SCALCONF P, VIEIRA R P, GRÜNDLING H A. PSO-based performance optimization procedure for current-controlled switched reluctance generators in wind power applications[C]. IECON 2021 – 47th Annual Conference of the IEEE Industrial Electronics Society, 2021: 1-6.

[52] MESE E, SOZER Y, KOKERNAK J M, et al. Optimal excitation of a high speed switched reluctance generator[C]. APEC 2000. Fifteenth Annual IEEE Applied Power Electronics Conference and Exposition (Cat. No.00CH37058), 2000, 1: 362-368.

[53] OH S G, AHN J W, LEE Y J, et al. Study on optimal driving condition of SRM using GA-neural network[J].2001 IEEE International Symposium on Industrial Electronics Proceedings (Cat. No.01TH8570), 2001, 2: 1382-1386.

[54] HEDI Y, NOUREDDINE L, RACHID D, et al.Differential evolution method-based output power optimization of switched reluctance generator for wind turbine applications[J]. IET Renewable Power Generation, 2014.

[55] NETO P J D S, BARROS T A D S, DE PAULA M V, et al. Design of computational experiment for performance optimization of a switched reluctance generator in wind systems[J]. IEEE transactions on energy conversion, 2018, 33(1): 406-419.

[56] REIS M R C, CALIXTO W P, ARAÚJO W R H, et al. Switched reluctance generator efficiency improvement for wind energy applications[C]. 2016 IEEE 16th International Conference on Environment and Electrical Engineering (EEEIC), 2016: 1-5.

[57] REIS M R C, CALIXTO W P, ARAÚJO W R H, et al. Increasing efficiency of the switched reluctance generator using parametric regression and optimization methods[C]. 2017 18th International Scientific Conference on Electric Power Engineering (EPE), 2017: 1-6.

[58] ZAN X, HUO Y, GU J. Optimization research of turn-on angle and turn-off angle based on switched reluctance starter/generator system[C]. 2015 IEEE 28th Canadian Conference on Electrical and Computer Engineering (CCECE), 2015: 864-869.

[59] KIOSKERIDIS I, MADEMLIS C. Optimal efficiency control of switched reluctance generators[J]. IEEE transactions on power electronics, 2006, 21(4): 1062-1071.

[60] ROSHANDEL E, NAMAZI M, RASHIDI A, et al. SSC strategy for SRG to achieve maximum power with minimum current ripple in battery charging[J]. IET electric power applications, 2017, 11(7):1205-1213.

[61] WANG S C, LAN W H. Turn-on angle searching strategy for optimized efficiency drive of switched reluctance motors[C]. 30th Annual Conference of IEEE Industrial Electronics Society, 2004. IECON 2004, 2004, 2: 1873-1878.

[62] KIOSKERIDIS I, MADEMLIS C. Maximum efficiency in single-pulse controlled switched reluctance motor drives[J]. IEEE transactions on energy conversion, 2005, 20(4): 809-817.

[63] BOBER P, FERKOVÁŽ. Online optimization of firing angles for switched reluctance motor control[C]. 2021

International Conference on Electrical Drives & Power Electronics (EDPE), 2021: 238-242.

[64] 窦宇宇. 开关磁阻发电机系统效率优化控制研究[D]. 北京:中国矿业大学, 2018.

[65] FERNANDO W U N, BARNES M. Electromagnetic energy conversion efficiency enhancement of switched reluctance motors with zero-voltage loop current commutation[J]. IEEE transactions on energy conversion, 2013, 28(3): 482-492.

[66] GE L, BURKHART B, KLEIN-HESSLING A, et al. Comprehensive performance comparison and optimization of single-pulse controlled srgs for renewable electrical grids[C]. 2019 IEEE Applied Power Electronics Conference and Exposition (APEC), 2019: 2632-2637.

[67] KOJIMA T, DE DONCKER R W. Impact of the zero-volt loop on the efficiency of switched reluctance motors [C]. 2015 18th International Conference on Electrical Machines and Systems (ICEMS), 2015: 677-681.

[68] CHING T W, CHAU K T, CHAN C C. A novel zero-voltage soft-switching converter for switched reluctance motor drives[C]. IECON '98. Proceedings of the 24th Annual Conference of the IEEE Industrial Electronics Society (Cat. No.98CH36200), 1998, 2: 899-904.

[69] 张荣建. 基于谐波电流注入法的永磁同步电机转矩脉动抑制策略[D]. 哈尔滨:哈尔滨工业大学, 2014.

[70] LAWRENSON P J, STEPHENSON J M, BLENKINSOP P T, et al. Variable-speed switched reluctance motors [J]. IEE proceedings b-electric power applications, 1980, 127(4): 253-265.

[71] RAULIN V, RADUN A, HUSAIN I. Modeling of losses in switched reluctance machines[J]. IEEE transactions on industry applications, 2004,40 (6): 1560-1569.